环境污染源头控制与生态修复系列丛书

电子垃圾污染土壤修复

——重金属和有机物的同步洗脱去除

卢桂宁　杨行健　党　志　黄开波　陶雪琴　张金莲　著

科学出版社

北京

内 容 简 介

　　本书是一部关于电子垃圾污染土壤淋洗修复的重金属和持久性有机污染物同步洗脱去除技术研究成果的专著。在简单介绍了电子垃圾污染现状和污染土壤淋洗修复技术原理的基础上，系统总结作者及其研究团队针对电子垃圾拆解场地中重度重金属和持久性有机污染物复合污染土壤开展的环境友好型高效淋洗技术研发，以及洗脱废液中污染物选择性去除技术研发等方面的成果。这些研究成果可为电子垃圾污染土壤的修复提供科学依据和技术支持。

　　本书可供环境科学与工程、土壤污染控制与修复、化学工程与技术、资源循环科学与工程、环境地球科学等学科的科研人员，生态环境部门与节能环保产业的工程技术与管理人员，以及高等院校相关专业的师生参考。

图书在版编目（CIP）数据

　　电子垃圾污染土壤修复：重金属和有机物的同步洗脱去除／卢桂宁等著. —北京：科学出版社，2020.1

　　（环境污染源头控制与生态修复系列丛书）

　　ISBN 978-7-03-062769-8

　　Ⅰ. ①电…　Ⅱ. ①卢…　Ⅲ. ①电子产品-重金属污染–污染土壤-修复
Ⅳ. ①X53

　　中国版本图书馆CIP数据核字（2019）第242897号

责任编辑：万群霞　高　薇／责任校对：王萌萌
责任印制：吴兆东／封面设计：耕者设计工作室

科学出版社 出版
北京东黄城根北街 16 号
邮政编码：100717
http://www.sciencep.com

北京虎彩文化传播有限公司 印刷
科学出版社发行　各地新华书店经销
*
2020 年 1 月第 一 版　开本：720 × 1000 1/16
2020 年 6 月第二次印刷　印张：15 3/4
字数：316 000
定价：148.00 元
（如有印装质量问题，我社负责调换）

主要作者简介

卢桂宁 1980 年生，广东和平人，华南理工大学和美国罗格斯大学(Rutgers University)联合培养环境工程专业博士，华南理工大学研究员、博士生导师，广东省自然科学杰出青年基金、广东省优秀博士学位论文奖和中国环境科学学会青年科技奖获得者，入选教育部新世纪优秀人才、"广东特支计划"科技创新青年拔尖人才和广州市珠江科技新星。主要围绕"两区+农田"(电子垃圾拆解区、金属硫化物矿区及其周边受污染农田)开展"源头控制"与"末端修复"并重的研究工作。主持国家自然科学基金、中国博士后科学基金、教育部博士点基金、广东省科技计划等科研项目 20 余项。发表学术论文 160 余篇(SCI 收录110 余篇)、申请发明专利 20 余项(已获授权 13 项)。研究成果获教育部高等学校科学研究优秀成果奖自然科学奖一等奖、广东省科学技术奖自然科学奖一等奖、广东省环境保护科学技术奖一等奖等。

杨行健 1988 年生，河南荥阳人，华南理工大学和美国华盛顿大学(University of Washington)联合培养环境科学与工程专业博士，华南农业大学副教授。主要从事环境新兴有机污染物(激素、抗生素、多溴联苯醚等)的迁移转化及有机污染土壤修复方面的研究工作。主持国家自然科学基金 1 项、国家重点研发计划项目子课题 1 项，参与完成国家高技术研究发展计划(863 计划)项目、国家自然科学基金、美国农业部基金等科研项目多项，攻读博士期间连续三年获校优秀博士论文创新基金资助，在 *Chemical Engineering Journal*、

Environmental Pollution、*Science of the Total Environment*、《环境科学研究》等国内外期刊发表论文 10 余篇(SCI 收录 8 篇)、申请发明专利 1 项，参编了《环境科学与工程通识教程》《广东节能环保产业及促进政策研究》等书籍。

 **党 志** 1962 年生，陕西蒲城人，中国科学院地球化学研究所和英国牛津布鲁克斯大学（Oxford Brookes University）联合培养环境地球化学专业理学博士，华南理工大学二级教授、博士生导师，工业聚集区污染控制与生态修复教育部重点实验室主任，享受国务院政府特殊津贴专家。主要从事金属矿区污染源头控制与生态修复、重金属及有机物污染场地/水体修复理论与技术、毒害污染物环境风险防控与应急处置等方面的研究工作。先后主持承担了国家重点研发计划重点专项项目、国家自然科学基金重点项目和重点国际（地区）合作研究项目、广东省应用型科技研发专项等科研项目 60 余项。在国内外期刊发表论文 400 余篇（SCI 收录 270 余篇），授权发明专利 20 余项。获得国家科学技术进步奖二等奖、教育部高等学校科学研究优秀成果奖自然科学奖一等奖、广东省科学技术奖自然科学奖一等奖、全国优秀环境科技工作者奖等奖励。

序

电子垃圾污染是近 20 年来国内外环境界关注的热点问题之一。电子垃圾的化学成分复杂,除了含有大量可回收利用的稀贵金属外,也含有大量有毒重金属(如 Cu、Pb、Cd、Zn 等)和持久性有机污染物(POPs),包括多氯联苯(PCBs)、多环芳烃(PAHs)、多溴联苯醚(PBDEs)和多氯二苯并二噁英及呋喃(PCDD/Fs)等。由于缺乏先进的技术和设备,电子垃圾的简单拆解会释放大量的重金属和持久性有机污染物,引起周围水体、大气、土壤乃至生物的复合污染。21 世纪以来,我国浙江省台州市、广东省汕头市贵屿镇和清远市龙塘镇、石角镇等典型电子垃圾拆解集散地相继出现了严重的环境污染问题,电子垃圾拆解场地及周边土壤等环境介质中重金属和有机污染物的含量普遍偏高。

污染土壤修复技术可概括为两类:一类以降低污染风险为目的,即通过改变污染物在土壤中的存在形态或与土壤的结合方式,以降低其在环境中的可迁移性与生物可利用性;另一类以削减污染总量为目的,即通过处理将有害物质从土壤中去除,以降低土壤中有害物质的总浓度。基于上述基本目的,人们研发了物理、化学、生物和农艺调控等多种修复技术。相比而言,基于污染物去除的修复技术能彻底清除土壤中的污染物,防止污染物的再次释放。电子垃圾污染土壤中多种重金属和毒害有机污染物共存,污染物种类繁多、含量高、毒性高、生态风险大。此外,污染场地中除了重金属和传统有机污染物外,还存在多种新型有机污染物,修复难度相当大。土壤淋洗(soil leaching flushing /washing)修复技术可快速将污染物从土壤中移除,短时间内完成高浓度污染土壤的治理,是具有很大市场应用前景的污染土壤快速修复技术,在国外已有一些成功的商业修复案例。

华南理工大学环境与能源学院生态修复团队以电子垃圾拆解区土壤污染控制与修复为核心,结合环境科学与工程、化学工程与技术、环境微生物技术等,对电子垃圾拆解场地及周边污染土壤的绿色修复开展了系统的研究。在深入分析调查电子垃圾拆解区污染特征的基础上,针对电子垃圾拆解场地中重度的重金属和有机物复合污染土壤,开展了典型重金属(Cu、Pb、Cd)和毒害有机物(PCBs、PAHs、PBDEs)污染土壤的同步洗脱研究,筛选出以柠檬酸为代表的重金属洗脱药剂、以非离子表面活性剂吐温 80(Tween 80,TW-80)为代表的疏水性有机污染物洗脱药剂及以生物表面活性剂皂素(saponin)为代表的重金属-PCBs 复合污染洗脱药剂。在此基础上将柠檬酸、吐温 80 和皂素进行复配,研制了可同步脱除土壤中重金属和 PCBs 的复合淋洗剂,对土壤中 Cu、Pb、Cd 和 PCBs 的单次洗脱率均在 80%

以上；针对洗脱后的废液处理和淋洗剂的回收利用问题，研发了粉末活性炭选择性吸附去除污染物和回收淋洗液的技术。研究成果为电子垃圾拆解场地及周边污染土壤修复提供了科学依据和技术支撑。

　　该书以电子垃圾拆解场地及周边土壤中重金属和持久性有机污染物的淋洗去除为主线，阐述了电子垃圾拆解场地及周边土壤的污染现状及淋洗修复技术原理与应用；介绍了重金属和 PCBs 淋洗剂的筛选与复合、疏水性有机物增溶洗脱技术及机理、洗脱废液中污染物选择性去除与淋洗液回用技术等；重点介绍了天然螯合剂和表面活性剂复配淋洗剂用于同步洗脱去除土壤中重金属和持久性有机污染物方面的研究成果。该书的出版将对推动我国电子垃圾污染土壤修复技术的发展与应用起到积极作用。

2018 年 12 月于广州

前　言

　　电子电器产品是 20 世纪增长最快的产品之一，随着电子技术的发展与革新，电子产品更新速率也越来越快，而它们的使用寿命相应会缩短，这使电子垃圾的数量翻倍增长。作为资源的综合体，电子垃圾中蕴藏着众多珍贵的资源，对电子垃圾的再利用、循环利用是解决资源紧缺及环境污染等问题的重要途径。提高资源利用率，变废为宝，充分发挥包括电子垃圾在内的各类废物资源的作用，成为支撑经济社会快速发展的方式之一。但是，电子垃圾中也含有大量的有毒重金属(如 Cu、Pb、Cd、Zn、Cr、Ni 等)和持久性有机污染物(如 PCBs、PAHs、PBDEs 等)，由于电子垃圾回收处理方式的不完善，大量有毒有害物质进入不同的环境介质中，带来了严重的环境污染问题，威胁着人类健康和生态安全。

　　选择科学合理的修复技术是治理电子垃圾污染的关键因素之一。目前国内外对电子垃圾污染土壤的研究主要集中在污染物调查、暴露水平和风险评估方面，而对电子垃圾污染场地的修复研究尚不多。与一般的工业场地污染相比，电子垃圾拆解区的污染土壤有其特殊之处，呈现多种毒害重金属和持久性有机物共存的特点，这两类不同性质的物质共存会产生多种交互作用，使修复难度大大增加。土壤淋洗修复技术由于具有操作简便、可控性好、修复速率快和处理条件温和等优点，在小面积、高浓度污染场地土壤修复中受到很大重视，已成为重度重金属和有机物复合污染的电子垃圾拆解场地修复的主要技术之一。近十多年来，笔者在国家重点研发计划、国家高技术研究发展计划(863 计划)、国家自然科学基金、广东省自然科学基金和广东省科技计划项目等资助下，以典型电子垃圾拆解区的污染土壤修复为目标，针对重度重金属和持久性有机物复合污染的拆解场地土壤，开展了重金属和持久性有机污染物的同步洗脱修复技术研究，形成了一系列较为系统的研究成果。本书是上述研究成果的归纳与总结。

　　本书的研究成果和撰写出版是在华南理工大学生态修复课题组党志、卢桂宁、杨琛、易筱筠、郭楚玲等老师和所指导的数届博士及硕士研究生的大力支持和共同努力下完成的，他们的科学实验、学位论文及与笔者共同发表的科研论文是本书写作的基础。全书共 8 章，第 1 章介绍电子垃圾污染及其控制，包含了丁疆峰、林浩忠、王锐等研究生的部分工作，张金莲高级实验师(广西大学原副教授)参加并指导了电子垃圾拆解区的污染调查工作；第 2 章总结污染土壤淋洗修复技术原理与应用，由卢桂宁负责整理完成；第 3 章介绍重金属淋洗剂的筛选与性能研究，主要研究工作由邢宇完成；第 4 章介绍多氯联苯淋洗剂的筛选与性能研究，主要研究工作由张方立完成；第 5 章介绍氯代芳香有机污染物溶解与洗脱性能的模型预测，主要研究工作由卢桂宁和张方立完成；第 6 章介绍多溴联苯醚与多环芳烃增溶解吸技术与应用，主要研究工作由杨行健完成；第 7 章介绍重金属-多氯联苯复合污染土壤同步洗脱技术，主要研究工作由孙贝丽和廖侃完成；第 8 章介绍洗脱废液中污染物的选择性去除技术，主要研究工作由黄开波、郑雄开、曾宇飞、邓冰露和袁薇完成，周兴求教授参与并指导了多氯联苯的吸附去除技术研究，陶雪琴副教授参与并指导了重金属的选择性去除技术研究。全书由卢桂宁、杨行健、党志、黄开波、陶雪琴和张金莲负责总体设计、统稿和审校工作，参与本书资料收集与整理工作的还有王锐、唐婷、梁承豪、刘鹤、丁翠等博士和硕士研究生。

本书是国家"十二五"期间 863 计划资源环境技术领域重大项目"污染土壤修复技术及示范(一)"第 3 课题"电子垃圾拆解场地重金属-有机污染物协同控制与生物修复技术与示范"(2012AA06A203)、广东省高等学校科技创新项目"电子垃圾拆解区场地土壤复合污染的快速修复关键技术"(2013KJCX0015)和广东省科技计划项目社会发展领域项目"电子垃圾拆解区重金属-有机物复合污染场地土壤同步洗脱修复技术研究"(2014A020216004)的主要成果之一，也包含了国家自然科学基金项目"电子垃圾污染土壤淋洗废液中多溴联苯醚的光降解去除机理及调控机制"(41771346)、广东省自然科学基金杰出青年项目"电子垃圾拆解区稻田土壤中多溴联苯醚还原脱溴与矿化脱毒的过程耦合与调控机制"(2015A030306005)等部分成果。研究工作开展期间，笔者还得到了"广东省高层次人才特殊支持计划科技创新青年拔尖人才"(2015TQ01Z233)和"教育部新世纪优秀人才支持计划"(NCET-12-0199)项目的资助，特此感谢！此外，在本书的撰写过程中参阅了大量的相关专著和文献，并已列于书后，在此向各位著者表示诚挚的感谢！

由于笔者水平有限，书中难免存在疏漏和不妥之处，恳请广大同行专家、学者和读者批评指正。

最后，衷心感谢朱利中院士在百忙之中为本书作序！

卢桂宁

2019 年 3 月于广州

目　　录

第1章 电子垃圾污染及其控制

电子垃圾(e-waste 或 electronic waste)，也称电子废物或电子废弃物，全称废弃电器电子产品(waste electrical and electronic equipment，WEEE)，是指废弃的电器电子产品、电子电气设备及其废弃零部件、元器件和其他按规定纳入电子废物管理的物品、物质，主要来源于电器电子产品的生产企业、维修服务企业和消费者。

电器电子产品是 20 世纪以来增长最快的产品之一，随着电子技术的发展与革新，电子产品更新速率也越来越快，而它们的使用寿命相应会缩短，由此产生巨量的电子垃圾，年增长速率达 3%～8%，远高于城市固体废物产生量的增长率。作为资源的综合体，电子垃圾中蕴藏着众多珍贵的资源，对电子垃圾的再利用、循环利用是解决资源紧缺及环境污染等问题的重要途径。通过提高资源利用率，变废为宝，充分发挥包括电子垃圾在内的各类废物资源的作用，成为支撑经济社会快速发展的方式之一。然而，电子垃圾的成分复杂，其中半数以上的材料对人体有害，有些甚至是剧毒的。由于丰厚利润的驱动，国内很多乡镇(如浙江省台州市、广东省汕头市贵屿镇和清远市龙塘镇、石角镇等)兴起了电子垃圾的拆解与回收，并逐步形成了成熟的产业链。但是，电子垃圾回收处理方式的不完善，导致大量持久性有毒物质进入不同的环境介质中，带来了严重的环境污染问题，威胁着人类健康和生态安全(傅建捷等，2011; 周启星和林茂宏，2013; Song and Li，2014; Awasthi et al.，2016)。

电子垃圾污染是近 20 年来国内外环境界持续关注的话题之一。2001 年 12 月，巴赛尔行动网络(Basel Action Network，BAN)和硅谷毒物联盟(Silicon Valley Toxics Coalition，SVTC)领导的调查委员会在中国香港绿色和平组织(Greenpeace China in Hong Kong)的协助下对贵屿镇电子废物回收污染状况进行了现场调查，取样并分析了沿贵屿镇河流的环境样品(包括水、沉积物、土壤)，该次调查所形成的报告首次比较详细地披露了进口电子垃圾处理处置过程对我国水土环境带来的严重污染(Puckett et al.，2002)，并引起了广泛的关注，随后关于电子垃圾污染的论文出现持续增长的趋势(杨中艺等，2008; 章玮和徐秋桐，2016)。2009 年 Science 杂志刊文 The electronics revolution: from e-wonderland to e-wasteland (Ogunseitan et al.，2009)，引起了巨大的反响，将国际上对电子垃圾污染的关注推向高潮。

1.1　电子垃圾的源与汇

1.1.1　电子垃圾的产生

我国《废弃电器电子产品处理污染控制技术规范》(HJ 527—2010)中指出，所谓废弃电器电子产品，即产品的拥有者不再使用且已经丢弃或放弃的电器电子产品[包括构成其产品的所有零(部)件、元(器)件和材料等]，以及在生产、运输、销售过程中产生的不合格产品、报废产品和过期产品。我国在 2008 年制定了《废弃电器电子产品回收处理管理条例》(国务院令第 551 号)，根据该条例，先后发布了《废弃电器电子产品处理目录(2010 年版)》和《废弃电器电子产品处理目录(2014 年版)》，最新处理目录涉及 14 类废弃电器电子产品，详见表 1-1。

表 1-1　我国废弃电器电子产品处理目录(2014 年版)

序号	产品名称	产品范围及定义
1	电冰箱	冷藏冷冻箱(柜)、冷冻箱(柜)、冷藏箱(柜)，以及其他具有制冷系统、消耗能量以获取冷量的隔热箱体(容积≤800L)
2	空气调节器	整体式空调器(窗式、穿墙式等)、分体式空调器(挂壁式、落地式等)、一拖多空调器等制冷量在 14000W 及以下(一拖多空调时，按室外机制冷量计算)的房间空气调节器具
3	吸油烟机	深型吸排油烟机、欧式塔型吸排油烟机、侧吸式吸排油烟机，以及其他安装在炉灶上部，用于收集、处理被污染空气的电动器具
4	洗衣机	波轮式洗衣机、滚筒式洗衣机、搅拌式洗衣机、脱水机及其他依靠机械作用洗涤衣物(含兼有干衣功能)的器具(干衣量≤10kg)
5	电热水器	储水式电热水器、快热式电热水器，以及其他将电能转换为热能，并将热能传递给水，使水产生一定温度的器具(容量≤500L)
6	燃气热水器	以燃气作为燃料，通过燃烧加热方式将热量传递到流经热交换器的冷水中以达到制备热水目的的一种燃气用具(热负荷≤70kW)
7	打印机	激光打印机、喷墨打印机、针式打印机、热敏打印机，以及其他与计算机联机工作或利用云打印平台，将数字信息转换成文字和图像并以硬拷贝形式输出的设备，包括以打印功能为主，兼有其他功能的设备(印刷幅面＜A2，印刷速度≤80 张/min)
8	复印件	静电复印机、喷墨复印机和其他各种不同成像过程产生原稿复印品的设备，包括以复印功能为主，兼有其他功能的设备(印刷幅面＜A2，印刷速度≤80 张/min)
9	传真机	利用扫描和光电变换技术，把文字、图表、相片等静止图像变换成电信号发送出去，接收时以记录形式获取复制稿的通信终端设备，包括以传真功能为主，兼有其他功能的设备
10	电视机	阴极射线管(黑白、彩色)电视机、等离子电视机、液晶电视机、OLED 电视机、背投电视机、移动电视接收终端及其他含有电视调谐器(高频头)的用于接收信号并还原出图像和伴音的终端设备
11	监视器	阴极射线管(黑白、彩色)监视器、液晶监视器等以显示器件为核心组成的图像输出设备(不含高频头)
12	微型计算机	台式微型计算机(含一体机)和便携式微型计算机(含平板电脑、掌上电脑)等信息事务处理实体
13	移动通信手持机	GSM 手持机、CDMA 手持机、SCDMA 手持机、3G 手持机、4G 手持机、小灵通等手持式的，通过蜂窝网络的电磁波发送或接收两地讲话或其他声音、图像、数据的设备
14	电话单机	PSTN 普通电话机、网络电话机(IP 电话机)、特种电话机及其他通信中实现声能与电能相互转换的用户设备

根据电器电子产品的使用目的，可以将电子垃圾的主要产生源分为社会源和工业源。社会源主要包括以家庭为单位的消费者、个体消费者、大量使用电器电子设备的企业和行政事业单位、个体电器电子设备维修点等；工业源则包括电器电子制造企业和电器电子设备大型维修服务企业。我国及东南亚部分国家的电子垃圾来源还包括国外发达国家的进口。

联合国下属的国际电信联盟、联合国大学及国际固体废物协会发布的《2017年全球电子垃圾监测报告》称：2016 年全球共产生电子垃圾 4470 万 t，人均 6.1kg，较两年前增加了 8%；预计到 2021 年，全世界可能会产生电子垃圾 5220 万 t，人均 6.8kg，这些垃圾主要来源于电冰箱、洗衣机和其他家用电器，但现在手机和电脑的废料也越来越多，此外每年还有大量的复印机、传真机、打印机等办公电子产品报废淘汰。该报告显示，2016 年亚洲产生的电子垃圾总量最大(1820 万 t)、大洋洲最少(70 万 t)，而欧洲、美洲和非洲产生的电子垃圾总量分别为 1230 万 t、1130 万 t 和 220 万 t。其中，我国的电子垃圾产生量为 721.1 万 t，约占全球产生量的 16%，居世界第一位。电子垃圾产生量超过 100 万 t 的国家还有：美国 629.5 万 t、日本 213.9 万 t、印度 197.5 万 t、德国 188.4 万 t、英国 163.2 万 t、巴西 153.54 万 t、俄罗斯 139.2 万 t、法国 137.3 万 t、印度尼西亚 127.4 万 t、意大利 115.6 万 t。但从人均电子垃圾量来看，大洋洲又是最高的，为 17.3kg；非洲最少，只有 1.9kg；亚洲 4.2kg；欧洲 16.6kg；美洲 11.6kg。据估计，2016 年全球电子垃圾中可回收材料的价值为 550 亿美元，超过了大多数国家的国内生产总值(Baldé et al., 2017)。

1.1.2　电子垃圾的特性

电子垃圾之所以被全世界广泛关注，不仅仅是因为电子信息产业的高速发展，电子产品的数量快速增加，更为重要的是因为它本身的特性，包括电子垃圾的资源性、污染性及难处理性等(张明顺等, 2016)。

1. 电子垃圾的增长性

随着电子产业的飞速发展，电子产品更新换代加速，越来越多的电器电子产品将不被使用，进入报废期。在欧盟(European Union, EU)历史上，电子垃圾每 5 年增长 16%~28%，是城市固体废物年均产生量增长率的 3 倍；在中国和印度等发展中国家，尽管人均电子垃圾产生量还较低，但却以指数级增长。发达国家的"置换市场"和"高报废率"，以及发展中国家不断增长的"市场占有率"，使电子垃圾成为增长最快的废物流之一。据有关机构统计，从 2013 年起我国理论上每年报废 1 亿台以上的"四机一脑"电子产品(表 1-2)。我国自 2012 年开始对"四机一脑"按台征收废弃电器电子产品处理基金，大力推动"四机一脑"的回收，使废弃电器电子产品回收处理企业接收的报废家电数量快速增长，2014 年全年回收 7163 万台，接近当年理论报废量的六成。

表 1-2　2009～2018 年我国"四机一脑"报废量预测　（单位：万台）

年份	电视机	洗衣机	冰箱	空调	电脑	总计
2009	2198	981	546	96	1326	5147
2010	2375	1050	654	122	1653	5854
2011	2548	1131	744	98	2150	6671
2012	2773	1264	868	151	2530	7586
2013	3203	1261	1278	1529	3706	10977
2014	3200	1300	1300	2000	4400	12200
2015	3500	1400	1400	2400	5300	14000
2016	3800	1600	1600	3000	5300	15300
2017	4000	1800	1900	3500	5500	16700
2018	4000	2000	2200	3800	5800	17800

数据来源：中国家用电器研究院(中国废弃电器电子产品处理研究报告编写组，2017)。

2. 电子垃圾的资源性

垃圾是放错地方的资源，电子垃圾虽然名为"垃圾"，但从资源可循环的角度来看，电子垃圾中含有大量可以回收利用的器材和贵重的金属，是名副其实的"城市矿山"。与传统矿山相比，电子垃圾中的矿产品味高，可以省去勘探、开采费用，加工成本低。电子垃圾中主要包含 5 种类别的物质：黑色金属、有色金属、玻璃、塑料及其他。电子垃圾中 80%～90%的物质是有价值的，可以循环再利用，其中含有大量的铜、铝、铅、锌等有色金属和金、银等贵金属。电子器具的外壳一般由铁制、塑制或铝制，因此可从电子废弃物中回收塑料和铁、铝等金属，从而进行二次利用。国外有关研究表明，1t 电子板卡中，可以分离出 286lb[①]铜、1lb金、44lb 锡；日本横滨金属有限公司对报废手机的成分进行分析发现，平均每 100g手机机身中含有 14g 铜、0.19g 银、0.03g 金和 0.01g 钯，另外从手机锂电池中还能回收金属锂。因电子垃圾具有比普通城市垃圾高得多的价值，提取回收电子垃圾中的这些成分，不仅可以节省日益枯竭的自然资源，还能获取巨大的经济效益。通过再生途径获得资源，成本大大低于直接从矿石、原材料等冶炼加工获取资源的成本，还可节约能源。

3. 电子垃圾的污染性

电子垃圾所含的化学成分复杂，除了含有大量的贵重金属外，还含有大量的

---

① 1lb = 453.592g。

有毒重金属和持久性有机污染物,包括多氯联苯、多溴联苯、多溴联苯醚和多氯二苯并二噁英及呋喃等。电子垃圾中半数以上的材料对人体有害,有些甚至是剧毒的。例如,一台电脑有 700 多个元件,其中一半元件含有汞、砷、铬等各种有毒化学物质;电视机、电冰箱、手机等电子产品也都含有铅、铬、汞等重金属;激光打印机和复印机中含有碳粉等。在粗放式电子垃圾回收处理过程中,这些有毒有害物质被释放到环境中,造成重金属和持久性有机污染物在空气、水、底泥和土壤等环境介质中的富集,对生态环境和人体健康产生潜在危害(刘云兴和迟晓德,2013)。

4. 电子垃圾的难处理性

虽然电子垃圾的潜在价值非常高,但由于其含有大量有毒有害物质,要想实现电子垃圾的资源化、无害化,不仅需要先进的技术、设备和工艺,也需要较高的投资。电子垃圾种类繁多、组分复杂,使用寿命各不相同,或长达数十年或仅能使用一次,这给电子垃圾的回收及资源化利用带来了相当大的困难,其回收利用率甚至比其他类型的城市垃圾还要低。

1.1.3　电子垃圾的去向

联合国的一份报告指出,欧美发达国家和地区生产的电子垃圾大约有90%流向亚洲,其中又有80%流向我国,我国成为世界最大的电子"垃圾场",并在浙江台州、广东汕头和清远等地形成了全球著名的电子垃圾拆解集散地。

自 2000 年起,国家环境保护总局、海关总署等部门曾联合发文,明确规定禁止进口废电视机及显像管、废计算机、废显示器及显示管、废复印机、废摄(录)像机、废家用电话机等废旧电器。随着当今全球矿产资源的日益匮乏和环境污染治理的迫切需要,世界各国特别是西方发达国家都视电子垃圾为可再生资源,并刺激和鼓励电子垃圾的回收利用,形成一个较为完善的回收处理体系。

我国境内的电子垃圾主要有 4 种流向:电子废物所有者暂时储存、回收处理厂再生利用、整机或零部件进入二手市场再使用、丢弃至垃圾处理处置厂。在产品达到使用寿命后,多数被消费者暂时储存在家里或办公室中,一方面电子垃圾被看作有一定价值的商品,因此消费者不会轻易丢弃;另一方面我国缺乏完善的回收体系,这是造成电子垃圾积存的主要原因。目前大约有30%的电子垃圾被走街串巷的个体回收者回收,小贩收来的旧电器一般有两个出路:能继续使用的,改装、翻新之后流入二手市场,卖到农村及贫困地区,这些电器既存在安全隐患,又给家电市场带来冲击;不能继续使用的,则被送往拆解作坊进行拆解处理,以回收或再利用其中的零部件或原材料,对完全不能用的部件或成分,如冰箱、空调机中的制冷剂,则任意倾倒。

1.1.4 电子垃圾的处理

电子垃圾品种类型非常复杂，各厂家所生产的同种功能的产品在材料选择、设计、生产上也各不相同，一般拆分为印刷电路板、电缆电线、显像管等，其回收处理一直是一个相当复杂的问题。20 世纪 70 年代以前，废电路板的回收技术主要着重于对贵金属的回收。但随着技术的发展和资源再利用的要求，已发展为对铁磁体、有色金属、贵金属、有机物质等的全面回收利用。许多国家和地区都对电子垃圾的处理处置做了很多的研究，开发出很多资源化处理处置工艺，以回收其中的有用组分，稳定或去除有害组分，减少对环境的影响。处理处置电子垃圾的方法主要有化学处理方法、火法、机械处理法、电化学法、微生物处理法或几种方法相结合。

我国主要的电子垃圾回收与处理方式包括：将电子设备压碎后进行酸洗来提炼金等贵重金属；采用湿法冶金术或热冶金术对金属进行回收；用蜂窝煤作为燃料，将印刷电路板放在烤架上加热熔软，对电路板上的电子元件进行分离分类，对塑料进行压碎与熔化，燃烧电缆外壳回收铜等金属。

1.2 电子垃圾污染现状

电子垃圾回收处理过程中产生的有毒有害污染物主要是重金属(如 Cu、Pb、Cd、Zn、Cr、Ni、Hg 等)和持久性有机污染物(如 PBDEs、PCBs、PCDD/Fs 等)。长期以来，我国对电子垃圾拆解、回收的处理方式原始、落后，不能有效地保护环境和人体健康。例如，对含有聚氯乙烯和阻燃剂的电缆进行焚烧回收铜的过程会释放出 PBDEs、PCDD/Fs 等有毒物质，焚烧电脑外壳和印刷电路板会释放 PAHs，拆解变压器时会泄漏 PCBs 及在拆解过程中造成重金属遗漏。由于缺乏合理的技术和设备，电子垃圾的简单拆解会释放大量的有毒有害重金属和持久性有机污染物，引起周围水体、大气、土壤及生态环境的复合污染(Williams et al., 2008；杨中艺等, 2008; 陈宣宇等; 2014; Wang et al., 2015)。已有研究表明，我国一些主要的电子垃圾拆解点周边土壤中的毒害重金属和有机污染物的含量普遍偏高(Leung et al., 2007; Guo et al., 2009; 徐莉等, 2009; Zhang et al., 2012; 刘庆龙等, 2012; Law et al., 2014)。这些重金属和持久性有机污染物会对环境和生态系统造成重要影响，对人体健康产生直接或间接的危害。

1.2.1 重金属污染

重金属元素广泛存在于电子垃圾中。压碎、拆解和焚烧电子垃圾的过程均会造成重金属的泄漏。有报道指出，电子垃圾回收会导致重金属在空气(Deng et al.,

2006；杨中艺等，2008；Bi et al.，2010)、水(Wong et al.，2007a；Guo et al.，2009)、底泥(Wong et al.，2007b)和土壤(张金莲等，2015；Wang et al.，2015；赵科理等，2016)等环境介质及稻米(Fu et al.，2008)、蔬菜(Luo et al.，2011)等农产品中富集，印刷电路板被认为是电子垃圾回收过程中最重要的重金属释放源(Leung et al.，2008)。

　　电子垃圾中含有各种重金属，回收方式落后和缺乏合适的防护措施使电子垃圾中的重金属泄漏到土壤中，印刷电路板拆解作坊、电线拆解作坊、酸洗回收金属作坊及废弃电子物质焚烧场地都受到了严重的重金属污染。表 1-3 为部分电子垃圾回收拆解场地及周边土壤/尘土/底泥中重金属污染水平。电子垃圾回收拆解场地及周边土壤中的重金属含量均高于我国《土壤环境质量农用地土壤污染风险管控标准(试行)》(GB 15618—2018)中的一级标准。在所分析的环境样品中，Pb、Cu 和 Cd 的浓度较高，其中贵屿镇某印刷电路板回收作坊的尘土中 Pb 高达110000mg/kg(Leung et al.，2008)，而贵屿镇某焚烧场地表土中 Cu 高达12700mg/kg(Li et al.，2011)，清远市某拆解作坊和某焚烧场地表土中 Cd 分别高达216mg/kg 和 32.1mg/kg(罗勇等，2008a，2008b)，均远超《土壤环境质量农用地土壤污染风险管控标准(试行)》(GB 15618—2018)中的风险筛选值和风险管制值(不含 Cu)。

表 1-3　电子垃圾回收拆解场地及周边土壤/尘土/底泥中重金属污染水平(单位：mg/kg)

采样点	Pb	Cd	Ni	Zn	Cu	Cr	备注
贵屿镇某废弃酸洗作坊	150	1.21	480	330	4800	2600	Li et al., 2011
贵屿镇某焚烧场地	480	10.02	1100	2500	12700	320	Li et al., 2011
贵屿镇某回收场地周边	57.7	0.2	12.6	75.3	36.8	26.3	Li et al., 2011
贵屿镇某焚烧场地	3947	24.2	403.6	2922	7814	307	Wong et al., 2007c
贵屿镇某拆解作坊	104	1.7	155	258	496	28.6	Leung et al., 2006
贵屿镇某印刷线路板回收作坊	110000	—	1500	4420	8360	—	Leung et al., 2008
台州市某拆解作坊	187.3	3.0	49.0	343.2	180.7	101.3	Tang et al., 2010
台州市某拆解场地附近农田	44.29	0.62	—	281.38	97.9	20.95	Zhang and Min, 2009
台州市某焚烧场附近农田	81.08	—	28.22	137.01	435.67	52.53	潘虹梅等, 2007
清远市某焚烧场地	13288.6	32.1	203.2	3705.4	7613.3	134.3	罗勇等, 2008b
清远市某拆解作坊排污口底泥	4001	50.87	967.9	10076	15673	2254	林娜娜等, 2015
《土壤环境质量农用地土壤环境风险管控标准(试行)》(风险筛选值)	80	0.3	60	200	150	250	pH≤5.5
《土壤环境质量农用地土壤环境风险管控标准(试行)》(风险管制值)	400	1.5			800		pH≤5.5

　　清远市位于广东省中部，该市龙塘镇和石角镇从 20 世纪 90 年代开始处理电子垃圾，虽然早期大型露天焚烧处理场和一些拆解作坊在环保部门的监督下关闭，

但是现在仍然有部分拆解工厂和家庭式作坊正在作业。笔者团队在 2013 年 11 月
以龙塘镇和石角镇电子垃圾拆解区域农田土壤为研究对象，对长期暴露在拆解区
农田土壤中重金属(Pb、Cu、Cd、Zn、Cr 和 Ni)的含量水平、空间分布特征和化
学形态等进行了研究，采样区域及样点分布见图 1-1。结果发现该地农田表层 0～
20cm 土壤中 Pb、Cu、Cd、Zn 和 Ni 元素含量平均值均高于广东省土壤背景值(表
1-4)，特别是 Cu 和 Cd 的 22 个样品含量测定值均超过背景值，表现出明显的富
集。从最小值和最大值的分布上看，各元素含量的极差很大，且变异系数较高，
尤其是 Cu、Cd 和 Zn。高变异系数和高累积量意味着研究区内局部地区的土壤重
金属由人为活动引入，可能与当地电子垃圾回收活动有关。从单项污染指数来看，
72.7%的表层土壤样品存在一种或几种重金属超标，以 Cd、Cu、Pb 和 Zn 污染为主，
其中 Cd 污染比例最高、Cu 次之；内梅罗综合污染指数分析发现 68.2%的土壤样品
受到重金属污染，其中更有 53.3%的土壤样品为重污染等级(张金莲等，2015)。

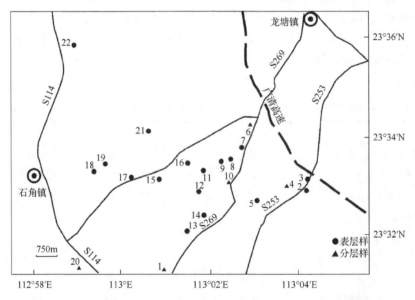

图 1-1　清远市电子垃圾拆解区重金属污染农田土壤采样点分布

表 1-4　清远市电子垃圾拆解区农田表层土壤重金属含量（单位：mg/kg）

重金属	最小值	最大值	中值	平均值	标准差	变异系数	背景值
Pb	17.26	147.70	51.47	64.10	38.48	0.60	29.8
Cu	12.42	354.56	39.01	70.01	80.64	1.15	10.5
Cd	0.05	5.96	1.00	1.40	1.61	1.15	0.041
Zn	33.82	595.07	84.01	168.50	161.56	0.96	36.6
Cr	10.06	67.15	19.70	23.57	12.23	0.52	35.6
Ni	4.11	27.57	8.56	11.19	6.98	0.62	9.6

　　为了解电子垃圾拆解区农田土壤重金属的纵向分布情况，选取编号为 1、4、6、10、20 共 5 个样点进行垂直分层采样，结果如图 1-2 所示。30 个分层土样均受到重金属污染，Cd、Pb、Zn、Cu 中有一种或几种含量超标，超标重金属以表层（≤20cm）土壤含量最高，深层土壤（20～100cm）并未表现出随深度增加而显著

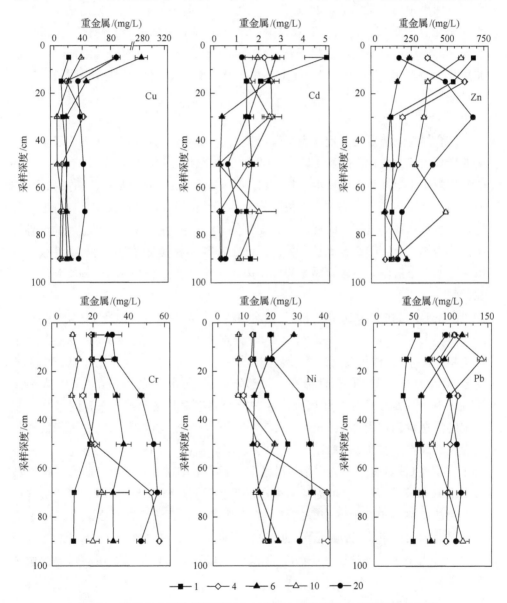

图 1-2　清远市电子垃圾拆解区农田土壤中重金属的垂直空间分布特征

降低的趋势。Cr 和 Ni 元素在整个采样剖面中含量基本一致,无统计学意义上的差别。以上结果可能与清远当地的气象条件和耕作习惯有关,清远市温度适宜,一年四季均可以耕作,土壤底层经常被扰动,加上通常采用水旱轮种方式,导致深层土中 Cd、Pb、Zn、Cu 及整个采样剖面深度的 Cr 和 Ni 元素含量相差不大。土壤各层重金属含量趋于接近可能还与重金属本身的性质有关,同时在土壤重金属向下迁移的过程中,迁移的效果可能还与土壤中重金属形态变化、土壤理化性质、淋洗速率、土壤微生物等有关(Blaha et al., 2008)。值得注意的是,5 个剖面点位中有 4 个点在 80~100cm 土层中仍然检测到 Cd 含量超标,说明长期的电子垃圾回收活动不仅导致耕层土壤的污染,重金属的纵向迁移对深层土壤也有危害。

　　重金属总量测定可以反映土壤受污染状况,而形态分析有助于人们了解重金属的迁移规律、变化形式和生物有效性等信息(徐圣友等, 2008)。笔者分析了 16 个农田表层土壤样品中主要污染重金属 Pb、Cu 和 Cd 的化学形态,结果如图 1-3 所示。在 4 种重金属形态中,弱酸可提取态迁移性最高、可还原态具有中度迁移性、可氧化态释放过程较缓慢,三者统称的非残渣态可以认为是重金属的活性形态;残渣态与土壤的结合比较牢固,活性小,基本难以被生物利用,毒性较小。活性形态在一般条件下较容易被释放出来,转化为其他形态或为生物所利用,毒性较强。

　　由图 1-3 可知,Pb、Cu 和 Cd 三种重金属的活性形态比例分别为 36.9%~90.6%、39.6%~93.9% 和 43.7%~99.6%,平均值分别为 61.3%、65.3% 和 80.7%。绝大多数土壤样品中 3 种重金属活性形态在总量中的比例占到一半以上,具有极大的生态风险。Pb 和 Cu 的活性形态中大部分是以可还原态的形式存在,并非最高活性形态,但是在还原性环境中,这些重金属很容易被释放出来,对植物具有一定的潜在毒害作用(Mertens et al., 2004; 李永华等, 2007)。Cd 在大多数样品中为具有最高活性形态的弱酸可提取态,平均值占 51.1%,说明该地区农田中 Cd 比 Pb 和 Cu 具有更高的生物有效性和迁移性。李瑛等(2004)的研究发现在根系土壤中 Cd 主要以弱酸可提取态存在,并且更易在植物茎、叶内积累,最终进入人类的食物链中。值得一提的是,重金属各形态含量受重金属总量和土壤理化性质等因素的影响(钟晓兰等, 2009),而研究区域内农田土壤 pH 较低(表层 0~20cm 土壤 pH 为 4.63~6.40),属酸性土壤,为土壤中重金属的释放提供了有利条件。

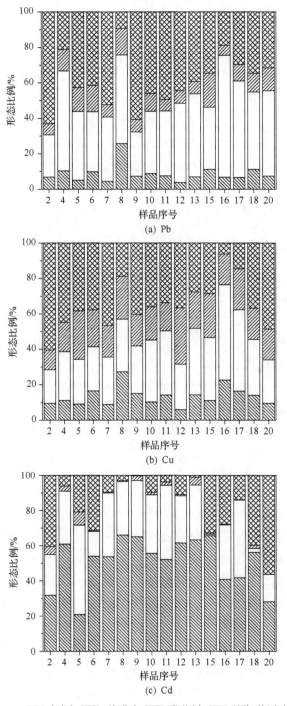

图 1-3　清远市电子垃圾拆解区农田表层土壤中重金属的化学形态特征

1.2.2　持久性有机物污染

除了重金属污染外，PAHs（Tang et al., 2010; Wang et al., 2012, 2017; 刘劲松等, 2015）、PBBs（Wang et al., 2009; 杨彦等, 2017）、PCBs（Tang et al., 2010; 王学彤等, 2012b; 张微, 2013; 张金莲等, 2017）、PBDEs（Wang et al., 2005a; Leung et al., 2007; Li et al., 2016; 焦杏春等, 2016）、PCDD/Fs（Leung et al., 2007; 李英明等, 2008; Xiao et al., 2016）、多氯萘（王学彤等, 2012a）、氯化石蜡（路风辉等, 2015）、六溴环十二烷（傅建捷等, 2011）等持久性有机污染物也会伴随着电子垃圾回收处理活动而被释放到环境中。赵高峰和王子健（2009）通过收集典型电子垃圾拆解区的电子垃圾碎屑及拆解现场和对照区的表层土壤（0~5cm 深度）样品分析 PBBs、PBDEs 和 PCBs 的含量，发现这三类多卤代芳烃均能在所采集的电子垃圾中被检出，电子垃圾拆解区的土壤样品中各类多卤代芳烃的浓度均明显高于对照区土壤样品的浓度，说明多卤代芳烃已经通过泄漏、释放、流失、蒸发等途径从电子垃圾中释放出来并进入当地环境。这些持久性有机污染物具有致癌、致畸和致突变作用，在环境中难降解，能通过食物链在人体内富集。塑料废物的不完全燃烧和废弃电子垃圾的任意丢弃是持久性有机污染物进入环境的重要途径。环境中的 PAHs 主要来源于化石燃料、塑料等的不完全燃烧。PCBs 通常用于电器电子产品中的变压器及电容的冷却剂和润滑剂，落后的回收拆解方式容易造成 PCBs 的泄漏从而进入土壤或大气中。PBDEs 由于阻燃效果好而被广泛添加进电器电子产品中，工业化应用的 PBDEs 主要是五溴联苯醚、八溴联苯醚和十溴联苯醚。

1. PCBs

PCBs 是一类人工合成的氯代芳香烃类持久性有机污染物，2001 年被列入《斯德哥尔摩公约》中 12 种首批受控制持久性有机污染物之一。PCBs 被证明具有致癌性，并可对免疫、神经和生殖系统等造成危害（Pessah et al., 2010），在环境中具有持久性、远距离迁移性、生物蓄积性等特征。但是早期因为其具有良好的阻燃性、热稳定性、化学惰性，曾被广泛用于电器中的绝缘油、耐火增塑剂、密封剂等的生产。表 1-5 列出了我国部分地区的表层土壤 PCBs 污染水平。总体而言，我国电子垃圾拆解区 PCBs 污染较为严重，远高于 5.41μg/kg 的全球本底值（Meijer et al., 2003）；而在非电子垃圾拆解区 PCBs 的污染水平低于电子垃圾拆解区，说明电子垃圾是向周围环境释放 PCBs 的重要污染源之一。

表 1-5　我国部分地区表层土壤/尘土/沉积物中 PCBs 污染水平

地区	区域描述	PCBs 种类	PCBs 含量/(μg/kg)		参考文献
			平均值	范围	
广东清远市	拆解区农田土壤	Aroclor1254	162.92	2.09~1335.80	丁疆峰等, 2015
广东清远市	拆解作坊外土壤	Aroclor1254	2576.17	263.65~7023.39	丁疆峰等, 2015
广东清远市	拆解区河流底泥	10		360~3160	林娜等, 2015
广东清远市	拆解区池塘沉积物	29	17100	5800~25900	路凤辉等, 2015
上海崇明岛	农业土壤	8	56	ND~261	周婕成等, 2010
珠江三角洲	农田土壤	6	0.42	ND~32.79	江萍等, 2011
浙江温台地区	拆解区农田土壤	27	152.87	22.77~738.96	赵高峰和王子健, 2009
长江三角洲	拆解区农田土壤	20	204.8	84.19~377.4	徐莉等, 2009
浙江台州市	拆解区农业土壤	144	75.7	0.78~937	王学彤等, 2012b
浙江台州市	拆解地作物覆盖区	16	571.91	191..82~1203.60	张微, 2013
珠江三角洲	拆解作坊灰尘	102	10167	12.4~87765	朱智成等, 2014
浙江台州市	小型拆解作坊周围	16	1043.61	871.08~1407.12	张微, 2013
浙江台州市	废弃拆解区土壤	16	30628.19	22304.76~35924.37	张微, 2013

注: ND 表示未检出。

　　笔者在 2015 年 3 月对广东省清远市典型电子垃圾拆解区周边农田土壤 PCBs 污染现状进行了调查,采样区域及样点分布见图 1-4。20 个农田表层(0~20cm)土壤样品中 PCBs 的含量如图 1-5 所示,发现该区域农田表层土壤中 PCBs 浓度为 2.09~1335.80μg/kg,平均值 162.92μg/kg,存在严重污染的点位。研究区域内各样点 PCBs 浓度呈现较大的波动,其不仅与土壤理化性质有关,也与采样点所在位置有一定关系。20 号采样位点距离电子垃圾拆解区较远(>5km)且位于流域上游,可作为对照。5~8 号和 11 号农田土壤中 PCBs 浓度较高,可能是由于这几处采样位置距离电子垃圾拆解区较近,直接受到较多作坊飞尘、排放废水影响。为了与农田土壤 PCBs 污染情况进行对比,笔者还在正在作业的拆解作坊围墙外设置了 4 个采样点,结果发现作坊围墙外表层(0~20cm)土壤样品中总的 PCBs 含量为 263.65~7023.39μg/kg,平均值 2576.17μg/kg。作坊围墙外土壤污染严重,土样中 PCBs 含量平均值远远高于农田土壤 PCBs 含量平均值,说明研究区域内农田土壤 PCBs 污染可能与当地电子垃圾不当拆解有关(丁疆峰等, 2015)。

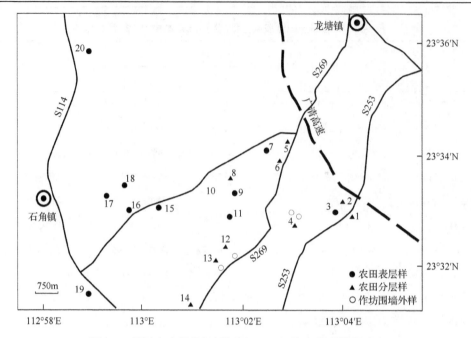

图1-4　清远市电子垃圾拆解区PCBs污染土壤采样点分布

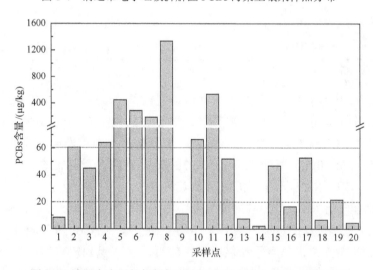

图1-5　清远市电子垃圾拆解区农田表层土壤中PCBs含量水平

对于PCBs污染的评价，各国各地设置的限值都不一样。我国《土壤环境质量农用地土壤污染风险管控标准(试行)》(GB 15618—2018)中并没有给出PCBs的限值。本研究区域内土壤样品中PCBs含量平均值为162.92μg/kg，而在我国西藏未受PCBs直接污染的土壤中检测出PCBs总量为0.625~3.501μg/kg(储少岗等，1995)，说明采集的农田土壤已经受到一定程度的污染。加拿大为保护环境和人体

健康设置的土壤中 PCBs 的指导值为 500μg/kg（沈萍等，1999），与此标准相比，8
号和 11 号土样 PCBs 含量超标，且 8 号土壤样品中 PCBs 含量超过标准 1.67 倍。
荷兰标准中关于土壤中污染物的评价采用土壤标准-调解值来对土壤的污染进行
识别，其 PCBs 的土壤目标值为 20μg/kg，调节值为 1000μg/kg（胡文翔等，2012），
因此本研究所采集的农田土壤中有 65%的土样超过目标值要求，其中 8 号采样点
PCBs 浓度超过调节值，应引起充分的重视。瑞典设置的 PCBs 污染土壤的指导值
与荷兰一样，也是 20μg/kg，但是其设置大于 3 倍指导值（即 60μg/kg）的即为严重
污染，据此，研究区域内 40%的农田土壤已受到严重污染。

　　在研究农田表层 0~20cm 土壤 PCBs 含量的基础上，选取了其中 10 个位点进
行 20~40cm 土层 PCBs 含量测试，进一步考察农作物生长的耕作土壤深度范围内
PCBs 含量的分布特征，结果见图 1-6。除 8 号农田土壤样品外，其余各采样点 20~
40cm 土层 PCBs 含量较表层 0~20cm 中 PCBs 含量大大减少，其中以 10 号样品
减少率最为明显，仅为表层 PCBs 含量的 4.4%。大部分 PCBs 残留在表层土壤中，
与毕新慧等（2001a）的研究结果一致。储少岗等（1995）研究了 PCBs 在底泥中的渗
滤行为，结果表明 PCBs 在底泥 1m 深处的含量仅为表层 PCBs 污染的 4%。由此
可见，无论是在土壤中还是在底泥中，PCBs 的纵向迁移能力都很弱。值得注意的
是，表层土壤污染最严重的 8 号样点，其 20~40cm 土层 PCBs 含量更是高达
3609.97μg/kg，是表层土壤 PCBs 含量的 2.7 倍。对于这种局部的高浓度污染点而
言，除了直接受到拆解作坊的影响外，一方面可能与电子垃圾拆解残渣的填埋有
关，另一方面可能与农田耕作过程中表层土壤污染物被稀释有关。

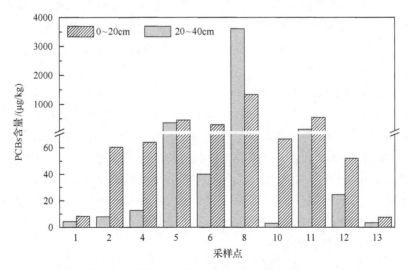

图 1-6　清远市电子垃圾拆解区农田土壤不同深度 PCBs 含量变化

2. PBDEs

PBDEs 是一类包含 209 种同系物的持久性有机污染物，由于其具有优异的阻燃性能和较高的商用价值，常作为阻燃剂添加到电器电子、化工、纺织品的生产原料中，因此在手机、电脑和衣物等日常用品中都能检测到 PBDEs(Renner, 2000)。PBDEs 主要有三类工业产品，包括五溴联苯醚、八溴联苯醚和十溴联苯醚（BDE-209）。毒性较强的五溴联苯醚、八溴联苯醚已经被禁止使用，而 BDE-209 因其阻燃性能优越、廉价、急性毒性在 PBDEs 各化合物中最低，依然在全球范围内使用。我国不但是 BDE-209 使用的主要国家，而且是海外电子垃圾的主要处置地。近年来不断在各种环境介质中检出 PBDEs(Wang et al., 2005a; Leung et al., 2007; Ma et al., 2012; 王晓春等, 2014; 王维絜等; 2014; Li et al., 2016; 焦杏春等, 2016)，鉴于 PBDEs 的环境持久性、高毒性和生物累积特性，人们对其在环境中的迁移转化行为及控制措施日益关注(万斌和郭良宏, 2011; Chen et al., 2012; Lyche et al., 2015)。

罗勇对清远市电子垃圾拆解区的 PBDEs 的污染调查发现电子垃圾拆解作坊表土中 PBDEs 最高含量达 9156.0ng/g，且 PBDEs 已经从处理处置场地向周边农田土壤迁移(罗勇, 2007)。现有的调查数据显示各种土壤样品中 BDE-209 的含量一般都高于其他各种 PBDEs 的总量，BDE-209 通常占 PBDEs 总量的 80%~90%(Leung et al, 2007; Gao et al., 2011; Wang et al., 2011; 陈涛等, 2011)，在某电子工业厂区附近土壤中其含量甚至超过 97%(Luo et al., 2009)，这与工业上主要使用 BDE-209 作为阻燃剂的事实相符。与拆解作坊路边土壤相比，稻田土壤中除高溴代 BDE-209 的相对含量较高外，其余各种低溴代 PBDEs 的相对含量显著偏低，特别是在背景参考区稻田土壤中低溴代 PBDEs 的相对含量不足 2%(Luo et al., 2009; Wang et al., 2011)。

笔者团队以 BDE-209 为目标污染物，2003~2005 年多次到华南某电子垃圾拆解区(Y 市 B 镇)和周边区域(X 市 A 镇、Y 市 C 镇)采集土壤样品，监测土壤中 BDE-209 的空间分布特征和浓度水平，探讨电子垃圾拆解区 BDE-209 的污染情况及迁移行为。采样时记录采样点的土地利用类型(P 代表稻田土、V 代表菜地土、D 代表拆解场地土)，并避开田埂、回填土干扰。使用掘式采样器采集表层土壤(0~10cm)样品共 21 个，同时分层采集了其中 11 个采样点 100cm 垂直尺度的土壤样品，分层距离为 0~10cm、10~20cm、20~30cm、30~50cm、50~70cm、70~100cm。采样点具体位置见图 1-7。

笔者团队在电子垃圾拆解核心区 B 镇采集了 15 个表层土壤(0~10cm)样品，所采集的样品中的 BDE-209 含量见图 1-8。结果表明，采集到的电子垃圾拆解场

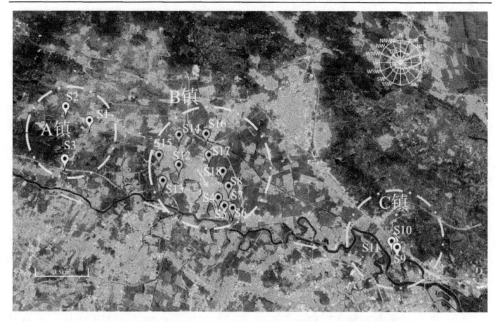

图 1-7　华南某电子垃圾拆解区 PBDEs 污染土壤采样点分布

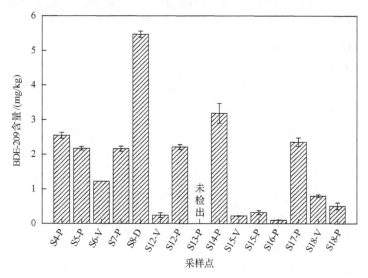

图 1-8　华南某电子垃圾拆解区表层土壤中 BDE-209 的污染水平

地内（S8）土壤中 BDE-209 含量高达 5.47mg/kg，区域内农田（含稻田和菜地，下同）
土壤中 BDE-209 含量为 0～3.19mg/kg，平均值和中值分别为 1.40mg/kg 和
1.22mg/kg，检出率达 90%以上；其中拆解区稻田土壤中 BDE-209 含量为 0～
3.19mg/kg，平均值和中值分别为 1.73mg/kg 和 2.17mg/kg；拆解区菜地中 BDE-209
含量为 0.22～1.22mg/kg，平均值和中值分别为 0.62mg/kg 和 0.52mg/kg。该电子

垃圾拆解场地以家庭作坊式生产为主，拆解方式为人工分拣、破碎，各作坊聚集区分布在 B 镇各村落，周边为耕作农田。尽管拆解区稻田和菜地土壤中的 BDE-209 含量显著低于拆解场地内土壤中的含量，但拆解区农田土壤已明显受到 BDE-209 的污染，区域内农产品存在被污染的风险，并对农业生态系统和人体健康构成潜在威胁。

从图 1-8 可以看出，不同耕作类型土壤中 BDE-209 污染程度存在差异，虽然菜地土壤与稻田土壤都紧邻拆解区域，但从整体的污染浓度及平均值来看，稻田土壤污染程度较重。电子垃圾拆解区 PBDEs 进入农田土壤的途径主要有大气的干湿沉降、灌溉水和地下水的携带、污泥的施用等。多数电子垃圾拆解作坊集中分布在乡村地区，其周边面积广大的农田土壤成为 PBDEs 的重要受纳体。由于拆解区内的灌溉水受到 PBDEs 的污染，稻田土壤在淹水耕作期间会引入大量的灌溉水，PBDEs 随着灌溉过程在稻田中不断地累积，导致稻田土壤中 PBDEs 含量高于菜地土壤的含量，成为 PBDEs 的重要汇之一（Eljarrat et al., 2008; Hale et al., 2012; Gaylor et al., 2014）。

根据文献报道及笔者团队的调研访谈结果，电子垃圾拆解业主要集中在 B 镇（Chen et al., 2009），处于流域上游的 A 镇和下游的 C 镇没有电子垃圾拆解业，其 BDE-209 的来源受本地排放的影响很小。笔者团队在 A、C 两镇各采集了 3 个表层农田土壤样品，其 BDE-209 含量如图 1-9 所示。结果表明，位于流域上游方向的 A 镇（S1、S2、S3）的农田土壤中检测出的 BDE-209 含量为 0.23～0.59mg/kg，平均值和中值分别为 0.44mg/kg 和 0.50mg/kg；而位于流域下游方向的 C 镇（S9、S10、S11）并没有检测出 BDE-209。

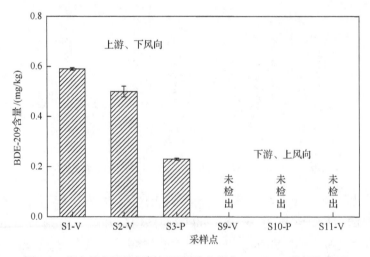

图 1-9　华南某电子垃圾拆解区周边土壤中 BDE-209 的污染水平

郝迪等(2015)在该下游农田测得的 BDE-209 含量水平普遍较低,几个采样点的检出率也很低。PBDEs 在水中的溶解度不高,浓度一般低于 1μg/L,随着溴原子取代数目的增加,其溶解度会降低,水体中 PBDEs 占主导的是溶解度相对较高的低溴代联苯醚(Gaylor et al., 2014),BDE-209 随径流长距离运输的量少,因此在下游较远距离的农田中没有较多的累积。然而,电子垃圾在堆弃时会有 PBDEs 从原料中分解出来,处置过程中也会产生一些细小的颗粒物,含有 PBDEs 的颗粒物会随空气发生长距离迁移,并通过大气沉降扩散到周边地区(Sjödin et al., 2001)。根据当地的气象资料(张晓等, 2016),该地区常年刮东风、东北风和东南风,A 镇位于该地区的常年下风向,相对于位于上风向的 C 镇,更容易受到干、湿沉降带来的 PBDEs 污染。综合图 1-8 和图 1-9 可知,A 镇农田土壤中的 BDE-209 的含量远小于拆解区 B 镇拆解场地土壤中的含量,也小于 B 镇多数农田土壤中的含量。

进一步分析 A 镇三个采样点的数据可以发现:①与拆解区 B 镇距离较远的 S2 点土壤中 BDE-209 的含量显著低于较近的 S1 点。S1 和 S2 同为蔬菜地,这说明随着传输距离的加大,由干、湿沉降带来的污染在减轻。②S1 和 S3 点与拆解区 B 镇距离相近,但 S3 点 BDE-209 的含量显著低于 S1 点,即在相近程度污染输入的情况下,S3 稻田土壤中 BDE-209 的含量显著低于 S1 蔬菜地土壤,仅为 S1 的 39%。这与 Wang 等(2011)的研究结果一致,他们发现稻田土壤中 PBDEs 各组分含量均显著小于邻近的蔬菜地土壤,其中 BDE-209 在稻田土中的含量(12.4ng/g)还不到其在蔬菜土中的含量(28.8ng/g)的一半。尽管 PBDEs、PCBs 等卤代芳香有机物在自然界中的自然消减速率非常缓慢,但有研究发现稻田土中五氯酚、PCBs 等氯代有机物存在加速降解的现象,由此笔者推测稻田系统对 PBDEs 的自然消减可能有类似的促进作用(Meade and D'Angelo, 2005; Wang et al., 2005b; Gao et al., 2006)。

本研究所采集的不同深度土壤中 11 个样点的 BDE-209 的含量见表 1-6。结果表明在所采集的土壤样品中,BDE-209 检出浓度为 0.07~5.47mg/kg,最深可在 30~50cm 的土层中检出,而在 50cm 以下均无检出;邻近地区和相同类型用地 BDE-209 的垂直分布情况比较接近。BDE-209 浓度在土壤中整体上呈现出随着土壤深度增加而非线性逐渐减少的趋势。BDE-209 会在土壤中纵向迁移,其含量变化在一定程度上反映了 BDE-209 在土壤中的迁移性及在时间尺度上的量变。在下游上风向且无电子垃圾拆解的 C 镇(S9、S10、S11)没有检测出 BDE-209,而位于上游下风向的 A 镇(S1、S2、S3)土壤中 20cm 以下基本没有检出,0~20cm 的表层土壤中 BDE-209 的浓度也低于拆解区 B 镇(S4、S5、S6、S7、S8),相差数倍以上。B 镇由于有电子垃圾拆解产业,BDE-209 不断地被释放到周边土壤中,输入强度较大,迁移到底层的量相对于无处置区的多,在 30~50cm 的深度仍然有

BDE-209 检出。这表明，人为释放的输入模式相对于大气沉降和径流运输等自然因素输入模式，造成 BDE-209 在土壤表层(0~20cm)累积得更多，在土壤垂直方向迁移深度更深。

表 1-6　采样点中 BDE-209 的垂直分布

采样深度/cm	BDE-209 含量/ (mg/kg)										
	S1-V	S2-V	S3-P	S4-P	S5-P	S6-V	S7-P	S8-D	S9-V	S10-P	S11-V
0~10	0.59	0.50	0.23	2.55	2.17	1.22	2.16	5.47	ND	ND	ND
10~20	0.34	0.21	ND	2.36	0.56	0.61	1.36	4.76	ND	ND	ND
20~30	ND	0.11	ND	0.37	ND	0.07	1.41	0.82	ND	ND	ND
30~50	ND	ND	ND	ND	ND	ND	0.19	0.98	ND	ND	ND
50~70	ND	ND	ND	ND	ND	ND	ND	ND	ND	ND	ND

注：所有样品均做三个平行样，取平均值，样品相对标准偏差<5%；ND 为未检出。

目前已有许多研究报道了污染源(十溴联苯醚生产地、废旧塑料处置地、电子垃圾拆卸场)附近的土壤中多溴联苯醚的含量。表 1-7 列举了其他文献报道的结果，并与笔者团队采集的拆解区农田表层土壤中的平均含量进行比较。其中，瑞典的土壤样品为污灌区农场土壤(Sellström et al., 2005)，山东莱州湾的土壤样品为十溴联苯醚生产地附近土壤(金军等, 2008)，河北某地的样品来自废旧塑料处置地附近土壤(曾甯等, 2013)，浙江台州与广东清远和贵屿镇的土壤样品均在电子垃圾拆解区域内(罗勇, 2007; 陈涛等, 2011; 刘庆龙等, 2012)，广东广州的土壤样品取自无电子垃圾相关产业区域内的蔬菜地(Zou et al., 2007)。由表 1-7 可见，本研究区域土壤中 BDE-209 的含量与山东莱州湾、河北某地、广东清远土壤中的含量相当(干

表 1-7　不同研究区域土壤中 BDE-209 的含量

研究地点	土壤类型	采样时间	BDE-209 含量/(μg/kg)	备注
瑞典	污灌区农场土壤	2000 年	(330)	Sellström et al., 2005
山东莱州湾	生产地附近土壤	2005 年	53~7120(1852)	金军等, 2008
河北某地	废旧塑料处置地附近土壤	2011 年	0.39~3602(722)	曾甯等, 2013
广东清远	拆解区道路和农地	2005 年	690~6320(1539)	罗勇, 2007
广东贵屿镇	拆解区稻田土壤	2011 年	(520)	刘庆龙等, 2012
浙江台州	拆解区周边土壤	2011 年	14~3060(183)	陈涛等, 2011
广东广州	一般蔬菜地	2002 年	2.38~34.5(11.5)	Zou et al., 2007
华南某地	拆解区农田土壤	2013 年	ND~3190(1400)	本书

注：括号内为 BDE-209 含量的平均值。

物质量约为 mg/kg 数量级)，远高于广东广州蔬菜地和瑞典污灌区农场土壤中的含量，污染水平比较严重。比较不同污染源类型的土壤可以发现，有多溴联苯醚生产或直接释放的区域，其污染物浓度范围相当，含量相比于污灌区农田和一般菜地要高出数倍至数十倍，这与本研究发现在拆解区周边较远的农田土壤中 BDE-209 含量远低于拆解区土壤的结果一致。

1.2.3　微生物多样性变化

微生物活性与群落结构多样性一直是微生物生态学和环境学科研究的重点 (Zhang and Min, 2009; Correa et al., 2010)，笔者在开展自然环境条件下电子垃圾拆解区土壤酶活性研究的同时，采用现代分子生物学技术聚合酶链式反应-变性梯度凝胶电泳(PCR-DGGE)对拆解区微生物群落结构进行解析，以期为土壤污染的早期预警、政府部门监管政策的制定及土壤功能的恢复提供科学的依据。2014 年 3 月，笔者在清远市龙塘镇和石角镇电子垃圾拆解作坊附近及周边农田分别采集了 4 个和 19 个点位的表层(0～20cm)土壤样品，同时在位于龙塘镇的一处焚烧迹地采集了 1 个点位表层土壤样品(采样时每个点位采 3 个样品，测定后取平均值)，采样点的分布情况如图 1-10 所示。

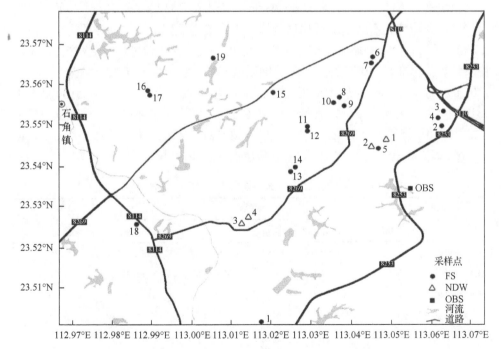

图 1-10　清远市电子垃圾拆解区土壤微生物多样性采样点分布

FS. 农田土壤；NDW. 拆解作坊附近土壤；OBS. 焚烧迹地土壤

1. 土壤理化性质及污染物含量

土壤样品的主要理化性质见表 1-8。采集土样以酸性土壤为主。其中农田土壤的 pH 平均值最低，拆解作坊附近土壤的 pH 平均值最高；土壤全磷和全氮含量平均值以拆解作坊附近土壤最高，农田次之，焚烧迹地最低；有机质含量平均值以拆解作坊附近土壤最高，焚烧迹地土壤次之，农田土壤最低。由于拆解作坊分布于居民区，日常生活污水和垃圾的随意排放与倾倒可能是其土壤偏中、碱性及全磷、全氮和有机质含量较高的重要原因。

表 1-8　土样基本理化性质

污染物	FS (N=19)		NDW (N=4)		OBS (N=1)
	平均值	范围	平均值	范围	平均值±SD
pH	5.50	4.45~6.40	7.40	6.99~7.87	6.41±0.22
有机质/(g/kg)	58.9	29.2~92.1	76.0	57.1~104.5	70.0±55.3
全磷/(g/kg)	0.432	0.076~0.883	0.966	0.602~1.378	0.081±0.008
全氮/(g/kg)	1.313	1.031~1.693	1.570	1.511~1.601	0.278±0.097

土壤重金属和 PCBs 含量如表 1-9 所示。无序电子垃圾回收活动产生的污染非常严重，龙塘镇和石角镇拆解作坊周边农田土壤也受到了一定程度的污染。农田土样 Cd 和 Cu 含量平均值及部分采样点位 Pb 和 Zn 含量超过《食用农产品产地环境质量评价标准》(HJ/T 332—2006)的限值要求；农田表土 PCBs 含量平均值为 170.5μg/kg，约为 Ren 等(2007)报道的我国土壤 PCBs 含量平均值(0.515μg/kg)的 331 倍，少数采样点位 PCBs 含量平均值超过加拿大为保护环境和人体健康设置的土壤中 PCBs 指导值(500μg/kg)(王学彤等，2012a)。因此，本书重点关注 Cd、Cu、Pb、Zn 等 4 种重金属及 PCBs 对土壤微生物的生态毒理效应。

表 1-9　土壤样品中重金属和 PCBs 含量

污染物	FS (N=19)		NDW (N=4)		OBS (N=1)	HJ/T 332—2006
	平均值	范围	平均值	范围	平均值±SD	
Cu/(mg/kg)	89.9	10.6~359.3	778.4	161.8~2106.3	2922.5±3528.4	50
Pb/(mg/kg)	74.6	23.83~169.70	394.4	130.8~987.8	670.1±325.3	80
Cd/(mg/kg)	1.64	0.06~6.04	5.2	2.0~10.4	1.5±0.78	0.3
Zn/(mg/kg)	182.0	39.8~609.6	618.3	189.1~1486.3	1408.1±1987.6	200
Cr/(mg/kg)	24.6	10.2~68.4	50.2	11.5~98.4	174.8±161.1	150
Ni/(mg/kg)	12.2	4.1~28.4	53.6	15.4~113.8	164.2±240.1	40
PCBs/(μg/kg)	170.5	2.1~1335.8	2576.2	263.6~7023.4	423.8±368.2	—

2. 土壤酶活性

土壤酶是一种具有生物催化能力和蛋白质性质的高分子活性物质，作为土壤组分中最活跃的有机成分之一，不但可以表征土壤物质能量代谢的旺盛程度，而且可以作为评价土壤肥力高低、生态环境质量优劣的一个重要生物指标。采用苯酚-次氯酸钠比色法测定脲酶活性(关松荫, 1986)、3,5-二硝基水杨酸比色法测定蔗糖酶活性(关松荫, 1986)、紫外分光光度法测定土壤过氧化氢酶活性(杨兰芳等, 2011)、磷酸苯二钠比色法测定磷酸酶活性(中国科学院南京土壤研究所, 1985)。其中，脲酶、蔗糖酶和磷酸酶活性分别以 24h 内每克土壤产生的氨态氮、葡萄糖和酚的量来表示，过氧化氢酶活性则用 20min 内每克土壤分解的过氧化氢毫克数表示。测定焚烧迹地、拆解作坊附近和农田土壤酶活性，结果如表 1-10 所示。

表 1-10 土壤样品酶活性

酶活性	FS (N=19)		NDW (N=4)		OBS (N=1)
	平均值	范围	平均值	范围	平均值±SD
过氧化氢酶活性/(mg H_2O_2/g 土)	1.30	0.55~1.77	2.76	2.33~3.31	1.23±0.38
蔗糖酶活性/(mg 葡萄糖/g 土)	6.94	ND~32.04	13.68	ND~27.57	ND
酸性磷酸酶活性/(mg 酚/g 土)	1.39	0.77~1.87	0.94	0.26~1.43	0.19±0.18
碱性磷酸酶活性/(mg 酚/g 土)	0.74	0.04~1.63	0.66	0.35~0.97	0.16±0.16
脲酶活性/(mg 氨态氮/g 土)	0.112	0.012~0.372	0.372	0.165~0.657	0.027±0.018

注：ND 表示未检出。

由表 1-10 可知，不同种类土壤酶对不当电子垃圾拆解污染的响应存在较大差异，酸性磷酸酶和碱性磷酸酶均在农田土壤中活性最高，焚烧迹地土壤中活性最低；过氧化氢酶、脲酶和蔗糖酶变化趋势一致，3 种酶在拆解作坊附近土壤中活性最高，焚烧迹地和农田土壤中活性相差不大。本研究中农田受重金属和 PCBs 污染程度最轻，农田土壤中酸性磷酸酶和碱性磷酸酶活性相应地高于拆解作坊附近和焚烧迹地土壤中酶活性，反映了不当电子垃圾拆解污染对土壤的生化毒性。线性回归分析显示酸性磷酸酶活性与 Pb、Cu 和 Zn 含量在 $p<0.01$ 水平上显著负相关，与 Cd 和 PCBs 含量在 $p<0.05$ 水平上显著负相关。由于不当电子垃圾拆解产生的污染物种类比较复杂，虽然目前尚不能确定重金属和 PCBs 是影响微生物活性的主要因素，但从统计分析结果来看，Pb、Cu、Zn、Cd 和 PCBs 污染是不可忽略的因素。酸性磷酸酶活性还与土壤 pH 在 $p<0.01$ 水平上显著负相关，说明理化性质也是影响土壤酶活性的重要因素之一。过氧化氢酶、脲酶和蔗糖酶并没有同酸性磷酸酶一样呈现随重金属和 PCBs 浓度升高活性显著下降的规律，相反这 3 种酶在重金属和 PCBs 污染程度较重的拆解作坊附近土壤中的活性高于其在污染

程度相对较轻的农田土壤中的活性，线性回归分析结果表明过氧化氢酶活性与 Cd 含量和 PCBs 含量均在 $p < 0.05$ 水平上显著正相关。此外，过氧化氢酶活性与土壤 pH 和全磷含量在 $p < 0.01$ 水平上显著正相关，再次证明土壤酶活性不仅仅只受电子垃圾拆解所释放污染物的影响，还与包括土壤养分、pH 在内的理化性质等因素关系密切。过氧化氢酶是抗氧化防御系统酶中重要的酶类之一，为减小环境有害因素对微生物的影响起重要的作用，它能被环境有害因素所诱导，过氧化氢酶活性状况在一定程度上能反映污染物对环境的胁迫情况。陈立涛（2007）发现离电子垃圾拆解区域越近，PCBs 污染越严重的区域，土壤过氧化氢酶活性显著提高，本研究中过氧化氢酶活性与 PCBs 含量在 $p < 0.05$ 水平上显著正相关，与其研究结果一致。至于过氧化氢酶活性与 Cd 含量之间也呈显著正相关关系，可能与电子垃圾回收活动中在排放重金属的同时伴随的其他具有生物毒性的污染物（如 PCBs、多溴联苯醚等）有关。

在长期持续受不当电子垃圾拆解污染的区域，重金属和 PCBs 等污染物进入土壤后，对微生物的作用可能主要表现在早期阶段，随着时间的推移，生理生化活性更强的耐性微生物逐渐替代了敏感微生物，部分土壤酶受抑制程度减轻甚至被激活，因而出现拆解作坊附近土壤重金属和 PCBs 含量高于农田，其土壤过氧化氢酶、脲酶和蔗糖酶活性也高于农田的现象。总之，由于自然条件下电子垃圾拆解区污染物往往以各类污染物复合污染的形式存在，再加上 pH、土壤养分、污染物生物有效性、植被等因素，土壤酶活性的变化更为复杂，过氧化氢酶、脲酶和蔗糖酶活性随重金属和 PCBs 含量增加而升高的原因有待进一步探讨。

3. 土壤微生物多样性

在研究重金属和 PCBs 污染对土壤微生物多样性的影响时，除焚烧迹地 3 个平行样品（标记为 S1～S3）外，从 4 个拆解作坊附近土样中随机挑选 1 号和 4 号点位样品作为龙塘镇和石角镇拆解作坊附近代表点位样品（标记为 S4、S5）。同时，因为焚烧迹地和拆解作坊主要位于龙塘镇到石角镇的省道公路两旁村庄内，所以随机选取离公路较近的 1 号、6 号、12 号点位作为距离拆解中心区域较近的农田代表点位样品（标记为 S6～S8），离公路较远的 2 号、3 号、15 号、16 号、17 号、19 号采样点样品作为距离拆解中心区域较远的农田代表点位样品（标记为 S9～S14），以考察污染物迁移对土壤微生物群落结构的影响。

1）总细菌 DGGE 图谱分析

从环境样品中直接提取总 DNA，经 PCR 扩增得到含有某一高变区的目的 DNA 序列产物，通过 DGGE 得到指纹图谱，如图 1-11 所示。不同样品的 DGGE 图谱在条带的数量、位置及亮度上均存在一定差异，3 号、6 号、7 号、8 号、11 号、12 号条带在每个样品中均有出现，且随着污染程度的减轻，6 条条带的亮度逐渐增强；1 号条带在 S1 和 S2 样品中出现；2 号条带在 S1～S4 样品中出现；4 号、5 号、14 号条带仅在 S3 样品中出现；9 号、15 号条带在 S9～S14 样品中出现；10 号条带在 S1～S4 和 S6～S8 样品中出现；13 号条带在 S3、S4、S6 和 S8 样品中出现。14 个泳道中均出现的 6 条条带，不但广泛存在于污染程度低的样品中，而且对较高含量的重金属和 PCBs 有一定的耐受性，对环境变化有较强的适应性。这 6 条条带在不同泳道的亮度不同，表明其代表的微生物类群在数量上存在一定的差异。例如，样品 S9～S14 所在泳道的条带明显变亮加宽，说明其所代表细菌的数量大幅增加。1 号、2 号、4 号、5 号和 14 号条带在重金属和 PCBs 污染程度较高的焚烧迹地和拆解作坊附近样品中(S1～S4)出现，说明这些微生物类群对高浓度重金属和 PCBs 有较高的耐受性。9 号和 15 号条带仅在离拆解中心区域较远的农田土壤中(S9～S14)出现，说明其代表的微生物类群对低含量重金属和 PCBs 有一定的耐受性。10 号和 13 号条带在部分焚烧迹地、拆解作坊附近和分布于拆解作坊周边的农田土样中同时出现表明其所代表的微生物类群对环境中重金属和 PCBs 含量有较高的选择性，这些特征的微生物可以作为电子垃圾拆解区土壤受某浓度范围重金属和 PCBs 胁迫的指示菌。

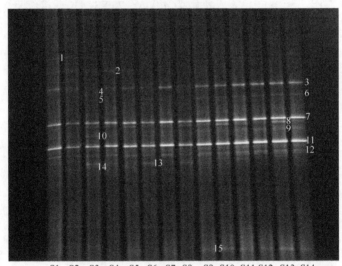

图 1-11　土壤样品 DGGE 图谱

S1～S3 为焚烧场地土样；S4 和 S5 为拆解作坊附近土样；S6～S8 为距离拆解中心区域较近的农田土样；
S9～S14 为距离拆解中心区域较远的农田土样

通过非加权组平均法(UPGMA 算法)作出聚类分析图，如图 1-12 所示，说明微生物群落的同源性。对于 14 个土壤样品而言，微生物群落结构的差异较为明显，可分为两大族群：S1～S8 归为一族，S9～S14 归为一族。这说明距离拆解中心区域较远，污染程度较轻的土壤微生物群落结构不同于焚烧迹地、拆解作坊附近等从事无序电子垃圾回收活动的场地或距离拆解中心区域较近的土壤微生物群落结构，不当电子垃圾拆解污染对土壤微生物群落结构产生一定的影响。

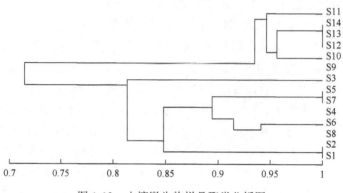

图 1-12　土壤微生物样品聚类分析图

2）香农指数

香农指数越大，群落中生物种类复杂程度越高，群落所含的信息量越大。从图 1-13 可以看出，土壤样品香农指数为 1.946～2.485，长期持续受电子垃圾拆解污染的焚烧迹地、拆解作坊附近及周边农田样品（S1～S8）中微生物多样性指数平均值（2.133）低于离拆解中心区域较远的农田土样（S9～S14）的指数平均值（2.411），在某种程度上反映了无序电子垃圾拆解对当地土壤微生物的损伤。

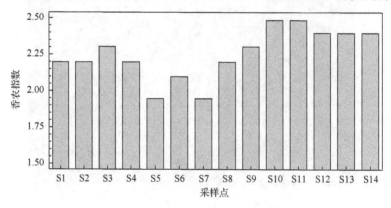

图 1-13　土壤样品总细菌香农指数

3）特异性条带测序

一共有 15 条条带从凝胶上（图 1-11）切割并克隆测序，利用所得序列在核糖体数据库（http://rdp.cme.msu.edu/seqmatch/seqmatch_intro.jsp）中获得序列所代表的微生物的分类等级，并在 GenBank 数据库（http://www.ncbi.nlm.nih.gov/BLAST/）中搜索最相似序列，结果如表 1-11 所示。

表 1-11　土壤样品特异性条带测序序列分类地位及相似性比对

条带	分类地位	最相似序列	相似性
1	Proteobacteria (Deltaproteobacteria)	Uncultured delta Proteobacterium clone GASP-KB3W1_D04 (EU298809)	99%
2	Actinobacteria (Actinobacteria)	Uncultured Actinomycetales bacterium clone Plot22-2D10 (EU665084)	97%
3	Proteobacteria (Betaproteobacteria)	*Burkholderia* sp. strain S9-15 (KY357354)	100%
4	Actinobacteria (Actinobacteria)	*Cellulomonas* sp. GS11 (KP780000)	96%
5	Acidobacteria (Acidobacteria_Gp7)	Uncultured Acidobacteria bacterium clone GASP-MA3W1_D02 (EF663683)	98%
6	Proteobacteria (Betaproteobacteria)	*Burkholderia* sp. BAP1 (KU169245)	98%
7	Proteobacteria (Betaproteobacteria)	*Burkholderia* sp. ASDP2 (KU375115)	99%
8	Proteobacteria (Betaproteobacteria)	*Burkholderia vietnamiensis* (KU169246)	99%
9	Actinobacteria (Actinobacteria)	Uncultured bacterium clone BL-14 (HM124441)	100%
10	Acidobacteria (Acidobacteria_Gp18)	Uncultured bacterium clone 100-BAC065 (JQ968748)	98%
11	Proteobacteria (Gammaproteobacteria)	Uncultured *Enterobacter* sp. clone GASP-WA1W2_H06 (EF072357)	100%
12	Proteobacteria (Gammaproteobacteria)	Uncultured bacterium clone D1CB031 (FQ660398)	96%
13	Acidobacteria (Acidobacteria_Gp7)	Uncultured bacterium clone 3BR-5H (EU937852)	97%
14	Proteobacteria (Betaproteobacteria)	*Burkholderia cenocepacia* strain Q1-4 (KX008300)	98%
15	Proteobacteria (Gammaproteobacteria)	*Enterobacter* sp. WZH-F27 (KU641456)	100%

15 条序列分属于变形菌门 Proteobacteria（β-、δ-和 γ-Proteobacteria 纲）、放线菌门 Actinobacteria（Actinobacteria 纲）和酸杆菌门 Acidobacteria（Acidobacteria_Gp7 和 Acidobacteria_Gp18 纲），其中 Proteobacteria 门占 60%，是最优势的类群。在 Proteobacteria 门中，β-Proteobacteria 纲占 55.6%，δ-Proteobacteria 纲占 11.1%，γ-Proteobacteria 纲占 33.3%。出现在所有土样中的 3 号、6 号、7 号、8 号、11 号、12 号条带所代表的 Proteobacteria 门所占比例最大，说明 Proteobacteria 门在不当电子垃圾拆解污染土壤微生物群落中具有重要地位。其中，3 号克隆序列与 GenBank 中从酸性矿山废水污染河流流域中分离得到的耐重金属菌株 *Burkholderia* sp. strain S9-15（KY357354）相似性高达 100%，6 号、7 号、8 号和 12 号序列均与 GenBank 中 PAHs 降解菌株最为接近，相似性分别为 98%、99%、99% 和 96%，这些序列所代表的微生物可能对土壤中包括 PAHs 在内的物质和能量转化及微生物生态有重要的影响。4 号序列与 GenBank 中从富含重金属矿山湖泊沉积物中分离获得的一株菌株 *Cellulomonas* sp. GS11（KP780000）相似性为 96%，14 号序列与 GenBank 中耐重金属菌株 *Burkholderia cenocepacia* strain Q1-4（KX008300）相似性为 98%，4 号和 14 号条带仅在焚烧迹地样品中出现，它们所属的微生物类别对高浓度重金属有着较强的耐受性。与 10 号条带序列最相似的序

列(相似性98%)为未培养bacterium clone 100-BAC065(JQ968748)，来源于PCBs污染沉积物，10号条带所代表的特征微生物可以作为焚烧迹地、拆解作坊附近和分布于拆解作坊周边农田土样PCBs浓度范围胁迫的指示菌。13号序列与GenBank中来自中性淡水生境中的序列(EU937852)具有97%的相似性，对生态系统中铁氧化物的生物地球化学循环及有机物、无机营养物和微量金属等循环至关重要(Duckworth et al., 2007)。

1.3　电子垃圾污染控制

2000年以来，一些电子垃圾处置和拆解区相继出现了严重的环境污染问题，由此科学界对电子垃圾的污染及防控等问题进行了大量的研究，明确了电子垃圾对生态环境的污染特点，并开展了电子垃圾污染防控的对策研究及技术研发。

1.3.1　电子垃圾的管理与污染源头控制

1989年3月22日，由联合国环境规划署主持，115个国家的代表在瑞士巴塞尔签署了《控制危险废物越境转移及处理巴塞尔公约》(以下简称《巴塞尔公约》)。1990年3月22日，我国政府签署了《巴塞尔公约》。但该公约并未禁止有毒垃圾的出口，而只要接受国同意，有毒垃圾出口就是合法的。1995年9月22日，近100个国家的代表在瑞士日内瓦签署了《巴塞尔公约》的修正案《反对出口有毒垃圾的协定》，这个协定禁止发达国家以最终处置为目的向发展中国家出口有毒废弃物，并规定从1998年1月1日起，发达国家不得向发展中国家出口供回收利用的有毒垃圾，但是美国拒绝签署这个协定。

2000年，我国针对一些地方非法进口或变相购买国外的废旧电子产品等问题，国家环境保护总局、对外贸易经济合作部、海关总署、国家出入境检验检疫局联合发布了《关于进口第七类废物有关问题的通知》(环发〔2000〕19号)，明确规定自2000年4月1日起，禁止进口废电视机及显像管、废计算机、废显示器及显示管、废复印机、废摄(录)像机、废家用电话等十一类废电器。同时，我国充分利用《巴塞尔公约》有关的国际会议和其他场合，要求有关国家加强废物出口的管理，防止我国禁止进口的废物转移至我国境内。2003年，国家环境保护总局发布了《关于加强废弃电子电气设备环境管理的公告》，要求加强电子废弃物的环境管理。《废弃电器电子产品回收处理管理条例》(国务院令第551号)也于2008年国务院第23次常务会议通过，自2011年1月1日起施行。

截至目前，我国电子垃圾管理的基本法律和制度体系主要由三部法律、一个条例、五个部门规章及若干标准规范和部门规范性文件构成。三部法律包括《中华人民共和国固体废物污染环境防治法》、《中华人民共和国清洁生产促进法》和

《中华人民共和国循环经济促进法》,三部法律对电子废物的环境管理提出了宏观要求。一个条例是《废弃电器电子产品回收处理管理条例》,对纳入《废弃电器电子产品处理目录》的电子废物提出了具体的管理要求,并建立了规划、资质许可、基金补贴等制度。五个部门规章包括《电器电子产品有害物质限制使用管理办法》(中国 RoHS 2.0)、《再生资源回收管理办法》、《电子废物污染环境防治管理办法》、《废弃电器电子产品处理资格许可管理办法》和《废弃电器电子产品处理基金征收使用管理办法》,分别在产品生产、回收、拆解处理等环节提出了污染控制和环境管理的相关要求,初步形成了电器电子全生命周期管理模式(张明顺等,2016)。

　　我国电子垃圾的管理涉及多个部门。生态环境部作为贯彻落实《废弃电器电子产品回收处理管理条例》的牵头部门,会同国家发展和改革委员会、工业和信息化部、财政部、商务部、海关总署、国家税务总局、工商行政管理局、国家市场监督管理总局、国务院法制办公室等部门建立了电子废物管理工作协调机制,制定了工作方案,明确了工作任务、责任分工和进度安排。例如,生态环境部逐级落实废弃电器电子产品处理企业资格审批、基金补贴审核及日常监管等各项责任,建立较为完善的废弃电器电子产品回收处理监管体系;国家发展和改革委员会重点负责研究制定废弃电器电子产品处理目录;工业和信息化部重点负责对电器电子产品生产环节有害物质限制使用、生态设计等的监管和指导;财政部负责废弃电器电子产品处理基金的征收和发放等;商务部负责建立规范的废弃电器电子产品回收体系等工作。生产者、进口电器电子产品的收货人或者其代理人生产、进口的电器电子产品应当符合国家有关电器电子产品污染控制的规定,采用有利于资源综合利用和无害化处理的设计方案,使用无毒无害或者低毒低害及便于回收利用的材料。中国 RoHS 2.0 要求对我国境内生产、销售和进口的电器电子产品均需要按照有关标准要求做好标识和说明,对列入达标管理目录的产品,还应该满足铅、镉、汞、六价铬、多溴联苯、多溴二苯醚等有害物质的限值要求,在电器电子产品上或者产品说明书中按照规定提供有关有害物质的含量、回收处理提示性说明等信息(图 1-14)。

产品中有害物质的名称及含量						
部件名称	有害物质					
	铅(Pb)	汞(Hg)	铜(Cd)	六价铬(Cr(Ⅵ))	多溴联苯(PBB)	多溴二苯醚(PBDE)
主机	×	○	○	○	○	○
充电器	×	○	○	○	○	○
耳机	×	○	○	○	○	○
电池	×	○	○	○	○	○
线缆	×	○	○	○	○	○
本表格依据SJ/T 11634的规定编制。						

○: 表示该有害物质在该部件所有均质材料中的含量均在GB/T 26572规定的限量要求以下。

×: 表示该有害物质至少在该部件的某一均质材料的含量超出GB/T 26572规定的限量要求,且目前业界没有成熟的替代方案,符合欧盟RoHS指令环保要求。

本标识内数字表示产品在正常使用状态下的环保使用期限为20年。某些部件也可能有环保使用期限标识,其环保使用年限以标识内的数字为准。因型号不同,产品可能不包括除主机的以下所有部件,请以产品实际销售配置为准。

图 1-14　某电子产品说明书中的有害物质标识

　　随着国家相应法律法规和政策的逐步完善，我国浙江台州市、广东省汕头市贵屿镇和清远市龙塘镇、石角镇等电子垃圾拆解集散地的污染已得到一定的控制。以清远市为例，清远市政府创办了循环经济区，让分散的电子垃圾拆解户都进入园区，进行集中拆解。2002 年，清远市政府提出"入园经营、圈区管理"的整体部署。清远市委、市政府在龙塘镇和石角镇规划建设了清远华清循环经济工业园，将清远市数千个体拆解户和拆解、回收、深加工企业逐步集中到园区内发展，进行入园统一监督、统一管理。清远市委、市政府进一步引进全新的拆解模式，不再用焚烧，而是通过剥皮、搅碎来获取里面具有利用价值的铜。目前，清远已完成了循环经济标准体系的建立，内容覆盖了再生资源回收、拆解、初加工和深加工，包括废杂有色金属分类、回收、分选和拆解，废旧物资储存和运输，污水处理，有毒有害及危险品处理处置等方面。

1.3.2　电子垃圾污染土壤修复技术研发

　　污染土壤修复技术的研究起步于 20 世纪 70 年代后期(于颖和周启星, 2005)。在过去的 40 年间，欧洲、美国、日本、澳大利亚等国家和地区纷纷制定了土壤修复计划，成立了许多土壤修复公司，投入巨额资金研发了土壤修复技术与设备，积累了丰富的现场修复与工程应用经验，形成了土壤修复网络组织，使土壤修复技术得到了快速的发展(周东美等, 2004; 骆永明等, 2005b)。

　　电子垃圾污染场地的污染物类别多且复杂，毒性高，污染程度严重，污染直径范围大。污染场地中除了重金属和传统有机污染物外，还存在多类新型有机污染物，特性复杂且污染程度同样严重。因此，有必要采取合适的修复技术净化该类污染场地。然而，目前国内外对电子垃圾污染土壤的研究主要集中在污染物调查、暴露水平和风险评估方面，而对电子垃圾污染场地的修复研究尚不多。与一般的工业场地污染相比，电子垃圾拆解区的污染土壤有其特殊之处，呈现多种毒害重金属和持久性有机物共存的特点(杨中艺等, 2008; 周启星和林茂宏, 2013; 林娜娜等, 2015; Wang et al., 2015)。这两类不同性质的物质共存会产生多种交互作用，使得修复难度大大增加。

　　选择科学合理的修复技术是治理电子垃圾污染的关键因素之一。污染土壤修复技术根据修复目的可概括为两类：一类以降低污染风险为目的，即通过改变污染物在土壤中的存在形态或同土壤的结合方式，降低其在环境中的可迁移性与生物可利用性，如稳定化/固定化、玻璃化等；另一类以削减污染总量为目的，即通过处理将有害物质从土壤中去除，以降低土壤中有害物质的总浓度，如化学淋洗、化学氧化、微生物降解、植物修复等(Khan et al., 2004; 骆永明, 2009; 黄益宗等, 2013)。基于上述基本目的，人们研发了物理、化学、生物和农艺调控等多种原理的修复技术。相比而言，基于污染物去除的修复技术能彻底清除土壤中的污染物，防止污染物的再次释放。

电子垃圾污染土壤中多种重金属和毒害有机物共存，而化学氧化仅对有机物有效，微生物对 PCBs、PBDEs 等 POPs 的降解效果很差。植物修复具有修复重金属和有机污染物的双重功能，符合电子垃圾污染场地的污染特征，且相比较于电动修复及物化修复，植物修复具有成本低廉、环境友好、循环经济及工程原位性等特点，是一种可持续的绿色修复技术(Salt et al., 1998; 韦朝阳和陈同斌, 2001; 骆永明, 2009; Lee, 2013; Passatore et al., 2014)。因此，对于电子垃圾拆解区及周边中低度污染土壤而言，植物修复和基于植物修复的联合修复技术(化学-植物联合修复技术、微生物-植物联合修复技术等)将有望成为未来电子垃圾污染土壤的主要应用修复技术之一(张琼等, 2015)。本系列丛书之一《电子垃圾污染生物修复技术及原理》一书中已对包括植物修复在内的广义生物修复做了较详尽的介绍(尹华等, 2017)，在此不再赘述。

但是，植物修复一般仅适用于拆解区周边大面积、低浓度污染土壤的修复，对于重度重金属和有机物复合污染土壤的修复而言，植物修复很难达到理想的效果(Ali et al., 2013)。虽然近年来国内外对植物修复的研究很多，但是同时累积多种重金属和去除毒害有机物的植物还少见报道(Zhang et al., 2009; Chigbo et al., 2013)，而且植物修复周期过长，限制了其在电子垃圾污染场地修复中的应用。

淋洗修复技术由于操作简便、可控性好、修复速率快和处理条件温和等优点，在小面积、高浓度污染场地土壤修复中受到很大重视，已成为重度重金属和有机物复合污染的电子垃圾拆解场地修复的主要技术之一(Chen et al., 2017)。因此，本书第 2 章将对污染土壤淋洗修复技术的原理与应用做较详细的介绍。

针对电子垃圾拆解场地中存在的重度重金属和有机物复合污染土壤，笔者所在团队近年来开展了典型重金属(Cu、Pb、Cd)和毒害有机物(PAHs、PCBs、PBDEs)污染土壤的同步洗脱研究，筛选了以天然有机酸螯合剂柠檬酸为代表的重金属洗脱药剂和以绿色无毒的非离子型表面活性剂吐温 80 为代表的疏水性有机污染物洗脱药剂，筛选了以生物表面活性剂皂素为代表的重金属-PCBs 复合污染洗脱药剂，在此基础上将柠檬酸、吐温 80 和皂素进行复配，研制了可同步脱除土壤中重金属和 PCBs 的复合淋洗剂，复合淋洗剂对土壤中 Cu、Pb、Cd 和 PCBs(初始浓度分别为 5000mg/kg、1967mg/kg、51mg/kg 和 12mg/kg)的单次洗脱率均可达 80%以上；针对洗脱后的废液处理和淋洗药剂的回收利用问题，研发了以粉末活性炭等为吸附剂选择性吸附去除污染物和回收洗脱液的技术。上述研究成果将构成本书的主体内容，分别在第 3~8 章中进行阐述。

第2章　污染土壤淋洗修复技术原理与应用

土壤淋洗指用流体(通常是液体)去除土壤中污染物的过程。被淋洗出的污染物包含了无机污染物和有机污染物,淋洗液可以是水、化学溶剂或其他可能把污染物从土壤中淋洗出的流体,甚至可能是气体。淋出液经处理后回用或达标排放,淋洗后的土壤可以再安全利用。土壤淋洗技术是一种行之有效的污染土壤治理技术,适合于快速修复受高浓度重金属和有机物污染的土壤与沉积物。国外从20世纪90年代就开始了淋洗修复技术的应用研究(Roy et al., 1997; McCray and Brusseau, 1998),并已经有较多的修复工程报道(Mann, 1999; Dermont et al., 2008),国内近十多年来也已开展了较多的研究(可欣等, 2004; Yang et al., 2006; Yuan et al., 2010; 李玉双等, 2011; Chen et al., 2017)。

2.1　土壤淋洗技术原理

土壤淋洗技术是通过淋洗促进土壤中污染物(重金属、有机物)溶解或迁移作用的溶剂注入或渗透到污染土层中,使其穿过污染土壤并与污染物发生解吸、螯合、溶解或络合等物理化学反应,最终形成迁移态的化合物,再利用抽提井或其他手段把包含污染物的液体从土层中分离出来进行处理的技术。研究表明,螯合剂[如乙二胺四乙酸(EDTA)、乙胺二琥珀酸(EDDS)等]可促进重金属从土壤中脱除(Yuan et al., 2007a; Koopmans et al., 2008),增溶物质(如表面活性剂、环糊精(CDs)衍生物等)可促进疏水有机物(HOCs)的脱除(Roy et al., 1997; McCray and Brusseau, 1998)。土壤淋洗主要包括三个阶段:向土壤中施加淋洗液、淋出液收集及淋出液处理。在使用淋洗修复技术前,应充分了解土壤性状、主要污染物等基本情况,只有针对不同的污染物选用不同的淋洗剂和淋洗方法,进行可处理性实验,才能取得最佳的淋洗效果,并尽量减少对土壤理化性状和微生物群落结构的破坏。

土壤淋洗过程并非只有化学过程,可能还会有物理过程和物理化学过程,淋出液的处理及回用中还可能包括生物过程。对于重金属的洗脱而言,主要发生的是螯合作用,螯合作用是具有两个或两个以上配位原子的多齿配体与同一个金属离子形成螯合环的化学反应,图2-1为Cu(Ⅱ)与柠檬酸生成的一种螯合物的结构。对于水溶性有机物而言,污染物可直接溶解于水中,其洗脱过程主要为物理作用;而对于疏水性有机污染物来说,其洗脱过程主要为物理化学作用。因为大部分有机污染物不溶于水，所以用水洗脱土壤中的有机物变得十分困难，但如果加入表面活性剂，洗脱就变得比较容易了。这是因为表面活性剂在水中形成了胶束，其亲脂尾端聚于胶束内部，将污染物包裹在其中(图 2-2)，而分子的极性亲水基端则露于外部，与极性的水分子发生作用，并对胶束内部的憎水基团产生保护作用，使这些原本不溶于水的物质溶解在表面活性剂溶液内，从而得以洗脱出来。

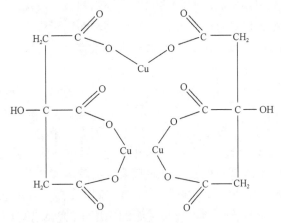

图 2-1　一种 Cu(Ⅱ)与柠檬酸反应生成的螯合物

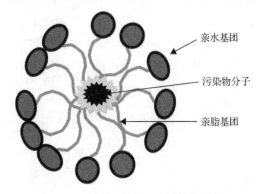

图 2-2　表面活性剂形成的胶束结构

2.2　土壤淋洗技术分类

土壤淋洗技术按机理可分为物理淋洗和化学淋洗；按处理土壤的位置可以分为原位土壤淋洗和异位土壤淋洗；按淋洗液可以分为清水淋洗、无机淋洗剂溶液淋洗、有机淋洗剂溶液淋洗、有机溶剂淋洗、离子液体淋洗和复配淋洗剂淋洗；按运行方式分为单级淋洗和多级淋洗(巩宗强等,2002；崔龙哲和李社峰,2016)。

2.2.1 按处理土壤的位置分类

1. 原位淋洗

土壤淋洗原位修复主要是根据污染物分布的深浅，使淋洗液在重力或外力的作用下流过污染土壤，并利用回收井或采用挖沟的办法收集和清除淋洗液。也有人提出，可以在污染地带打一些井，利用植物油溶出污染土壤中不可挥发性有机污染物，且植物油进入地下水层，油水分离的难度小，可以打若干回收井直接回收利用植物油。

从污染土壤的性质来看，原位淋洗技术适用于多孔隙、易渗透的土壤；从污染物的性质来看，原位淋洗技术适用于重金属、具有低辛烷/水分配系数的有机化合物、羟基类化合物、低分子量醇类和羟基酸类等污染物。该技术需要在原地搭建修复设施，包括淋洗液投加系统、淋出液收集系统和淋出液处理系统(图 2-3)。同时，有必要把污染区域封闭起来，通常采用物理屏障或分割技术。影响原位淋洗技术的因素很多，起决定作用的是土壤、沉积物或者污泥等介质的渗透性(李玉双等, 2011)。该技术对于均质、渗透性好的土壤中的污染物具有较高的分离与去除效率。该技术的优点包括：无须进行污染土壤挖掘、运输，适用于包气带和饱水带多种污染物的去除，适用于组合工艺。其缺点包括：可能会污染地下水，无法对去除效果与持续修复时间进行预测，去除效果受制于场地地质情况等。

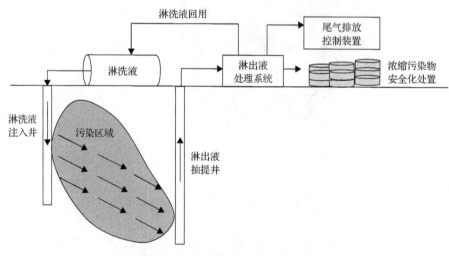

图 2-3 土壤原位淋洗修复示意图

2. 异位淋洗

异位土壤淋洗修复技术源于采矿与选矿的过程，通过物理化学方式从土壤中分离污染物(Mann, 1999)。土壤异位淋洗指把污染土壤挖掘出来，通过筛分去除超大的组分并把土壤分为粗料和细料，然后用淋洗剂来清洗、去除污染物，再处理含有污染物的淋出液，并将洁净的土壤回填或运到其他地点。通常先根据处理土壤的物理状况，将其分成不同的部分，然后根据二次利用的用途和最终处理需求，采用不同的方法将这些部分清洁到不同程度。在固液分离过程及淋出液的处理过程中，污染物或被降解破坏或被分离，最后将处理后的清洁土壤转移到恰当位置(图 2-4)。该技术操作的核心是通过水力学方式机械地悬浮或搅动土壤颗粒。当污染土壤中砂粒与砾石含量超过 50%时，异位土壤淋洗技术就会十分有效。而对于黏粒、粉粒含量超过 30%～50%，或者腐殖质含量较高的污染土壤，异位土壤淋洗技术分离去除效果较差。

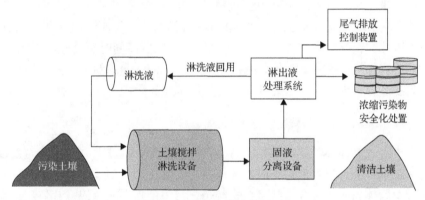

图 2-4　土壤异位淋洗修复示意

2.2.2　按淋洗液分类

1. 清水淋洗

土壤淋洗修复应选择生物降解性好、不易造成土壤二次污染的淋洗剂。如果可能，最好直接使用清水。水是淋洗液中最常见的溶剂，不添加任何淋洗剂的清水也能洗脱一些水溶性好的污染物。例如，美国俄勒冈州一个电镀厂的工作人员使用清水淋洗，使地下水中六价铬的平均浓度从 1923mg/L 下降到 65mg/L(McKinley et al., 1992)。

2. 无机淋洗剂溶液淋洗

水、酸、碱、盐等无机溶液是土壤淋洗早期常用的淋洗剂，主要用于淋洗土壤中的重金属，其作用机制主要是通过酸解、络合或离子交换等作用来破坏土壤表面官能团与污染物的结合状态，从而将污染物交换解吸下来，并从土壤中分离出来(巩宗强等, 2002)。

常用的无机淋洗剂主要有 HCl、HNO$_3$、H$_2$SO$_4$、H$_3$PO$_4$、NaOH、CaCl$_2$、NaNO$_3$、NH$_4$NO$_3$、(NH$_4$)$_2$SO$_4$、FeCl$_3$ 等。研究表明, 0.1mol/L HCl 对重金属具有较好的去除效果, Cu、Ni、Pb、Zn 的去除率分别为 92%、77%、79%、75%(Tuin and Tels, 1990)。H$_3$PO$_4$ 是土壤 As 污染的有效淋洗剂, 用质量分数为 9.4%的 H$_3$PO$_4$ 淋洗6h 对 As 的去除率可达到 99.9%(Tokunaga and Hakuta, 2002)。还有报道用 NaOH碱液提取土壤中的氯酚, 这种碱液淋洗法替代了原来耗能的热处理法或占地面积很大的堆腐法, 且适合于多种类型的土壤及不同氯酚浓度; 碱液淋洗 2,6-二氯酚的效果与索氏提取或乙醇提取相当(Steinle et al., 1999)。稀土浸矿也属于淋洗的范畴, 其使用(NH$_4$)$_2$SO$_4$ 等浸出剂浸出稀土的原理是利用离子交换作用使离子型稀土与铵发生交换后进入浸出液中(周晓文等, 2012)。

无机酸淋洗可以有效去除土壤中的重金属污染物, 但通常在酸浓度>0.1mol/L的条件下才能得到较高的去除效率。然而, 较高的酸度同时也会破坏土壤的物理、化学和生物结构, 并致使大量土壤养分流失(Pichtel et al., 2001), 且强酸性条件对处理设备的要求也较高, 因此其在实际应用中受到限制。

3. 有机淋洗剂溶液淋洗

有机淋洗剂种类较多, 常见的有机淋洗剂从洗脱机理上大致可分为螯合剂和表面活性剂两类。螯合剂是洗脱重金属常用的淋洗剂, 通过络合作用将吸附在土壤颗粒及胶体表面的重金属与有机物解络, 与污染物形成新的络合体, 从土壤中分离出来。表面活性剂则能增加有机物的水溶性, 提高有机污染物的去除率。常见的有机淋洗剂见表 2-1, 螯合剂和表面活性剂已被广泛应用于土壤中重金属和/或有机物的洗脱去除, 也在生物修复、电动修复等修复技术中作为辅助剂使用, 以促进土壤中重金属和有机物的解吸, 提高污染物的生物可利用性和迁移性(马莉等, 2008; 姜萍萍等, 2011; Liao et al., 2015; Lin et al., 2016; Liang et al., 2017)。

表 2-1 常见的有机淋洗剂

淋洗剂种类		淋洗剂示例
螯合剂	天然有机螯合剂	柠檬酸、苹果酸、草酸及天然有机物胡敏酸、富里酸等
	人工合成螯合剂	乙二胺四乙酸、氨基三乙酸(NTA)、二乙基三胺五乙酸(DTPA)、乙胺二琥珀酸等
表面活性剂	生物表面活性剂	鼠李糖脂(RL)、槐子糖脂、单宁酸、皂角苷、卵磷脂、腐殖酸、环糊精及其衍生物等
	人工合成表面活性剂	十二烷基苯磺酸钠(SDBS)、十二烷基硫酸钠(SDS)、曲拉通(triton)、吐温、波雷吉(Brij)等

大多数人工合成螯合剂能在很宽的 pH 范围内与重金属形成稳定的复合物，不仅可溶解不溶性的重金属化合物，同时也可解吸被土壤吸附的重金属，是一类非常有效的土壤淋洗剂。然而，大多数人工合成螯合剂自应用以来，就因其自身的化学稳定性、难生物降解性及缺乏离子选择性所带来的环境和健康风险而受到质疑(McArdell et al.,1998; Sun et al., 2001; Hauser et al., 2005; Tsang et al., 2007)。

人工合成化学表面活性剂应用于有机污染土壤和地下水修复中具有良好的前景，但对于重金属污染土壤的淋洗修复则作用不佳；生物表面活性剂虽对重金属具有较好的去除能力，但对有机污染物的去除能力却低于化学表面活性剂(Khodadoust et al., 2005; Mulligan, 2005; 蒋煜峰等，2006a; Mao et al., 2015)。

4. 有机溶剂淋洗

有机溶剂淋洗技术也称溶剂萃取技术，是一种利用有机溶剂将有害化学物质从污染介质中提取出来或去除的修复技术。溶剂萃取技术通常用于去除土壤、沉积物和污泥中的 PCBs、PAHs、PCDD/Fs、石油烃、氯代烃等有机污染物，而不适用于去除如酸、碱、盐和重金属等无机污染物。湿度大于 20%的土壤要先风干，避免水分稀释提取液而降低提取效率。溶剂萃取技术中常用的萃取溶剂有乙酸乙酯、乙酸丙酯、丙酮、甲醇、乙醇、正己烷、二氯甲烷、甲苯、植物油等(Khodadoust et al., 1999;Tonangi and Chase, 1999; Rababah and Matsuzawa, 2002; Silva et al., 2005; Jonsson et al., 2010; Li et al., 2012a; 华正韬等, 2013; 叶茂等, 2013)。Silva 等(2005)研究了用乙酸乙酯-丙酮-水(体积比为 5：4：1)混合溶剂萃取土壤中的柴油烃类污染物，这些污染物由二甲苯、萘和十六烷复合而成，结果显示所用溶剂对这些烃类污染物的去除率都达到了 90%以上。Li 等(2012a)研究了采用丙酮、正己烷混合溶剂治理高浓度石油污染土壤，结果表明在丙酮体积分数为 25%、液固比为 6：1 的条件下，石油污染物去除率达到 97%。

由于溶剂萃取过程中所用的大部分有机溶剂具有一定的毒性，且具有易挥发和易燃易爆的特点，因此在萃取过程中任何溶剂的挥发及萃取后土壤中任何溶剂的存在都会给人类健康和环境带来一定的风险。在实际的萃取操作过程中，通常大部分萃取设备的运行都在密闭条件下进行。另外，对于萃取后滞留在土壤中的残余溶剂，可采用相应的处理方法进行去除和回收。如使用土壤加热处理的方法，使残余溶剂由液态变成气态而从土壤中逸出，冷却后又变成液态，从而达到残余溶剂去除和再生的目的。此外，还要监测修复后的土壤中所含污染物和溶剂的含量是否已经降到所要求的标准以下。如果已经达到预期目标，这些土壤就可以进行原位回填。通过适当的设计和操作，使溶剂萃取技术成为一种非常安全的土壤修复技术。

5. 离子液体淋洗

离子液体是指在室温或接近室温下呈现液态的、完全由阴阳离子所组成的盐，也称为低温熔融盐。离子液体作为离子化合物，其熔点较低的主要原因是其结构中某些取代基的不对称性使离子不能规则地堆积成晶体，它一般由有机阳离子和无机或有机阴离子构成（Wilkes, 2002）。对大多数无机物、有机物和高分子材料来说，离子液体是一种优良的溶剂（Earle and Seddon, 2000; Brennecke and Maginn, 2001）。离子液体具有无味、无恶臭、不易燃、易回收、可反复多次循环使用、使用方便等优点，是传统挥发性溶剂的理想替代品，它有效地避免了传统有机溶剂的使用所造成的严重的环境、健康、安全及设备腐蚀等问题，是名副其实的、环境友好的绿色溶剂，已经越来越被人们广泛认可和接受。

Khodadoust 等（2006）较早地开展了离子液体在土壤中有机物去除方面的研究工作，比较了两种室温离子液体[bmim]PF$_6$和[bmim]Cl 对模拟土壤中滴滴涕（DDT）、狄氏剂、六氯苯和五氯酚的去除效果，其中对蒙脱土中狄氏剂的去除率最高可达 92%，接近于用丙酮或乙醇的提取效果。近年来关于离子液体在土壤修复中的应用的报道越来越多（Keskin et al., 2008; Ma and Hong, 2012; Pereiro et al., 2012; 陈仁坦等, 2013; Pereira et al., 2014; Agarwal and Liu, 2015; Amde et al., 2015; 宣亮等, 2016），离子液体淋洗将是未来土壤修复领域的一个研究热点。

6. 复合淋洗剂淋洗

复合淋洗剂淋洗修复是指对不同类型的淋洗剂进行优化复配，运用复配药剂的协同增溶效应，达到强化土壤中污染物最大去除效率和节约淋洗剂使用量的目的。复合淋洗剂可以弥补单一淋洗剂的不足，具有很好的发展应用前景。

在复合淋洗剂洗脱污染土壤中 PAHs 方面，浙江大学朱利中院士团队开展了大量卓有成效的研究工作（Yu et al., 2007; Zhou and Zhu, 2007; Zhu and Zhou, 2008; Zhang and Zhu, 2010）。他们研究发现单一阴离子表面活性剂 SDBS 或单一的非离子表面活性剂吐温 80 对高浓度 PAHs 污染土壤淋洗效率较差，但当 SDBS 与吐温 80 复配比例为 1∶9（质量比）时具有良好的协同增溶效应，其协同增溶的原因在于阴-非离子表面活性剂形成混合胶束和混合吸附层，使原来带负电荷的表面活性剂离子间的排斥作用减弱，胶束更易形成，从而使混合表面活性剂的临界胶束浓度（CMC）显著降低，更利于污染物从固相解吸至液相中。此外，他们还发现表面活性剂 SDS 与曲拉通 X-100（TX-100）的复配不仅降低了复配淋洗剂形成临界胶束的最低浓度，减少了单一非离子表面活性剂 TX-100 在土壤颗粒上的吸附作用，同时也大大增加了 PAHs 在水相中的溶解能力，促进了对土壤中污染物的去除。叶茂等（2013）发现不同浓度花生油与羟丙基-β-环糊精的交互实验均对 DDT、氯丹和灭蚁灵的去除率具有显著的促进作用。王利等(2014)发现不同浓度正丙醇与羟丙基-β-环糊精的复配具有增效协同效应，对 DDT 的去除率具有显著的促进作用。Yuan 等(2007b)发现一定比例的阴-非离子表面活性剂混合淋洗液有利于提高高岭土中六氯苯的洗脱率，同时能减少表面活性剂在高岭土中的吸附损失。

此外，由于土壤中可能同时存在多种不同性质的污染物，单独使用一种淋洗剂往往不能去除所有的污染物，而联合使用或者依次使用多种淋洗剂可以提高复合污染土壤的污染物洗脱效果。邹泽李(2009)对广氮的污染土壤进行淋洗修复时发现：Na_2EDTA 对重金属 Cu、Pb、Zn、Cd 有较高的去除率，但对 As 去除率不高；相反，草酸能够去除较多的 As、Cd、Cu、Zn，但对 Pb 去除率很低；EDTA、草酸、KI 三种淋洗剂单独使用都无法完全去除研究土壤的各种重金属，而按顺序分别用三种试剂进行连续提取可实现对污染土壤中 As、Cd、Cu、Pb、Zn、Hg 等重金属的去除，处理后土壤中的各种重金属的含量均达到国家标准。钟金魁等(2011)对菲和铜复合污染黄土的淋洗的结果表明，试剂最佳添加顺序是先加 SDS后加 EDTA，或 SDS 和 EDTA 同时加入。张杰西(2014)比较了吐温 80 和 EDTA-2Na添加的先后顺序及同时添加对菲和 Cd 复合污染土壤的土柱淋洗效果，推荐采用混合溶液为淋洗液进行淋洗。刘仕翔等(2017)采用不同浓度的 EDTA 和柠檬酸混合对多种重金属(Zn、Cu、Pb、Cr、Ni)复合污染土壤的淋洗效率明显高于同等条件下单独使用 EDTA 和柠檬酸的淋洗效率。针对电子垃圾污染场地土壤中高浓度的重金属和多氯联苯复合污染，笔者所在团队开展了螯合剂和表面活性剂复合的探索研究工作，相关成果将在第 6 章中展开介绍。

2.2.3　按运行方式分类

1. 单级淋洗

单级淋洗的主要原理是物质分配平衡规律，即在稳态淋洗过程中从土壤中去除的污染物质的量应等于积累于淋洗液中污染物质的量。单级淋洗又可分为单级平衡淋洗和单级非平衡淋洗。当淋洗浓度受平衡控制时，淋洗只有达到平衡状态，才可能实现最大去除率，这是达到平衡状态的淋洗。污染物的去除不受平衡条件限制时，淋洗速率就成了一个重要因子，这种条件下的淋洗称为单级非平衡淋洗。单级非平衡淋洗主要有同向流淋洗和连续搅拌池淋洗两种运行方式。

1)同向流淋洗

在同向流淋洗系统内，土壤和淋洗液向相同的方向流动。当把时间当作系统的一个独立变量，而且土壤和淋洗液以相同的速率运动时，这个系统更像一个批处理系统，其中土壤在整个处理过程中始终和相同的淋洗液接触。当然土壤和淋洗液在处理设备内的驻留时间也可能不同，形成混合系统。目前模拟同向流淋洗系统或批处理系统的研究主要采用振荡提取法。

2)连续搅拌池淋洗

搅拌池淋洗可以连续运行,污染土壤和淋洗液被连续注入处理系统,但处理系统内的土壤和淋洗液不处于平衡状态。这种方法的缺点是由于连续进出淋洗液和土壤,有一小部分土壤可能未经处理就流出了淋洗单元。

2. 多级淋洗

当淋洗受平衡条件限制时,通常需要采用多级淋洗的方式来提高淋洗效率,多级淋洗主要有交叉流淋洗和反向流淋洗两种运行方式。

1)交叉流淋洗

交叉流淋洗是由几个单级淋洗组合而成的淋洗方式,这种方式可以提高污染物的去除率(图 2-5)。Khodadoust 等(2000)曾采用交叉流淋洗法修复 PAHs 污染土壤,在一级淋洗中按一定的土/溶剂比用溶剂对土壤进行淋洗,然后将土壤分离出来进入二级、三级淋洗,二级、三级淋洗的运行条件和一级相同,经过三级淋洗后污染土壤中 PAHs 的去除量和索氏提取法提取量相当。钟为章等(2016)对铬污染场地土壤进行淋洗修复,用柠檬酸 4 次淋洗后,其对土壤中六价铬和总铬去除率分别达到 100%和 93%,土壤中总铬残留量为 183.4mg/kg,满足其场地的修复要求。

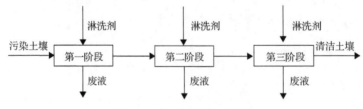

图 2-5　交叉流淋洗示意图

2)反向流淋洗

在这种运行方式下,土壤和淋洗液的运动方向相反,难点在于使土壤和淋洗液向相反的方向流动。反向流淋洗可以通过把土壤固定在容器内,让淋洗液流过含土壤的容器,并逐步改变入流点和出流点来实现。当土壤固体颗粒较大、流速符合条件时,可以采用固化床淋洗技术实现反向流淋洗(图 2-6)。目前研究报道中多采用土柱的办法来模拟这种固化床淋洗。Khodadoust 等(1999)曾比较了交叉流淋洗和反向流淋洗对木材防腐剂五氯苯酚污染土壤的淋洗效果,在同样三级淋洗的情况下,反向流淋洗时单位体积溶剂的五氯酚去除量比交叉流淋洗时高出近 3 倍。

图 2-6　反向流淋洗示意图

2.3　土壤淋洗影响因素

土壤淋洗过程涉及土壤、污染物和淋洗剂三者之间的相互作用，三者均能影响土壤淋洗修复的效果。此外，淋洗操作工艺条件及外加强化手段也会对土壤淋洗修复的效果产生较大的影响（叶茂等，2012）。

2.3.1　土壤质地与组成

土壤质地特征对土壤淋洗的效果有重要的影响。将土壤淋洗法应用于黏土或壤土时，必须先做可行性研究，有报道认为土壤淋洗法对含 30%以上的黏质土/壤质土效果不佳（Semer and Reddy, 1996）。在砂质土壤中，因为土壤空隙率大，淋洗液扩散进入土壤颗粒内部的阻力较小，所以污染物比较容易去除，而当壤质土和黏质土含量较高时，土壤通透性较差，同时由于其比表面积较大，对污染物具有强烈的吸附作用，会大大降低污染物的溶出效率。Kuhlman 和 Greenfield（1999）指出对不同有机污染场地的土壤可以先用粒径筛分仪进行沙质土、壤质土和黏质土的浮选预处理，再运用不同针对性的淋洗剂进行分类淋洗，从而达到提高去除效率、降低修复成本的要求。对于质地过细的土壤而言，可能需要使土壤颗粒凝聚来增加土壤的渗透性（Tampouris et al., 2001）。在某些土壤淋洗实践中，还需要打碎大粒径的土壤，从而缩短土壤淋洗过程中污染物和淋洗液的扩散路径。

相同质地的土壤中矿物质和有机质组成与含量的变化对淋洗效果也有显著的影响。壤质土和黏质土中有机质含量和次生矿物含量往往较高，土壤有机质和次生矿物的物理吸附或化学吸附均会将污染物非均质地包裹于土壤颗粒微孔结构的表面或内部，从而增加淋洗修复的难度。廉景燕等（2009）研究土壤特性对正己烷萃取石油污染土壤的影响时发现脱油率随土壤有机质含量的增加呈下降的趋势。

污染土壤不同土层的有机质含量、含水率、可塑性、通气性、渗透率、pH、电导率及污染物在土壤中垂直、水平分布的差异性均将最终影响原位淋洗和异位淋洗的修复效果（Paria, 2008）。例如，当使用正己烷洗脱土壤中的石油类污染物时，土壤中的水分含量对石油组分的脱除影响较大，脱油率随着含水率的增大而不断下降（廉景燕等，2009）。脱油率由含水率为 0 的 65.29%降低到 40%时的 52.26%，这是因为随着土壤中含水率的增大，会在溶剂与含油土壤的接触界面处形成一层水膜，减少了液固两相间的接触面积，进而影响石油污染物从土壤迁移到溶液中的迁移效率。李合莲等(2011)对某 PAHs 污染土壤进行不同粒径的分离，确定不同粒径中污染物的分布情况，再选用两种非离子表面活性剂吐温 80 和 TX-100 针对性地淋洗污染土壤，发现不同粒径中 PAHs 初始浓度越低，去除率越高，粗颗粒中由于有机碳含量较高，PAHs 去除率反而低于细颗粒。骆传婷(2014)发现 pH 通过影响土壤中铬的溶解、螯合、氧化还原来影响 Cr(Ⅵ)的迁移转化；有机质则会因投加量和表面基团的差异造成还原性不同，最终影响 Cr(Ⅵ)的迁移转化。

2.3.2 污染物类型及赋存状态

污染物质的类型及赋存状态是影响淋洗法修复效果的重要因素之一。对重金属而言，同一螯合剂对不同重金属的螯合能力不同。对有机物而言，不同类型的有机污染物与污染土壤通过不同的物理化学吸附形成不同的键合形式，且各种类型污染物与土壤结合紧实程度的差异性以及污染物在土壤中的非均质分布，均使淋洗法去除效果不尽相同(Amro, 2004)。

污染物质在土壤中的老化程度也将显著影响淋洗法的去除效果(Xu et al., 2007b; Chai et al., 2008)。随着老化时间的增加，污染物与土壤颗粒有机矿质复合体物化键合作用也越稳定，吸附作用更强烈，同时在土壤微生物的作用下，污染物往往可以进入土壤颗粒微孔结构内部而稳定存在，因而难以通过淋洗法完全去除。姚振楠(2017)研究 PAHs 污染土壤的淋洗修复时发现，相比于人工污染土壤，实际污染场地土壤老化时间长等导致其淋洗难度更大，需要相应地提升醇类浓度、淋洗时间、淋洗温度才能使醇类淋洗剂表现出较好的淋洗效果；而表面活性剂对人工污染土壤中的菲和苯并[a]芘有一定的淋洗效果，但淋洗去除率低于醇类淋洗剂，且对实际污染场地土壤的淋洗效果较差。

污染物的浓度也是影响淋洗修复效果和成本的重要因素。一般认为，当土壤中初始污染物浓度较低时，主要的污染物在土壤颗粒表层呈单层吸附或优先分配吸附至土壤有机质中，与土壤颗粒物化结合力较强，而难以被淋洗去除；当土壤中初始污染物浓度较高时，污染物在土壤表面呈多层吸附，部分外层污染物由于吸附力相对较弱而较易被淋洗去除；但对于超高浓度污染物污染土壤而言，土壤颗粒吸附已达到饱和，多余的部分就以自由状态存在，此部分较易被淋洗去除，但当以自由状态存在的污染物被快速淋洗去除以后，剩余污染物的淋洗去除率往往增加缓慢(Gevao et al., 2000)。

污染物在污染场地土壤中往往分布极不均匀，这为整体淋洗修复增加了难度(Spark and Swift, 2002)。众多污染场地由于早期污染制造者产生污染的随机性，以及污染物在场地环境中水土气界面迁移转化的复杂性均导致了现存场地中污染物质分布极不均一。因此，在进行污染场地土壤淋洗修复时，往往需要根据原场地上污染企业生产历史情况，划分若干修复区域，进行针对性的修复，以达到提高整体淋洗去除率和降低修复成本的目的。

2.3.3　淋洗剂种类及浓度

不同类型淋洗剂对污染物的洗脱效果不同，且不同类型污染土壤对多数淋洗剂具有一定程度的吸附特性，因而造成不同淋洗剂的去除效率不同。当选用较低浓度的表面活性剂进行污染土壤修复时，表面活性剂优先被土壤颗粒吸附，造成淋洗效率低；随着表面活性剂浓度逐渐增加，直至到达特定污染土壤有效临界胶束浓度时，对于污染物的去除率才有明显的提高，之后在一定范围内随着表面活性剂浓度持续增加，去除率也随之增加，但增加到特定表面活性剂浓度时，去除率则保持相对稳定(Zhu et al., 2003a, 2003b; 叶茂等, 2012; 杨慧娟, 2015)。

在选用有机溶剂进行淋洗修复时，也有类似的现象。研究表明，运用甲醇、乙醇和正丙醇作为淋洗剂修复 DDT 污染场地土壤时，发现只有当甲醇体积浓度达到 50%，乙醇体积浓度达到 40%，正丙醇体积浓度达到 30%时，其对污染物的去除率才有显著的增加，并指出在双液相极性体系中，有机溶剂对于污染物的增溶作用呈现指数增加（Juhasz et al., 2003）。

此外，不同类型和浓度的淋洗剂在土壤修复过程中，受到的传质阻力也不尽相同。这些传质阻力通常包括淋洗剂在土壤颗粒表面的扩散、淋洗剂在土壤空隙的扩散、污染物在土壤颗粒表面的扩散和污染物在土壤空隙的扩散等。这些传质阻力的大小都将最终影响淋洗修复的效果。不同的淋洗剂在不同的 pH 下对各重金属的淋洗效果也都不同(郭晓方等, 2011; 李光德等, 2009)。

2.3.4　淋洗操作工艺条件

针对不同污染程度和不同类型污染物污染的土壤，优化淋洗操作工艺条件有助于实现提高污染物去除率，同时兼顾修复成本的目的。通常需要优化的淋洗操作工艺条件包括：水土比、淋洗时间、淋洗温度、搅拌强度、淋洗次数、淋洗剂的回收效率等(叶茂等, 2012)。

1. 水土比

水土比是指淋洗液与污染土壤的质量比，一般条件下，提高水土比有助于提高污染物的总体去除率，过低的水土比不利于污染物的去除，过高的水土比又增加了设备的负载量和修复的总体成本。因而选择合适的水土比既有利于污染物的去除，又降低了修复费用，增效洗脱单元的水土比一般在 3∶1～10∶1。刘仕翔等(2017)在研究 EDTA 和柠檬酸复配淋洗剂对重金属复合污染土壤的淋洗时，发现当水土比(质量比，下同)从 2.5∶1 增加到 10∶1 时，土壤中重金属的去除率逐渐增大，之后随着水土比的增加，土壤中重金属的去除率几乎保持不变。

2. 淋洗时间

土壤中污染物的去除率一般随着淋洗时间的延长而提高，并在到达某一时间定值后去除率趋于相对稳定。同样，淋洗时间也不宜过长，过长的淋洗时间既增加了运行成本，又可能造成淋洗剂的不稳定，淋洗时间一般为 20min～2h。钟为章等(2016)通过正交实验发现各因素对某铬污染场地土壤的铬淋洗去除效果的影响依次为淋洗时间＞淋洗剂浓度＞pH＞水土比，其中淋洗时间对淋洗效率影响程度最大。

3. 淋洗温度

淋洗温度对土壤中污染物的去除效率影响也很大，一般条件下，升高温度有助于提高污染物的去除效率。升高温度可以促进反应体系的分子运动，使污染物在土壤颗粒表面和内部的吸附能力减弱，降低反应体系的界面张力，增加污染物质的流动性，促使淋洗剂与污染物充分作用。选取合适的淋洗温度不仅有助于实现污染物的去除，同时也能兼顾修复成本。叶茂等(2013)研究表明在 50℃淋洗条件下，花生油和羟丙基-β-环糊精对 DDT、氯丹和灭蚁灵的去除率比 25℃淋洗时显著增加。王利等(2014)研究正丙醇与羟丙基-β-环糊精复配对高浓度 DDT 污染土壤的增效洗脱时发现 50℃比 25℃ DDT 的洗脱率提高了 20%。

4. 搅拌强度

搅拌强度对土壤中污染物的去除效率也有一定的影响，提高搅拌强度一方面能增强土壤颗粒表面之间的摩擦作用，克服土壤颗粒与污染物分子之间的作用力，另一方面能促进淋洗液与污染物充分作用，使污染物更易从土壤中脱附。农泽喜等(2017)研究 FeCl$_3$ 对 Cd 的污染农田土壤的淋洗效果时，考察了 90～210r/min 搅拌速率的影响，发现随着搅拌速率的加大，土壤中 Cd 的去除效率升高，但在大于 150r/min 后去除效率趋于稳定。罗希等(2017)考察了搅拌次数对 Cd 污染稻田土壤土柱淋洗修复效果的影响，Cd 的去除率随搅拌次数的增加而不断升高，当不进行搅拌时淋洗对土壤中的 Cd 几乎无去除效果，但当搅拌次数＞3 时，Cd 去除率的增长趋于平缓。

5. 淋洗次数

在相同的淋洗条件下，增加淋洗次数一般有助于污染物的去除。但许多研究也表明增加淋洗次数，并不能将污染物彻底去除，这可能与污染物在土壤中的老化程度有关。因此，选取合适的淋洗次数不仅有利于污染物的进一步去除，同时也可以节约修复成本。叶茂等(2013)发现随着连续淋洗次数的增加，土壤中有机

氯农药的累计去除效率逐渐增加，其中前 3 次的连续淋洗对土壤中有机氯农药
(OCPs)的去除效果最为显著，而在淋洗次数超过 3 次后，对 OCPs 的去除作用并
不显著，过多的连续淋洗次数并不能始终显著地促进污染物的去除，这与 Wan 等
(2009)的研究结果一致。王利等(2014)研究发现随着连续淋洗次数的增加，土壤
中 DDT 的累计去除效率逐渐增加，连续洗脱 4 次，其去除率可达 93.90%。

6. 淋洗剂的回收效率

实现淋洗剂的回收利用，是为了在提高污染土壤淋洗去除率的同时，兼顾降
低修复运行的成本，并且安全化处理淋洗液中有毒有害的物质。回收技术的选取
常常取决于淋洗剂回收的必要性和污染物在淋洗液中的特性等因素(Wu et al.,
2011)。污染土壤淋洗处理产生的同时含有污染物、淋洗剂和土壤组分的淋出液后
处理难度极大，已成为制约该技术应用和推广的一个重要因素。对于土壤重金属
的洗脱废水而言，可以采用"铁盐＋碱"沉淀的方法去除水中的重金属，加酸回
调后可回用淋洗液；有机物污染土壤的表面活性剂洗脱废水则可采用溶剂萃取、
吸附去除等方法选择性去除污染物后实现淋洗液的回用(崔龙哲和李社峰, 2016)。

淋洗液的循环使用过程中存在淋洗剂的损失，一方面原因是土壤对淋洗剂的
吸附，另一方面原因是淋出液中污染物选择性去除处理阶段难以保证淋洗剂的全
部保留，因此，在淋洗液的循环使用过程中还需适时添加淋洗剂。Ahn 等(2008)
运用活性炭选择性吸附四种淋洗剂中的污染物菲，发现四种淋洗剂的回收效率均
在 85%～89%。Lee 等(2002)运用液液萃取法对表面活性剂中的甲苯和三氯苯进
行净化回用，发现以正己烷和二氯甲烷为萃取液，在 5h 内，对于甲苯和三氯苯的
最大回收率接近 98%。

2.3.5　外加强化措施

1. 超声强化淋洗

超声强化淋洗修复是指运用频率等于或高于 20kHz 的声波作用于淋洗反应体
系，通过产生的空化效应、高辐射压和声微流共同强化淋洗效果的方法。空化效
应是指超声产生的高压冲击波能击碎土壤颗粒，促使淋洗剂进入土壤颗粒内部而
发挥更大的作用；空化效应产生的高速微射流能对污染土壤进行冲洗；此外辐射
压和声微流能增加扰动土壤表面扩散层，促进土壤颗粒之间的摩擦和搅拌，使淋
洗剂扩散进入土壤孔隙中而充分发挥对污染物的解吸作用(Mason et al., 2004;
Mason, 2007)。超声强化淋洗法相比于传统淋洗法具有明显的优势，尤其是对土
壤中老化程度较高的有机污染物去除率增加明显，此技术已较多嵌合在土壤异位
淋洗修复设备中，且投入的修复能源成本较低，是一种已被较广泛运用的绿色修

复技术。Kim 和 Wang(2003)采用超声强化淋洗法,通过优化超声功率、液压大小和淋洗剂流速等参数,发现对于不同石油烃类污染场地土壤中石油烃类污染物最大去除率均在 50%以上。Mason 等(2004)通过优化超声条件,强化淋洗修复 PAHs、PCBs 和 DDT 污染场地土壤,发现 PAHs 在 5min 内去除率可达 75%以上,PCBs 在 1h 内去除率可达 80%以上,DDT 在 30min 内去除率可达 70%以上。叶茂等(2013)发现在 35kHz 超声 30min,花生油和羟丙基-β-环糊精对 DDT、氯丹和灭蚁灵的去除率显著增加。吴俭(2015)研究有机酸对镉锌、镉镍污染土壤的清洗效果时发现在相同的作用时间下,超声波清洗对重金属的去除率大于振荡清洗,且去除率随超声时间的延长而提高。Chen 等(2016)发现超声辅助能显著提高污染物的洗脱率和缩短淋洗时间。

2. 微波强化淋洗

微波作为一种常用的辅助能量已被广泛应用于地质学和环境学样品的分析中以简化提取步骤,且微波辅助提取实验效果优于传统循序提取(Florian et al., 1998; Kuo et al., 2005; Bettiol et al., 2008; Xue et al., 2010; 薛腊梅等, 2013)。Kuo 等(2005)研究对比了传统与微波作用下不同酸去除工业污泥中铜的效率,发现在一定功率、作用时间下,微波可以提高酸对污泥中铜的去除率。Xue 等(2010)通过研究提出微波辐射可加速市政固体废物焚烧灰烬中有毒重金属 Zn、Pb、Cu、Cr 的溶解,缩短处理时间,提高重金属的去除效率。薛腊梅等(2013)采用微波强化 EDDS 淋洗去除土壤中的 Cd、Pb、Zn,引入微波时淋洗的各重金属的最高去除率分别提高8%、26%、33%,且明显缩短了处理时间;土壤在微波辐射淋洗处理后,主要污染重金属的交换态和碳酸盐结合态及铁锰氧化物结合态明显减少,残渣态增加,从而有效地降低了土壤中毒害污染重金属元素的含量和重金属可利用性,减轻了污染土壤的生态风险。初亚飞等(2017)研究了微波强化氧化-淋洗联合修复铬污染土壤,通过采用微波强化双氧水氧化,在提高了氧化效率的同时,避免了使用过量的双氧水影响后续淋洗效果,同时也可减少对土壤质地结构的影响;施加微波辐照,使得体系的传质速率加快,从而使污染土壤氧化体系中土壤颗粒间的碰撞和三价铬与氧化剂的碰撞增多,从而促进了三价铬向六价铬的转化,提高了总铬的去除率。

3. 电动力强化淋洗

电动力强化淋洗修复是指在土壤淋洗反应体系中引入电流,运用电动力学的电迁移、电渗析及电泳等原理将淋洗剂包裹的污染物迁移至阴极,达到强化去除污染物的目的(Yuan and Weng, 2004; Maturi and Reddy, 2006, 2008a; 侯隽等, 2017)。电迁移是指在电场的作用下,带电离子或离子型物质移向带相反电荷的电极;电渗析是因土壤孔隙水所带双电层与电场作用而做相对于带电土壤表层的移动；电泳是带电粒子或胶体在电场影响下的运输，但带电土壤颗粒移动性小，电泳作用往往忽略不计。Yuan 和 Weng(2004)采用质量分数为 0.5%的 SDS 和 2.0%的亚甲双壬基酚聚氧乙烯醚为淋洗剂，结合电动力强化淋洗乙苯类污染场地土壤，发现在电动力强化下污染物的去除率可达 63%～98%，而单一使用电动力强化修复污染物的去除率仅为 40%。谭雪莹等(2014)对某工业污染场地中的铅污染土壤采用电动和淋洗相结合的方法对其进行修复，发现高电压梯度可以提高土壤温度，加快铅的解吸与迁移速率，实现铅污染土壤的快速修复。

4. 化学氧化还原强化淋洗

化学氧化还原强化淋洗修复是指在土壤淋洗反应体系中加入特定的氧化剂/还原剂，通过加强反应体系中的氧化还原作用达到强化去除污染物目的的方法。常用的氧化剂有双氧水、芬顿试剂、高锰酸钾、臭氧和过氧化物等；常用的还原剂有零价铁、盐酸羟胺、硼氢化钠等。Bogan 等(2003)以花生油和棕榈油作为淋洗剂，运用双氧水、芬顿(Fenton)试剂和过氧化钙为氧化剂强化淋洗修复两种PAHs 污染场地土壤，发现质量分数为 5%的花生油和棕榈油在三种氧化剂的强化下，均可显著提高污染物的去除率。贾桂云(2017)使用紫外光(UV)/双氧水氧化-淋洗联合修复技术去除污染土壤中的重金属铬，发现随着紫外光照强度的增加和光照时间的延长，四个场地土壤中的总铬去除率总体均呈上升的趋势。杨勇等(2013)在化学还原-淋洗联合修复方法中，使用盐酸羟胺有效地提高了土壤中铁锰结合态重金属的洗脱效率。研究表明，改性纳米零价铁可使土壤中的 BDE-209 降解为四～七溴代联苯醚，然而其对低溴代联苯醚的脱溴作用较差，难以彻底去除土壤中的多溴联苯醚(Li et al., 2007; Xie et al., 2014)；而非离子表面活性剂吐温 80对土壤中的低溴代联苯醚洗脱效果较好，但对于高溴代联苯醚(尤其是 BDE-209)的洗脱效果则很差(Yang et al., 2015a)；因此，利用改性纳米零价铁将 BDE-209降解为低溴代联苯醚，同时使用吐温 80 对低溴代联苯醚进行洗脱，通过降解-洗脱的协同作用，可使土壤中的多溴联苯醚得以去除。

化学氧化还原强化淋洗法已被较多地运用于实际修复中，特别是针对某些污染浓度高、老化时间长、土壤质地复杂、有机质含量高的特定场地土壤。但是，由于化学氧化还原强化淋洗法在修复过程中，对土壤自身结构破坏较大，以及淋洗废液中残留的污染物成分复杂、浓度高、毒性大、难以回收利用等缺点，往往需要结合其他修复手段进行终端处理。

5. 微生物强化淋洗

生物淋滤技术是利用自然界中一些微生物的直接作用或其代谢产物的间接作用，产生氧化、还原、络合、吸附或溶解作用，将固相中某些不溶性成分(如重金属、硫及其他金属)分离浸提出来的一种技术。化能自养微生物氧化亚铁硫杆菌、氧化硫硫杆菌是生物淋滤技术中最重要的微生物,且异养微生物在淋滤技术中的应用也很广泛。研究发现"异养淋滤"微生物包括细菌、真菌,细菌中的芽孢杆菌和假单胞杆菌可有效浸出非硫化矿物或矿石,真菌中尤其以曲霉菌和青霉菌最为重要(任婉侠等,2007)。化能异养微生物可以利用污染介质中的有机物作为生长所需的碳源和能源,分泌有机酸(如柠檬酸、乙酸、草酸、葡萄糖酸等),它们不但提供 H^+,而且有机酸能够络合金属离子,促进矿物溶解。微生物在代谢过程中产生胞外多糖、氨基酸、蛋白质等物质也可以溶解矿物。

Gomez 和 Bosecker(1999)报道了利用氧化亚铁硫杆菌和氧化硫硫杆菌对重金属污染土壤进行淋洗修复。周鸣(2008)采用嗜酸性氧化硫硫杆菌对矿区污染土壤中的重金属(Cu、Zn、Pb)进行生物淋滤,可以有效降低土壤中的重金属浓度、改变重金属的化学形态。Chen 和 Lin(2010)使用搅拌式反应器进行微生物淋滤实验,氧化亚铁硫杆菌、氧化硫硫杆菌、排硫硫杆菌的混合菌对土壤中 Cu、Pb、Ni 和 Zn 的淋滤效率可分别达到99%、98%、92%和68%。赵博文(2015)研究了嗜酸性氧化硫硫杆菌及黑曲霉发酵液淋洗修复重金属污染土壤和底泥,黑曲霉发酵液与 EDTA 的复配明显提高了 Cd、Pb 和 Zn 的浸出率。微生物强化将是提高淋洗效率和降低淋洗成本的重要途径。

2.4　土壤淋洗技术应用与展望

土壤淋洗修复技术不但可快速将污染物从土壤中移除,短时间内完成高浓度污染土壤的治理,而且治理费用相对较低廉,现已成为污染土壤快速修复技术研究的热点和发展方向之一。早在 20 世纪 90 年代开始,土壤淋洗技术已经在欧美发达国家和地区(如美国、荷兰、比利时和瑞士)得以应用,形成污染土壤预处理、特定淋洗剂的研发、原位异位淋洗设备、土液分离设备及淋洗剂回用设备集成的整套移动式修复体系,并已有较多成功的商业修复案例(高国龙等,2013)。

2.4.1　技术成本

土壤淋洗修复的成本是高度可变的,根据土壤类型、污染物类型、场地条件、修复目标等的不同而有较大差异,与工程规模及设备处理能力等因素也相关,一般需通过试验确定。据不完全统计,土壤异位淋洗技术在美国应用的成本为 53~420 美元/m^3,欧洲的应用成本为 15~456 欧元/m^3(平均为 116 欧元/m^3),国内的工程应用成本为 600~3000 元/m^3(环境保护部,2014)。相对于植物修复、阻隔填埋、固化/稳定化、水泥窑协同处置等技术,化学淋洗技术成本相对较高(表 2-2)。然而,土壤重度污染所造成的生态损失肯定远超过淋洗技术的处理成本,所以在经济条件允许的情况下，化学淋洗技术是一种必然的发展方向(高国龙等，2013)。

表 2-2　污染场地修复常用技术参考成本(环境保护部，2014)

序号	技术名称	参考成本
1	异位固化/稳定化技术	据美国国家环境保护局(EPA)数据显示，对于小型场地(1000cy*)的处理成本为 160～245 美元/m³，对于大型场地(50000cy)的处理成本为 90～190 美元/m³；国内处理成本一般为 500～1500 元/m³
2	异位化学氧化还原技术	国外处理成本为 200～660 美元/m³；国内处理成本一般为 500～1500 元/m³
3	异位热脱附技术	国外对于中小型场地(2 万 t 以下，约合 26800m³)的处理成本为 100～300 美元/m³，对于大型场地(大于 2 万 t)的处理成本约为 50 美元/m³；国内处理成本为 600～2000 元/t
4	土壤异位洗脱技术	美国的应用成本为 53～420 美元/m³；欧洲的应用成本为 15～456 欧元/m³，平均为 116 欧元/m³；国内的应用成本为 600～3000 元/m³
5	水泥窑协同处置技术	国内的应用成本为 800～1000 元/m³
6	原位固化/稳定化技术	据美国 EPA 数据显示，应用于浅层污染介质的处理成本为 50～80 美元/m³，应用于深层处理的成本为 195～330 美元/m³
7	原位化学氧化还原技术	美国使用该技术修复地下水处理成本约为 123 美元/m³
8	植物修复技术	美国的应用成本为 25～100 美元/t；国内的应用成本为 100～400 元/t
9	阻隔填埋技术	国内的处理成本为 300～800 元/m³
10	生物堆技术	美国的应用成本为 130～260 美元/m³；国内的应用成本为 300～400 元/m³
11	地下水抽出处理技术	美国的处理成本为 15～215 美元/m³
12	地下水修复可渗透反应墙技术	国外的处理成本为 1.5～37.0 美元/m³
13	地下水监控自然衰减技术	根据美国实施的 20 个案例统计，单个项目费用为 14 万～44 万美元
14	多相抽提技术	国外处理成本约为 35 美元/m³ 水；国内修复成本为每千克非水相液体 400 元左右
15	原位生物通风技术	国外处理成本为 13～27 美元/m³

* cy. 立方码，1cy＝0.765m³。

2.4.2　应用实例

美国超级基金在 1982～2005 财年资助的 977 个场地修复项目中，有 23 个土壤淋洗修复场地(其中原位和异位淋洗分别有 17 个和 6 个)和 4 个溶剂提取修复场地(USEPA，2007)。我国首套土壤异位淋洗装备系统由北京建工环境修复股份有限公司研发并实现工程化应用，该系统采取减量浓缩工艺，利用滚筒制泥机及筛分机等粗筛分模块将石头与泥沙分离，经精细筛分模块进一步处理，最后进入泥水分离及稳定化模块将泥浆压滤成泥饼，达到污染物富集、浓缩处理的目的，装备每小时可修复 20t 污染土壤，处理后减量化可达 90%以上。此外，2017 年 11 月，由杰瑞环保科技有限公司设计制造的大处理量土壤淋洗成套设备在烟台罗家屯河项目中投入运行，进行河道底泥重金属污染修复作业，处理能力达到 100t/h，是目前国内单套处理量最大的成套淋洗设备，80%以上的大颗粒物经过清洗后可实现资源化利用。

1. 原位淋洗技术应用实例：公寓地基溢油污染修复项目

1998 年 5 月加拿大新布伦瑞克的一处公寓楼地基受到储油罐溢油的污染，泄漏的燃料油大约有 290gal[①]（美制），污染了建筑物下方及附近的土壤和浅层地下水。地下室由 4ft[②]的岩石墙围成，土壤主要由含沙量较高、水力传导率为 3.3×10^{-5}ft/s 的淤泥土层组成，地下水位距离地面 13ft。1998 年 5 月初地下水样中总石油烃污染水平为 9500μg/L，但在 1998 年 8 月上升到了 81000μg/L。

艾维环境服务公司（Ivey Environmental Services, Ltd.）自 1998 年 5 月起对该污染地块进行修复，使用 Ivey-sol（该公司的一种专利产品）进行原位淋洗，持续淋洗了 38 个月。现场设备包括 Ivey-sol 注水管道系统，该系统由 3 口注水井和 1 套抽出处理设备组成，其中包括建筑物地基下面的 1 个回收井，还安装了 4 口监测井（其中 2 口位于大楼地基下、2 口位于大楼旁边）。该项目的目的是在不移动公寓大楼的前提下，将该地点地下水和土壤总石油烃分别降至 1000μg/L 和 100μg/kg。经过 8 个月的处理，1999 年 1 月地下水中总石油烃已减少到 220μg/L，总石油烃含量比开始修复时降低了 98%（Strbak，2000）。

2. 异位淋洗技术应用实例：伦敦奥运场馆土壤修复项目

2012 年伦敦奥运奥林匹克公园选址在伦敦东部斯特拉特福德的垃圾场和废弃工地上，这块 2.5km² 的土地曾被数十年的工业严重污染。英国环境保护署官员表示，经过调查显示，这块土地上的工业污染物包括石油、汽油、焦油、氰化物、砷、铅和一些含量非常低的放射性物质，并且已有大量的有毒工业溶剂渗入地下水，一些重金属甚至渗入地下 40m 的地下水和基岩中。奥林匹克公园选址定为垃圾填埋场和工业园区，旨在通过这一项目改造老城区，体现环保用意。尽管该地污染非常严重，但是为了最终实现伦敦奥运会的"最佳可持续性"目标，英国还是在最短的时间内完成了伦敦东区的土壤修复，这项工程是伦敦历史上最大的一次土壤修复工程。伦敦政府的这项可持续性开发计划，要求重新使用 80%被污染的土壤，大部分受污染的土地要改造成奥运场馆、公共用地和住宅的基地。

从 2006 年 10 月开始，伦敦政府对该块土地的污染情况进行了接近 3000 次的现场调查，制订了详细的恢复生态计划，其中最重要的一部分就是对这块土地上

---

① 1gal=3.78543L。

② 1ft=304.8mm。

200 万 t 土进行"解毒"。伦敦奥运交付管理局采用了包括土壤淋洗、生物修复和化学稳定/固定化等多种技术对其进行治理，在奥林匹克公园建起了 2 座土壤修复工厂，动用了 5 辆土地清洁车。由于需要处理面积相当于 350 个标准足球场、重达几百万吨的土壤，所以奥林匹克公园使用较多的是相对较快的异位化学清洗技术。将有毒的土壤挖起，运进巨型土壤"洗衣机"，分离掉沙子和碎石，然后清洗提炼出污染物。在施工最繁忙的时候，现场有 5 台土壤清洗机，每周至少处理 1 万 m^3 土，共计处理了 70 万 m^3 污染土。清洗完的土壤要经过严格的测试来评估其清洁程度，保证其完全恢复"干净安全"的标准。在土壤被清洗后工人们还用牛奶和植物油浇灌，促使细菌在土壤里生长繁殖，加速分解残留污染物，并加强土壤肥力。根据奥林匹克运动会组织委员会提供的数字，整个奥林匹克园区仅清洗改造的成本预算就在 3.8 亿英镑(约 38 亿元人民币)以上。

3. 土壤淋洗技术应用拓展：离子型稀土浸出工艺

南方离子型稀土矿是我国特有的、世界罕见的稀土资源种类(周晓文等，2012)。离子型稀土矿中目前可回收的稀土元素以离子吸附形式存在，采用重选、磁选、浮选等常规物理选矿方法无法将其富集回收(罗仙平等，2002)，但这些稀土离子遇到化学性质更活泼的阳离子(如 Na^+、K^+、H^+、NH_4^+ 等)时可被交换解吸。因此，当采用含有此类阳离子的溶液(如氯化钠、硫酸铵溶液等)淋洗离子型稀土矿时，稀土离子就可被浸取出来(罗仙平等，2014)。浸出过程的化学反应可表示为

$$[Clay]_m \cdot nRE^{3+}(s) + 3nNH_4^+(aq) \Longleftrightarrow [Clay]_m \cdot (NH_4^+)_{3n}(s) + nRE^{3+}(aq)$$

式中，[Clay]为黏土矿物；RE 为稀土元素；s 为固相；aq 为液相。

我国科技工作者根据离子型稀土矿这一特性，进行了长期的研究和实践，相继开发了氯化钠桶浸、硫酸铵池浸和原地浸出 3 代浸出工艺，使离子型稀土矿的提取工艺不断向绿色化迈进，形成了独具特色的离子型稀土矿化学提取技术(罗仙平等，2014)。

在离子型稀土矿开发初期(20 世纪 70 年代初)，江西地质工作者在赣南地区找矿的过程中发现采用硫酸铵溶液能将矿石中的稀土浸泡下来，经过不断的完善和提高，形成了第 1 代离子型稀土矿浸出工艺——氯化钠桶浸工艺，即将表土剥离后采掘矿石搬运至室内，经筛分后置于木桶内，以氯化钠溶液作为浸出剂浸析稀土，所获得的浸出液用草酸沉淀稀土(池汝安和王淀佐，1990)。到 20 世纪 90 年代中后期已基本不使用此工艺，主要是因为该工艺生产能力小、劳动强度大，且破坏植被，造成严重的水土流失，国家早已明令强制淘汰此工艺(邓国庆和杨幼明，2016)。

由于室内桶浸工艺存在诸多的问题，20 世纪 70 年代中期将室内桶浸改成了野外池浸，即将采掘的稀土矿石均匀填入容积为 10~20m^3 的野外浸出池内，注入

浸出剂(硫酸铵溶液)对矿石进行浸泡,浸泡完毕后收集浸出液进行后续处理,这便是第 2 代离子型稀土矿浸矿工艺——池浸工艺(罗仙平等, 2002)。该工艺的实质仍是"搬山"运动,需开挖运输矿土至堆浸场进行堆置浸矿。

　　为克服第 2 代离子型浸矿工艺的缺点,绿色高效地开采离子型稀土矿,赣州有色冶金研究所在 20 世纪 80 年代初提出了原地浸矿的设想,经"八五""九五"期间的重点科技攻关,形成了比较成熟的第 3 代浸出工艺——原地浸出工艺。该工艺在不破坏矿区地表植被、不开挖表土与矿体的情况下,将浸出剂(硫酸铵溶液)由高位水池注入经封闭处理的注液井内,浸出剂向矿体中的孔隙渗透扩散,并将吸附在黏土矿物表面的稀土离子交换解析下来,形成的稀土母液流入集液沟内;待稀土浸出完毕,加入顶水使残留在矿体内的硫酸铵及稀土流出,所形成的低浓度母液经处理后予以回用。原地浸出工艺的应用使离子型稀土矿的开发在绿色高效的方向上迈进了一大步,是目前应用效果最好的浸出工艺(罗仙平等, 2014)。

2.4.3　技术展望

　　大量学者在土壤淋洗的过程机理方面做了很多工作,如淋洗剂在土壤-水界面的吸附动力学和热力学作用,重金属与淋洗剂的络合过程机理,淋洗剂的筛选、淋洗条件的优化和淋洗限制因子的研究等。未来的研究热点将集中在以下几方面:①研发和筛选更加环境友好、成本低廉和广谱性的淋洗剂;②优化原位和异位淋洗程序,提高淋洗效率,降低修复成本;③改进淋洗剂回用方式,联合其他土壤修复技术,彻底安全化处理多种复杂的污染物。

　　随着人们对环境污染调查研究的不断深入,对其的认识也不断加深。目前,仅对某单一污染物的研究已经无法解决日趋复杂的环境污染问题,多种污染物的复合污染得到越来越多的关注。由于重金属和疏水性有机物的性质差异,对淋洗剂功能的要求不同,有关同时洗脱土壤中重金属和疏水性有机物的报道还不多(彭立君等, 2008; Yuan et al., 2010)。理论上,通过螯合剂和增溶物质的混合,实现污染土壤中重金属和毒害有机物的同步脱除是可行的。

第3章　重金属淋洗剂的筛选与性能研究

经过30多年的研究与应用，重金属污染土壤的治理技术得到了快速的发展，出现了一系列基于物理、化学和/或生物原理治理受重金属污染土壤的技术与方法（黄益宗等，2013）。治理受重金属污染的土壤主要有以下3种途径：一是将受污染的土壤转移到固定地点妥善封存；二是固定受污染土壤中的重金属，降低其迁移的能力和活性；三是利用植物修复、电动修复、化学淋洗等方法去除土壤中的重金属（王洪才，2014）。

淋洗修复由于操作简便、可控性好、修复速率快和处理条件温和等优点，在小面积污染场地土壤修复中受到很大重视。但是目前利用淋洗技术修复电子垃圾污染土壤的相关研究和应用并不多见，而电子垃圾污染场地的重金属污染呈现出局部高浓度、多种重金属复合污染的特点。笔者选用自配土壤和实际土壤，在 SDS、SDBS、TX-100、吐温 80、EDTA、柠檬酸、皂素、环糊精等众多淋洗剂中筛选出环境友好、经济高效的淋洗剂，并且对影响其淋洗去除效果的因素进行了研究。

基于笔者的实地调查数据并综合电子垃圾拆解区污染调查的相关文献（表 1-2），在电子垃圾拆解场地的土壤中，重金属 Cu、Pb 和 Cd 的含量普遍较高，因此，本章将重点关注这三种重金属的淋洗去除。

3.1　重金属淋洗剂的筛选

重金属的生物有效性和迁移特性与其存在形态密切相关。重金属形态按照BCR法提取可分成以下四种（Tessier et al., 1979; Rauret et al., 1999）：酸可提取态、可还原态、可氧化态和残渣态。酸可提取态重金属是指吸附在黏土、腐殖质及其他成分上的重金属和在碳酸盐矿物上形成的共沉淀结合态的重金属，对土壤环境条件变化敏感，易于迁移转化，能被植物吸收（魏俊峰等，1999；李宇庆等，2004）的重金属，可反映人类近期排污影响及对生物毒性的作用（隆茜和张经，2002）。可还原态重金属一般以矿物的细粉散颗粒存在，吸附或共沉淀阴离子而成（杨宏伟等，2001，2002），土壤中 pH 和氧化还原条件变化对可还原态重金属有重要影响，当pH 和氧化还原电位较高时，有利于可还原态形成，可反映人文活动对环境的污染（Wiese et al., 1997）。可氧化态重金属是土壤中各种有机物如动植物残体、腐殖质及矿物颗粒的包裹层等与土壤中重金属螯合而成的（魏俊峰等，1999），可氧化态重金属反映水生生物活动及人类排放富含有机物的污水的结果（Trefry et al., 1985）。残渣态重金属一般存在于硅酸盐、原生和次生矿物等土壤晶格中，经自然地质风化过程而形成，在自然界正常条件下不易释放，能长期稳定在沉积物中，不易被植物吸收，残渣态重金属主要受矿物成分及岩石风化和土壤侵蚀的影响(魏俊峰等, 1999)。

3.1.1　实验土壤的制备与表征

在广州大学城穗石村的农田采集实验土壤，该土壤原样的重金属含量及理化性质见表 3-1，该土壤类型属于比较典型的南方土壤，土壤中重金属 Cu、Pb、Cd 的含量均比较低，符合我国《土壤环境质量农用地土壤污染风险管控标准(试行)》(GB 15618—2018)中风险筛选值和风险管控值的限量要求。

表 3-1　实验土壤原样的重金属含量及理化性质

重金属			pH	容重/(g/cm³)	孔隙度/%	含水率/%	W(有机质)/(g/kg)	粒度			
Cu/(mg/kg)	Pb/(mg/kg)	Cd/(mg/kg)						沙粒/%	粉砂粒/%	粉粒/%	黏粒/%
20.13±1.23	36.99±2.72	0.27±0.09	5.96	1.17	55.95	1.02	8.22	17.03	39.86	32.63	15.64

土壤原样室内风干后研磨过 20 目筛，用蒸馏水溶解氯化铜、硝酸铅、氯化镉，将混合溶液倒入装有土壤原样的大烧杯中，充分搅匀后转移到温室内的托盘上自然风干 1 周以上；待土样彻底风干后，研磨过 20 目筛备用。模拟土壤的重金属各形态含量及比例见表3-2，自配土样中重金属Cu、Pb和Cd的总量分别为5028.34mg/kg、2288.70mg/kg 和 47.23mg/kg，与预期目标浓度(5000mg/kg、2000mg/kg 和 50mg/kg)接近。三种重金属在土壤中均以酸可提取态(R1)含量最高，是最主要的存在形态，可氧化态(R3)含量最低，可还原态(R2)含量与残渣态(R4)含量比较相近。

表 3-2　模拟土壤的重金属各形态含量及比例

		总量	酸可提取态	可还原态	可氧化态	残渣态
含量/(mg/kg)	Cu	5028.34±62.10	3990.94±19.83	382.33±3.01	28.64±0.95	578.94±12.31
	Pb	2288.70±29.58	1260.22±9.80	518.16±5.05	29.72±0.49	458.82±8.64
	Cd	47.23±0.95	41.02±0.22	1.60±0.00	0.08±0.00	3.59±0.41
比例/%	Cu	100	80.13	7.68	0.58	11.62
	Pb	100	55.59	22.86	1.31	20.24
	Cd	100	88.62	3.46	0.17	7.76

3.1.2　不同淋洗剂的洗脱效果

已经有学者利用 SDS、SDBS、TX-100、吐温 80、EDTA、柠檬酸、皂素、环糊精等做过相关研究，证明其在一定条件下可以从土壤、底泥或者沉积物中将某些重金属元素部分淋洗出来(Mulligan et al., 1999a, 1999b; Tandy et al., 2004; Hauser et al., 2005; 陈晓婷等, 2005; 蒋煜峰等, 2006a, 2006b; Maketon et al., 2008;

Ramamurthy et al., 2008; Dirilgen et al., 2009; Villa et al., 2010; Mukhopadhyay et al., 2013)，但将其应用于多种重金属复合污染土壤的效果如何，报道还很少。

使用 0.02mol/L 和 0.10mol/L 的各种淋洗剂以液固比 15：1 对模拟电子垃圾污染土壤中重金属的淋洗效果如图 3-1 所示。清水对 Cu、Pb 的去除率几乎是 0，而对 Cd 的去除率达到 8%，可见清水对 Cd 有一定的去除作用，从侧面反映出 Cd 在土壤中的环境风险较高。在 8 种淋洗剂中，不论是低浓度还是高浓度，对三种金属的去除效果均以 EDTA、柠檬酸、皂素的效果明显优于 SDS、SDBS、TX-100、吐温 80 和环糊精。不论浓度是 0.02mol/L 还是 0.10mol/L，SDS、TX-100、吐温 80 对三种重金属的去除率均未达到 20%，而 SDBS 浓度为 0.10mol/L 时，去除效果有所增加，但是除 Cu 的去除率接近 50%外，Pb 和 Cd 的去除率增加不大。浓度从 0.02mol/L 变到 0.10mol/L 时，EDTA 对三种金属的去除率几乎没有变化，显示出 EDTA 强烈的络合金属元素的性能，与陈晓婷等(2005)研究类似，但 EDTA 对环境以及人体的危害也是不容忽视的。浓度从 0.02mol/L 变到 0.10mol/L 时，柠檬酸和皂素对三种金属的去除率均有所增加，且同浓度下，柠檬酸的综合效果要好于皂素。

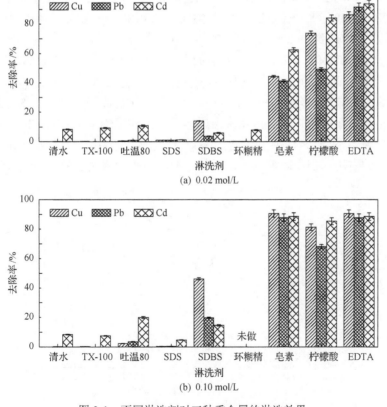

图 3-1　不同淋洗剂对三种重金属的淋洗效果

综合考虑重金属去除效果、环境友好性及经济成本，最终确定柠檬酸比较适于用来处理重金属污染的电子垃圾土壤。柠檬酸是自然界中常见的天然有机酸，不但对重金属具有较好地去除效果，而且容易生物降解，属于环境友好型淋洗剂（Jones, 1998; Bassi et al., 2000; Strom et al., 2001; Römkens et al., 2002; 梁丽丽等, 2011; 易龙生等, 2013）。Wen 等（2009）研究了鼠李糖脂、EDTA 和柠檬酸在 Cd、Zn 污染土壤中的可降解性，结果表明，柠檬酸的降解速率最快，在 1~4d 内平均可降解 20%，20d 内可降解 70%；EDTA 的降解能力非常差，20d 仅可降解 14%。

3.2　重金属淋洗效果影响因素

3.2.1　淋洗剂浓度

本节考察了 0mol/L、0.005mol/L、0.020mol/L 和 0.100mol/L 的柠檬酸溶液对 Cu、Pb 和 Cd 三种重金属淋洗效果的影响（液固比 15：1），三种重金属的去除率随柠檬酸溶液浓度的变化如图 3-2 所示。随着柠檬酸浓度的逐渐增加，污染土壤中三种重金属的去除率呈现明显上升的趋势，Cu、Pb、Cd 的去除率分别从最初的 0.05%、0.06%、8.33%增加到了 81.93%、67.90%、85.76%。其中，当柠檬酸浓度从 0mol/L 增加到 0.02mol/L 时，Pb 和 Cd 的去除率增加十分迅速，而当柠檬酸浓度高于 0.020mol/L 后，其去除率增加十分缓慢；Cu 的去除率虽然表现了与 Pb 和 Cd 一致的规律，但其转折点发生在柠檬酸浓度是 0.005mol/L 处。这可能与柠檬酸去除重金属的机理有关——柠檬酸可与重金属形成稳定的络合物存在于液相中，而不被土壤吸附，从而促使重金属解吸，但柠檬酸根与 Cu、Pb、Cd 三种元素的络合能力不尽相同，存在一定的差异（林琦等, 2001）。提高柠檬酸浓度有利于三种金属的淋洗，但是随着浓度的增加，浓度对去除率贡献的作用越来越小。

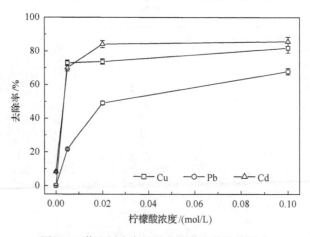

图 3-2　淋洗剂浓度对重金属淋洗效果的影响

3.2.2　淋洗液 pH

配制浓度 0.10mol/L 的柠檬酸溶液,用 NaOH 溶液调节柠檬酸溶液的 pH 分别为 3、4、5、6、7,考察淋洗液 pH 对 Cu、Pb 和 Cd 三种重金属淋洗效果的影响(液固比 15∶1),结果如图 3-3 所示。在柠檬酸溶液的 pH 从 3 增加到 6 的过程中,Cu、Pb 和 Cd 的去除率变化不大,都维持在一个较高的水平上。其中,溶液 pH 从 3 增加到 4,三种金属的去除率基本没有变化;Cd 和 Pb 的去除率随着溶液的 pH 从 4 增加到 6 表现出先增加后减少的趋势,而 Cu 则一直呈现缓慢增长的趋势。当柠檬酸溶液的 pH 从 6 增加到 7 时,三种金属的去除率都出现了大幅下降,其中 Cd 的下降幅度最大。从总体看,在整个溶液 pH 从 3 增加到 7 变化的过程中,三种金属的去除率呈现出先上升后下降的变化趋势,当溶液 pH 介于 5 和 6 之间时,三种金属的去除率处于最高水平,当溶液的 pH 为 5 时,Cu、Pb 和 Cd 的淋洗去除率分别为 89.37%、72.11% 和 86.39%。这与 Gao 等(2003)对污染土壤中铜和镉在有机酸作用下的解吸行为研究结果、胡群群等(2011)对土壤中镉在柠檬酸作用下的解吸行为研究结果以及丁永祯等(2006)对红壤中 Cd 在有机酸作用下的解吸行为研究结果一致。

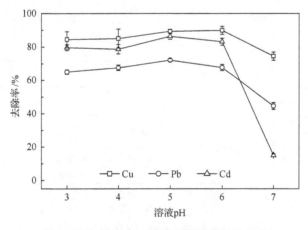

图 3-3　淋洗液 pH 对重金属淋洗效果的影响

溶液 pH 对柠檬酸解吸污染土壤中重金属的影响是通过影响污染土壤表面电荷性质、影响土壤中有机配体及液相中重金属离子的存在形态、影响有机酸对铁铝氧化物及其水化氧化物的溶解作用等多种过程综合实现的,而且在不同 pH 条件下不同因素的影响程度也不同(高彦征等,2002)。在溶液 pH 的变化过程中,会对土壤表面电荷的变化、金属离子的水解作用、质子对铁锰氧化物的溶解作用以及液相中柠檬酸的形态产生不同的影响,这些因素的综合作用最终导致了如图 3-3 所示的三种金属去除率先略微上升后下降。

3.2.3　淋洗振荡时间

配制浓度 0.10mol/L 的柠檬酸溶液，用 NaOH 溶液调节 pH 至 5，考察淋洗振荡时间对三种重金属淋洗效果的影响(液固比 15∶1)，在 150r/min 的摇床中分别振荡 15min、60min、120min、360min、720min、1440min，结果如图 3-4 所示。在最初的 15min 内，Cu、Pb 和 Cd 三种金属的去除率已经达到了一个比较高的水平，分别为 80.35%、62.89%和 83.25%，与表 3-2 中所列各金属的酸可提取态(R1)含量所占金属总量的比例基本吻合(80.13%，55.59%，88.62%)；淋洗振荡时间为 15～120min 时，三种重金属的去除率则都表现出较快增长的趋势，分别增长了 5.97%、7.08%和 9.61%；淋洗振荡时间为 120～300min 时，Cu 和 Pb 的去除率有细微的上升，之后基本维持不变；而 Cd 的去除率在 120min 后则一直保持基本不变；最终在 24h 后，三种重金属的去除率分别达到了 86.39%、72.11%和 89.37%。综上可以看出,柠檬酸溶液对 Cu、Pb 和 Cd 三种重金属的淋洗去除在最初的 15min 内作用效果十分显著，15min 后的作用效果即迅速减弱，超过 120min 后的作用效果增加不明显。

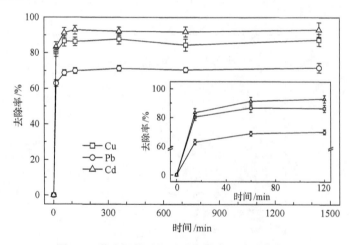

图 3-4　淋洗振荡时间对重金属淋洗效果的影响

3.2.4　共存电解质浓度

配制浓度 0.10mol/L 的柠檬酸溶液，用 NaOH 溶液调节 pH 至 5，加入适量的 KNO_3 溶液，使其中的 K^+ 浓度分别为 0mol/L、0.005mol/L 和 0.010mol/L，液固比 15∶1，以 150r/min 的转速分别振荡 24h，考察电解质浓度对三种重金属淋洗效果的影响，结果如图 3-5 所示。随着 K^+ 浓度的增加，Cu 和 Pb 的去除率并没有发生明显的变化；而 Cd 的去除率却由于体系中 K^+ 浓度的增加而略有下降。郭晓方等(2011)发现混合螯合剂所含阳离子不同，浸提液中重金属浓度也不同，Ca^{2+} 的存在可增加混合螯合剂对重金属的去除率，混合螯合剂的 pH 用 $Ca(OH)_2$ 调节后，浸提液中 Cd、Zn 和 Pb 的浓度高于用 NaOH 和 KOH 调节的，其中用 KOH 调节后，浸提液中重金属浓度最低。

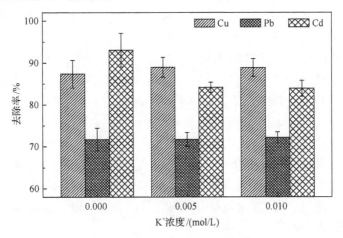

图 3-5　K^+ 浓度对重金属淋洗效果的影响

3.2.5　土壤老化时间

　　土壤老化时间对三种金属淋洗效果的影响如图 3-6 所示。老化时间为 1~8 周，Cu、Pb、Cd 的去除率都不存在明显变化，基本维持在 70%、82%、90%左右。而有学者研究表明，在浸水的环境体系下，随着时间的延长，土壤中重金属各形态之间会存在一定的转化，从而导致各形态含量的变化，进而影响其淋洗去除率。在本研究中，土壤老化时间对淋洗去除率基本无影响，可能是由于配制土壤并未处于浸水的环境中，且时间相对自然环境中的较短，受到的外界环境因素的干扰更少，从而导致其各形态含量能够保持基本稳定。

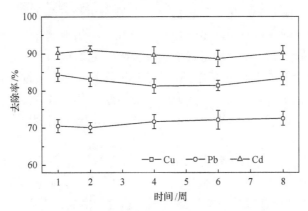

图 3-6　土壤老化时间对重金属淋洗效果的影响

3.2.6　重金属形态变化

自配模拟污染土壤经柠檬酸淋洗后(淋洗条件：柠檬酸 0.10mol/L、pH=5、液固比 15∶1、振荡 24h)，残留的三种重金属各形态含量及去除率如表 3-3 所示。对比表 3-2 和表 3-3 淋洗前后的重金属变化，三种重金属不论是总量还是各形态含量，在用柠檬酸淋洗后都有明显的降低(Cd 的可氧化态除外)，而且经过柠檬酸淋洗后，土壤残余的重金属中最主要的存在形态都是残渣态，其含量要远高于同种重金属的其他三种形态。从不同形态的去除率来看，三种重金属中淋洗去除率最大的均为酸可提取态(均高于 90%)，其次为可还原态，而残渣态淋洗去除率均低于 10%，每种重金属淋出的酸可提取态和可还原态之和均占到其淋出总量的95%以上，表明柠檬酸对重金属淋洗主要是通过洗出酸可提取态和可还原态来实现。一般而言，有机酸与重金属离子形成的配合物越稳定，越难被土壤吸附固定，重金属的浸出就越容易；重金属的有效态含量越大，其浸出浓度也越大(陈英旭等，2000；高彦征等，2002)。

表 3-3　淋洗后土壤中重金属各形态残留量及去除率

		总量	酸可提取态	可还原态	可氧化态	残渣态
残留量/(mg/kg)	Cu	611.72±22.91	36.07±0.47	41.29±0.29	9.58±0.41	524.78±21.74
	Pb	714.97±20.82	91.81±0.27	181.61±0.84	16.92±0.35	424.63±19.36
	Cd	6.45±0.91	2.58±0.01	0.52±0.02	0.11±0.01	3.24±0.87
去除率/%	Cu	87.83	99.10	89.20	66.55	9.36
	Pb	68.76	92.71	64.95	43.07	7.45
	Cd	86.34	93.71	67.50	−37.50	9.75

3.2.7　重金属间相互作用

配制只有单独重金属(Cu、Pb 或 Cd)存在、包含两种重金属(Cu 和 Pb、Cu和 Cd，Pb 和 Cd)存在和 Cu、Pb、Cd 三种金属存在的土壤样品，重金属单独存在及复合存在的条件下，柠檬酸对其淋洗去除率如图 3-7 所示。无论是在 Cu、Pb、Cd 三种重金属单独存在的污染土壤中，还是三种重金属两两混合或者三种混合的条件下，柠檬酸对各重金属的淋洗去除率之间并不存在显著性差异。由此可见，在柠檬酸足量的条件下，污染土壤中 Cu、Pb、Cd 三种重金属之间不会互相影响对方的去除率。

自配不同重金属单独或者复合存在的模拟污染土壤在柠檬酸淋洗前后，重金属 Cu、Pb、Cd 的总量及各形态含量如表 3-4 所示。不论是重金属单独存在还是复合存在，各重金属在土壤中均以酸可提取态含量最高，其是最主要的存在形态；各重金属不论是总量还是各形态含量，在用柠檬酸淋洗后都有明显的降低。不论是元素单独存在还是复合存在，Cu、Pb、Cd 的酸可提取态和可还原态含量之和分别约为 85%、75% 和 90%，与其柠檬酸淋洗去除率（约 90%、70%、90%）基本吻合。

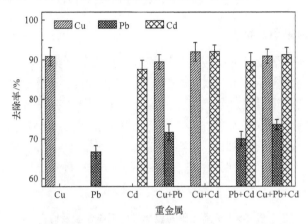

图 3-7　单一及复合污染情况下柠檬酸对土壤中重金属的淋洗效果

表 3-4　单一及复合污染情况下柠檬酸淋洗前后土壤中重金属各形态含量变化

（单位：mg/kg）

实验组	重金属	时间点	酸可提取态	可还原态	可氧化态	残渣态
单一铜	Cu	初始量	4038.53±17.29	417.03±5.96	33.68±0.82	622.51±22.40
		残留量	30.41±0.49	39.08±0.18	7.66±0.18	548.73±31.37
单一铅	Pb	初始量	1259.70±13.97	540.71±7.38	33.53±0.72	401.11±10.46
		残留量	94.14±1.17	222.15±2.46	26.67±1.49	395.19±15.63
单一镉	Cd	初始量	39.04±0.72	1.76±0.20	0.21±0.09	3.21±0.51
		残留量	3.05±0.03	0.67±0.01	0.07±0.01	2.09±0.78
铜+铅	Cu	初始量	3934.80±13.57	368.07±4.22	27.16±0.24	713.21±26.13
		残留量	31.33±0.27	36.08±0.22	7.75±0.18	590.32±23.47
	Pb	初始量	1243.95±4.38	495.90±5.00	28.00±0.80	470.91±12.46
		残留量	83.03±0.46	150.73±0.37	13.19±1.60	421.87±17.63
铜+镉	Cu	初始量	4045.87±104.52	375.38±10.27	32.70±1.43	570.78±17.13
		残留量	31.09±0.23	46.91±0.61	9.58±0.52	461.57±23.47
	Cd	初始量	41.13±1.04	2.29±0.07	0.09±0.01	3.08±0.54
		残留量	2.93±0.01	0.84±0.02	0.09±0.02	2.76±0.78
铅+镉	Pb	初始量	1304.07±16.21	513.27±7.22	24.89±2.78	541.58±10.46
		残留量	96.11±0.46	230.22±0.53	18.72±0.71	474.99±19.63
	Cd	初始量	40.05±0.57	2.00±0.02	0.19±0.03	2.81±0.62
		残留量	2.64±0.05	0.93±0.03	0.17±0.01	2.04±0.67

3.3　实际污染土壤的淋洗

3.3.1　污染土壤来源及特性

从广东清远电子垃圾拆解区某焚烧迹地采集实际污染土壤,自然风干后过 20 目筛分析实际土壤样品的重金属 Cu、Pb、Cd 的总量及各形态含量,结果见表 3-5,该实际污染土壤的重金属总量比自制模拟土壤的略低。三种重金属的赋存形态均以酸可提取态和可还原态为主,其二者的比例之和超过 80%,其中 Cd 酸可提取态和可还原态超过总量的 93%,这与模拟土壤十分相似;Cu、Pb 残渣态含量是最低的,Cd 的可氧化态含量比残渣态含量略高,但是三种重金属的后两种形态含量的差别并不大。

表 3-5　实际土壤的重金属各形态含量及比例

		总量	酸可提取态	可还原态	可氧化态	残渣态
含量/(mg/kg)	Cu	4169.69±154.95	2302.33±1.49	1174.25±13.84	437.29±4.11	250.17±7.31
	Pb	1360.57±14.53	307.54±2.80	898.49±1.36	89.82±0.68	68.15±2.64
	Cd	29.00±0.87	23.05±0.46	4.00±0.00	0.83±0.17	1.12±0.29
比例/%	Cu	100	55.29	28.20	10.50	6.01
	Pb	100	22.55	65.87	6.58	5.00
	Cd	100	79.48	13.80	2.86	3.86

3.3.2　柠檬酸的淋洗效果

柠檬酸对实际污染土壤中重金属 Cu、Pb、Cd 的淋洗效果见图 3-8。柠檬酸对该实际污染土壤的一次淋洗效果较好,三种重金属的去除率均高于 50%。柠檬酸

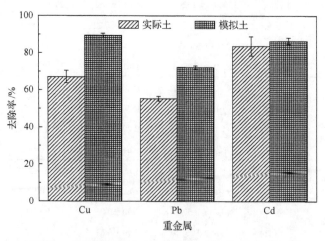

图 3-8　柠檬酸对实际污染土壤中重金属的淋洗效果

对三种重金属去除率表现为 Cd>Cu>Pb，Cu、Pb、Cd 的去除率分别为 66.98%、55.33%、83.61%。与模拟土壤相比，实际污染土壤中 Cu 和 Pb 的去除率低 15%～20%，而 Cd 的去除率则比较相近，说明柠檬酸可以用于电子垃圾污染土壤中重金属的淋洗去除。

实际污染土壤经柠檬酸一次淋洗后，Cu、Pb、Cd 三种重金属的形态如表 3-6 所示。结合表 3-5 可以看出，经柠檬酸淋洗后三种重金属的总量及酸可提取态、可还原态含量均显著降低，而残渣态含量略有上升，说明柠檬酸淋洗过程有利于酸可提取态、可还原态直接的去除和转化，可有效降低实际污染土壤中重金属活性形态的含量。三种重金属中 Cu 和 Cd 的淋洗去除总量比例最大的形态为酸可提取态，其次为可还原态；而 Pb 的淋洗去除总量比例最大的形态是可还原态，其次为酸可提取态。酸可提取态与可还原态二者之和均占到了三种重金属淋洗去除总量的 95%以上，表明柠檬酸对重金属淋洗主要是通过洗出酸可提取态和可还原态来实现的，这与模拟土壤的规律一样。

表 3-6　实际土壤淋洗后的重金属各形态残留量及去除率

	重金属	总量	酸可提取态	可还原态	可氧化态	残渣态
残留量/(mg/kg)	Cu	1376.83±40.26	381.29±1.26	388.58±0.41	234.54±9.37	336.07±1.23
	Pb	607.77±7.04	76.50±0.33	396.44±0.81	59.36±2.42	68.91±1.75
	Cd	4.75±0.45	0.65±0.08	0.67±0.05	1.08±0.14	2.78±0.10
去除率/%	Cu	66.98	83.44	66.91	46.37	−34.34
	Pb	55.33	75.13	55.88	33.91	−1.12
	Cd	83.61	97.18	83.25	−30.12	−148.21

3.4　柠檬酸的淋洗动力学

常用来描述淋洗土壤中重金属的动力学模型主要有一级动力学方程、二级动力学方程、双常数模型、Elovich 模型等（Huang et al., 1997; 陈苏等, 2007; 闫峰等, 2008; 许超等, 2009; 许端平等, 2015, 2016）。柠檬酸对重金属污染土壤中 Cu、Pb、Cd 的淋洗的动力学特性可通过常用的动力学模型进行描述，不同的重金属适合的模型可能不一样，可以用相关系数 R 来判断显著性，用决定系数 R^2 来判断模型的优劣，相关系数越大，决定系数越大，模型的拟合度越好。

3.4.1　淋洗动力学模型类别

1. 一级动力学方程

柠檬酸淋洗土壤中重金属的一级动力学方程可表示为式(3-1)。一级动力学方程有时也称一级扩散模型方程，是建立在标准化动力学模型基础上的方程，能够反映出平衡时的表观浓度(即最大提取率 Y_{max})和表观速率常数(即模型参数)的关系。若反应符合一级动力学方程，则表明该反应过程具有一级扩散模型的特征，可以用速率常数来表示反应速率的快慢。

$$Y = Y_{max}e^{Dt} \tag{3-1}$$

式中，Y 为 t 时刻柠檬酸对重金属的去除率，%；t 为反应时间，h；Y_{max} 为柠檬酸对重金属的最大去除率，%；D 为模型参数。对式(3-1)两边取自然对数，可得其线性化表达式(3-2)：

$$\ln Y = \ln Y_{max} + Dt \tag{3-2}$$

2. 二级动力学方程

柠檬酸淋洗土壤中重金属的二级动力学方程可表示为式(3-3)。若反应符合二级动力学方程，则说明该反应过程具有反应级数是 2 的化学反应的动力学特征。

$$1/Y = C + D/t \tag{3-3}$$

式中，Y 为 t 时刻柠檬酸对重金属的去除率，%；t 为反应时间，h；C 和 D 为模型参数。对式(3-3)两边变形，可得其线性化表达式(3-4)：

$$Y^{-1} = C + Dt^{-1} \tag{3-4}$$

3. 双常数模型

双常数模型的方程又称幂函数方程，是 Kuo 等在 1974 年根据 Freundlich 方程而导出的一个经验方程式，研究表明双常数模型适合于反应较复杂的动力学过程(吴虹霁，2007)。若反应符合双常数模型，则表明反应是一个复杂的动力学过程，反应过程具有吸附的特征，即具有反应速率呈幂函数指数级增长的特征。柠檬酸淋洗土壤中重金属的双常数模型方程可表示为式(3-5)：

$$Y = e^{C + D\ln t} \tag{3-5}$$

式中，Y 为 t 时刻柠檬酸对重金属的去除率，%；t 为反应时间，h；C 和 D 为模型参数。对式(3-5)两边取自然对数，变形后可得其线性化表达式(3-6)：

$$\ln Y = C + D \ln t \tag{3-6}$$

4. Elovich 模型

Elovich 模型是 20 世纪 30 年代 Elovich 研究气体在固体相表面上的吸附速率的时候提出的。和双常数模型一样，Elovich 模型方程也是一个经验式方程。它的基本论点是吸附速率是随着固相表面吸附量的增加而呈指数下降的。研究表明，Elovich 模型方程描述的是包括一系列反应机理的过程，如溶质物的本体或界面扩散、表面的活化与去活化作用等；该模型方程不太适合单一反应机理的过程，但适用于反应过程中活化能变化较大的反应，如在土壤和沉积物界面上的过程；最重要的是 Elovich 模型方程能够揭示其他动力学方程所忽视的数据的不规则性(吴虹霁, 2007)。若反应符合 Elovich 模型，则说明反应机理中吸附作用起主导作用，且吸附速率随着固相表面吸附量的增加而呈现指数下降。柠檬酸淋洗土壤中重金属的 Elovich 模型方程可表示为式(3-7)：

$$Y = C + D \ln t \tag{3-7}$$

式中，Y 为 t 时刻柠檬酸对重金属的去除率，%；t 为反应时间，h；C 和 D 为模型参数。D 越大，淋洗速率越大；D 越小，淋洗速率越小。

3.4.2　淋洗动力学模型拟合

对振荡时间的实验数据进行处理，采用最小二乘法进行拟合，各动力学模型的拟合结果见表 3-7。用一级动力学方程来描述柠檬酸淋洗去除污染土壤中重金属的动力学特征，决定系数 R^2 为 0.6294～0.9389，平均值为 0.7579，其中拟合度最好的是柠檬酸对 Pb 的淋洗，拟合度最差的是柠檬酸对 Cd 的淋洗；用二级动力学方程来描述柠檬酸淋洗去除污染土壤中重金属的动力学特征，决定系数 R^2 为 0.5848～0.8893，平均值为 0.7506，其中拟合度最好的是柠檬酸对 Pb 的淋洗，拟合度最差的是柠檬酸对 Cu 的淋洗；用双常数模型方程来描述柠檬酸淋洗去除污染土壤中重金属的动力学特征，决定系数 R^2 为 0.5863～0.8970，平均值为 0.7560，其中拟合度最好的是柠檬酸对 Pb 的淋洗，拟合度最差的是柠檬酸对 Cu 的淋洗；用 Elovich 模型方程来描述柠檬酸淋洗去除污染土壤中重金属的动力学特征，决定系数 R^2 为 0.5876～0.9041，平均值为 0.7611，其中拟合度最好的是柠檬酸对 Pb 的淋洗，拟合度最差的是柠檬酸对 Cu 的淋洗。

表 3-7　淋洗动力学模型模拟结果

动力学模型	重金属	动力学方程	决定系数 R^2
一级动力学方程 $y = \ln Y, \quad x = t$	Cu	$y = -0.0027x + 4.47$	0.7053
	Pb	$y = -0.0044x + 4.27$	0.9389
	Cd	$y = -0.0027x + 4.53$	0.6294
二级动力学方程 $y = Y^{-1}, \quad x = t^{-1}$	Cu	$y = -0.0001x + 0.0123$	0.5848
	Pb	$y = -0.0002x + 0.0159$	0.8893
	Cd	$y = -0.0002x + 0.0120$	0.7776
双常数模型方程 $y = \ln Y, \quad x = \ln t$	Cu	$y = 0.0085x + 4.3990$	0.5863
	Pb	$y = 0.0162x + 4.1393$	0.8970
	Cd	$y = 0.0139x + 4.4253$	0.7846
Elovich 模型方程 $y = Y, \quad x = \ln t$	Cu	$y = 0.7152x + 81.360$	0.5876
	Pb	$y = 1.0980x + 62.641$	0.9041
	Cd	$y = 1.2238x + 83.485$	0.7915

对于柠檬酸与三种重金属的反应过程而言，不同的重金属与柠檬酸之间的反应适用的动力学模型并不一致。柠檬酸-铜、柠檬酸-镉的各动力学模型的决定系数均在 0.8 以下，拟合度均比较差，均未达到极显著水平（$p > 0.01$）；柠檬酸-铅的一级动力学方程和 Elovich 模型方程的决定系数高于 0.9，其中一级动力学方程的决定系数最高，表明柠檬酸对铅的去除反应是比较符合一级动力学模型的。综合三种重金属的动力学方程的决定系数，Elovich 模型方程的 R^2 平均值最高，说明 Elovich 模型方程优于其他模型方程，这与许超等（2009）和许端平等（2016）的结论基本一致。重金属的淋洗过程可分为快速反应阶段、慢速反应阶段和解吸平衡阶段，Elovich 模型方程是描述土壤中重金属淋洗动力学过程的最佳方程，该动力学过程为非均相扩散过程。

第 4 章　多氯联苯淋洗剂的筛选与性能研究

PCBs 是电子垃圾拆解地中主要的污染物之一,它是联苯上的 H 原子被 1~10 个 Cl 原子取代形成的一组难降解的氯代芳烃类化合物,化学式为 $C_{12}H_nCl_{10-n}$ ($0 \leq n \leq 10$),分子结构如图 4-1 所示。由于 PCBs 分子中氯原子取代数和取代位置的差异,其共有 209 种同系物。PCBs 是典型的持久性有机物,具有化学惰性、绝缘性、不可燃性和耐酸碱性。PCBs 常用作热载体、增塑剂、高温润滑剂、涂料及油墨添加剂、电容器及变压器的绝缘材料等,最大的应用途径之一是作为各类电力电容器浸渍剂。商用的 PCBs 是含多种同系物的混合物,它有许多商品名,世界各国表示的方式不尽相同,如 Aroclor(美国)、Kanechlor(日本)、Clophen(联邦德国)、Phenochlor(法国)、Fenchlor(意大利)、Sovols(苏联)等。Aroclor 分为两大系列:1200 系列(1221、1232、1242、1248、1254、1260、1262、1268)和 1016系列共 9 种标号,每种标号的 Aroclor 都是含有多种单体的混合物。1200 系列的前两位 12 指的是联苯,后两位指的是混合物中氯原子所占的质量分数,如 Aroclor 1254 含氯量为 54%,其成分以五氯和六氯联苯为主;而 Aroclor 1016 是由 Aroclor 1242 蒸馏所得的产物,其成分以二氯、三氯和四氯联苯为主(荆治严等,1992;王炳华和李新纪,1994)。

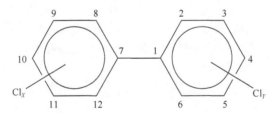

图 4-1　多氯联苯的化学结构

X 和 Y 是 0~5 的整数,7、8、9、10、11、12 位分别对应于 1′、2′、3′、4′、5′、6′位

1968 年日本米糠油事件后,PCBs 的危害逐渐受到人们的关注。随着大量含 PCBs 制品的废弃和淘汰,特别是含 PCBs 的电子垃圾的不当处理和拆解,大量的 PCBs 进入环境中。土壤是 PCBs 最重要的"汇"之一。电子垃圾拆解地区的土壤已受到 PCBs 严重污染,成为 PCBs 污染的典型地区。张微(2013)发现台州废弃电子垃圾拆解区土壤样品中 PCBs 总量为 0.19~35.92mg/kg,其中废弃拆解区土壤受 PCBs 污染最为严重,PCBs 平均值达 30.63mg/kg,远超出正常背景值 (0.42mg/kg);笔者团队对广东清远典型电子垃圾拆解区的调查发现拆解作坊围

墙外表土中 PCBs（Aroclor 1254）总量为 263.65～7023.39μg/kg，平均值 2576.17μg/kg（丁疆峰等，2015）。

高氯代商用 Aroclor 1254 和 Aroclor 1260 是国外常用的 PCBs 产品（郑群雄等，2011），其中 Aroclor 1254 在工业中广泛用于绝缘材料、增塑剂、热传输液体等方面（邹亚玲，2006），是类二噁英 PCBs（dioxin-like PCBs）的典型代表之一（马保华，2003）。因此本章选用商用 Aroclor 1254 作为研究对象，采用批量平衡振荡法，考察不同淋洗剂对受 Aroclor 1254 人工污染的土壤的洗脱效果，以期找到一种或几种较好的土壤淋洗剂并探讨不同淋洗条件下的洗脱效果，为电子垃圾拆解地受 PCBs 污染土壤的实际治理提供一定的理论基础。

4.1　多氯联苯淋洗剂的筛选

PCBs 难溶于水，往往与受污染土壤颗粒紧密结合而难以去除，使含 PCBs 土壤的处理非常困难。在土壤淋洗修复技术中，无论是原位淋洗还是异位淋洗，最关键之处都在于淋洗剂的选择，选用高效的淋洗剂是淋洗处理效果的保证。通过表面活性剂、环糊精等淋洗剂来洗脱去除疏水性有机污染物，是土壤中有机污染物治理的重要修复方法之一。

4.1.1　实验土壤的制备与表征

实验土壤来源及理化性质同 3.1.1 节所述。采集的土壤经自然风干后研磨过 60 目（0.25mm）的不锈钢丝网筛，取筛下土壤称重后加入溶解在正己烷中的 Aroclor 1254 储备液中，配制成 PCBs 目标浓度为 12mg/kg 的模拟污染土壤，放入通风橱中用玻璃棒间歇搅拌一周，待正己烷完全挥发后充分搅拌均匀，老化一个月，保存备用。

称取 1.000g 模拟污染土壤放入索氏抽提器中，用 200mL 混合提取溶剂（丙酮：正己烷=1∶1，体积比）作为抽提液，抽提 48h。抽提液过复合硅胶柱（40cm×1.0cm i.d.）去除影响 PCBs 测定的杂质，硅胶柱从下至上依次装填 6cm 氧化铝、2cm 中性硅胶、5cm 碱性硅胶、2cm 中性硅胶、8cm 酸性硅胶。淋洗液氮吹浓缩定容后待测。利用 GC-MS（DSQ Ⅱ 单四极杆气相色谱质谱联用仪）测定 Aroclor 1254。GC 分析条件：CD-5MS 毛细管柱（30m×0.25mm×0.25μm），载气为 He、载气流量为 1.0mL/min（恒流），不分流进样，进样口温度为 280℃。升温程序：起始温度 120℃，保持 1min；以 10℃/min 的速率升至 280℃，保持 5min。MS 分析条件：离子源温度为 250℃，传输线温度为 280℃，电子轰击量为 70eV，溶剂延迟 4min，扫描方式为选择离子（SIM）扫描，扫描离子分别选择四氯、五氯、六氯和七氯代的 2 个特征离子，特征离子的质荷比分别为 290、292，326、328，360、362，394、

396。

实验测得的模拟污染土壤的 PCBs 质量浓度为 13.2011mg/kg，空白加标中 PCBs 的回收率为 90%～110%，回收率的标准偏差（RSD）小于 15%。

4.1.2　不同淋洗剂的洗脱效果

在通过淋洗剂洗脱去除污染土壤中 PCBs 的修复应用中，淋洗剂种类和溶液浓度的选择非常重要。因此，本实验选择了 4 种化学表面活性剂 TX-100、吐温 80、SDBS、三甲基十六烷基溴化铵（CTMAB），2 种生物表面活性剂皂素、RL，以及 1 种生物产品 β-环糊精（β-CD），共 7 种淋洗剂，研究了它们对污染土壤中 PCBs 的洗脱效果。

称取 1.000g 污染土于具有聚四氟乙烯垫片盖子的 30mL 玻璃离心管中，加入 20mL 表面活性剂或 β-环糊精溶液，ρ（TX-100）、ρ（吐温 80）、ρ（SDBS）、ρ（皂素）、ρ（RL）、ρ（CTMAB）分别为 2.5g/L、5g/L、7.5g/L、10g/L、15g/L、20g/L，ρ（β-环糊精）为 1g/L、5g/L、10g/L、20g/L、30g/L、50g/L。采用批量平衡振荡法，将样品置于温度为 25℃、转速为 150rmin 的恒温振荡培养箱中振荡 48h，取样测定洗脱废液中的多氯联苯的质量浓度。每个浓度设 3 个平行实验，淋洗次数为 1 次，空白对照为用等体积的蒸馏水代替淋洗剂。不同淋洗剂对污染土壤中 PCBs 的洗脱效果如图 4-2 所示。

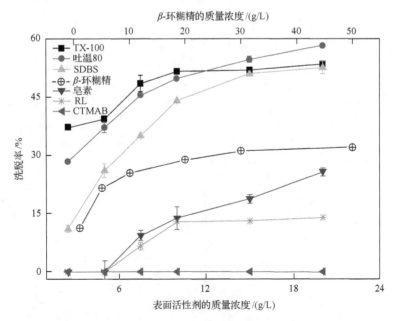

图 4-2　淋洗剂种类和质量浓度对洗脱效果的影响

结果显示，TX-100、吐温 80、SDBS、皂素对 PCBs 的洗脱效果基本上是随淋洗剂质量浓度的增大而增强。β-环糊精和 RL 小于 10g/L 时，洗脱率随浓度的上升而增大，增加到一定浓度后洗脱率提高不再明显。阳离子表面活性剂 CTMAB 在实验浓度范围内没有洗脱效果。这是因为土壤中的同晶置换等作用，较大体积的阳离子表面活性剂可通过阳离子交换等作用吸附到带负电的土壤固体表面，造成淋洗液中表面活性剂有效量的损失，影响了洗脱效果。由图 4-2 可知，TX-100、吐温 80、SDBS、β-环糊精 4 种淋洗剂具有相对好的洗脱效果，在质量浓度为 10g/L 时，TX-100、吐温 80、SDBS、β-环糊精的洗脱率可分别达到 54.99%、53.12%、46.99%、25.35%。综合来看，4 种淋洗剂的洗脱效果为 TX-100≈吐温 80＞SDBS＞β-环糊精，因此后续吸附实验以这 4 种淋洗剂作为研究对象。

4.1.3 淋洗剂在土壤中的吸附

表面活性剂用于土壤有机污染修复中，特别是洗脱作用中，所用的浓度一般较大，因此研究高浓度表面活性剂在土壤上的吸附行为对提高洗脱率和实现表面活性剂的回收利用具有重要意义(陈宝梁，2004)。TX-100、吐温 80、SDBS、β-环糊精 4 种淋洗剂在土壤中的吸附量如图 4-3 所示。

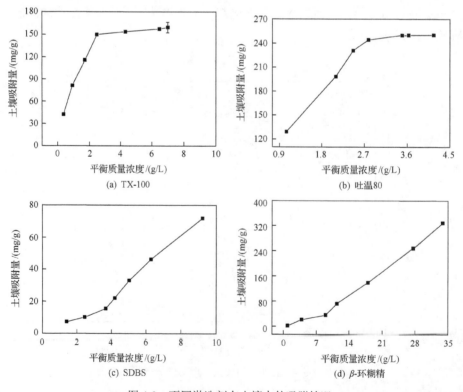

图 4-3 不同淋洗剂在土壤中的吸附情况

从图 4-3 可见，TX-100 在土壤上的吸附量随着表面活性剂的平衡浓度的增大而增大，当增加到一定程度时，吸附量达到平衡；吐温 80 在土壤上的吸附过程类似于 TX-100，这是因为 TX-100 和吐温 80 都是非离子表面活性剂，它们主要通过疏水基在土壤有机质中的分配作用而产生吸附(杨成建等，2007)。在设置的质量浓度范围内，SDBS 在土壤上的吸附量随平衡浓度的增大而增大，且吸附过程呈直线上升趋势。β-环糊精在初始质量浓度小于 10g/L 时，土壤吸附量随平衡浓度的增大增加缓慢，当初始浓度大于 10g/L 后，吸附呈直线上升趋势。

分别用 Linear、Langmuir 和 Freundlich 吸附等温模型对其进行拟合，拟合结果见表 4-1。TX-100、吐温 80、β-环糊精均更符合 Langmuir 吸附等温模型，这说明三者在土壤上的吸附均属于单分子层吸附；SDBS 更符合 Linear 吸附等温模型，这一结果与文献(陈宝梁，2004；黄卫红等，2010)的研究结果一致。

表 4-1　不同淋洗剂在土壤中的吸附等温线拟合结果

淋洗剂	Linear 吸附等温式 $q_e=K_dC_e+a$		Langmuir 吸附等温式 $1/q_e=1/(q_mK_lC_e)+1/Q_m$		Freundlich 吸附等温式 $\ln q_e=\ln K_f+(1/n)\ln C_e$		
	$K_d/[(mg/g)/(g/L)]$	R^2	$q_{max}/(mg/g)$	$K_l/(L/g)$	R^2	$K_f/(L/g)$	n	R^2
TX-100	14.193	0.6854	153.56	0.6857	0.9943	78.96	2.2933	0.8927
吐温 80	38.347	0.8139	249.94	0.4364	0.9770	134.34	1.9948	0.9194
SDBS	8.8421	0.9717	—	—	0.9527	3.62	0.7262	0.9559
β-环糊精	10.183	0.9793	—	—	0.9939	2.96	0.7703	0.9939

注：q_e 为淋洗剂在土壤上的平衡吸附量，mg/g；K_d 为 Linear 吸附平衡常数；K_l 为 Langmuir 吸附平衡常数；q_m 为最大吸附量，mg/g；K_f 为 Freundlich 吸附平衡常数；C_e 为洗脱液中淋洗剂的平衡浓度，g/L；a 为 Linear 吸附等温模型的常数；n 为 Freundlich 吸附等温模型的常数；R^2 为相关系数。

TX-100、吐温 80、SDBS、β-环糊精在土壤上的吸附平衡常数分别为 78.96、134.34、3.62、2.96(K_f 为 Freundlich 吸附等温模型的拟合得到的吸附平衡常数值)，由此可得 4 种淋洗剂在土壤上的吸附量大小为吐温 80＞TX-100＞SDBS＞β-环糊精。对于前 3 种化学表面活性剂而言，当表面活性剂的质量浓度小于 10g/L 时，洗脱效果 TX-100＞吐温 80＞SDBS。且 TX-100 在土壤上的吸附量远小于吐温 80，取得相同的洗脱效果时 TX-100 的用量少于吐温 80。因此从淋洗剂成本、修复效果和土壤吸附量三个方面综合衡量，TX-100 是一种相对较好的淋洗剂。此外，虽然 TX-100、吐温 80、SDBS 的淋洗效果好于 β-环糊精，但前三者属于化学表面活性剂，利用化学表面活性剂对污染进行洗脱可有效去除 PCBs，但残留于土壤中的化学表面活性剂通常对环境有害，且不易生物降解，对土壤可能产生二次污染(邓军，2007)。

β-环糊精是淀粉用嗜碱性芽孢杆菌经培养得到的环糊精葡萄糖转位酶作用后形成的产物，作为生物产品，它不仅能修复受有机物污染的各种类型的土壤，还具有无毒和可生物降解的优势，对受污染土壤的本身结构几乎没有或完全没有伤害，也不影响洗脱废液的生物可降解性(Berselli et al., 2004; Viisimaa et al., 2013)。再加上其在土壤上的吸附量远小于 TX-100、吐温 80，因此从淋洗效果、土壤吸附量及环境友好性三方面综合考虑，β-环糊精也是一种相对较好的洗脱污染土壤中 PCBs 的淋洗剂。根据以上分析结果，本实验最终筛选出 TX-100 和 β-环糊精两种相对较好的淋洗剂，并以其为对象进行后续影响因素研究。

4.2　多氯联苯淋洗效果影响因素

4.2.1　淋洗时间

淋洗时间是影响洗脱效果的一个重要因素，本次研究探讨了不同淋洗时间下 TX-100 和 β-环糊精对污染土壤中 PCBs 的洗脱效果，结果如图 4-4 所示。

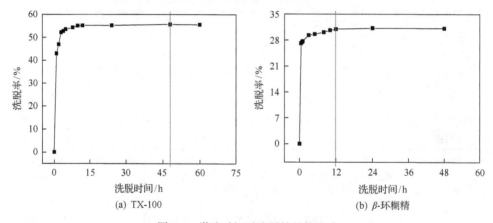

(a) TX-100　　　　　　　　　(b) β-环糊精

图 4-4　淋洗时间对洗脱效果的影响

从图 4-4(a)可见，TX-100 对 PCBs 污染的解吸过程分 4 个阶段：在 4h 内，TX-100 对 PCBs 的洗脱率随时间的延长急速增加；4~10h，洗脱率增速变缓，但仍快速上升；10h 之后洗脱率缓慢增加；48h 后，洗脱率基本上不再变化，处于稳定状态，说明此时 TX-100 对污染土壤中 PCBs 的洗脱已经达到平衡。从图 4-4(b)可见，β-环糊精对 PCBs 污染土壤的淋洗效果随时间变化的洗脱过程类似于 TX-100：在前 5h，洗脱率随时间的延长迅速增加；5~12h 仍以较快的速率增加，但增速放缓；12~24h 洗脱率略微提高，并在 24h 出现平衡点，24h 后洗脱率已不再变化，说明此时 β-环糊精对 PCBs 污染土壤的洗脱已经达到平衡。

分别用准一级速率方程、准二级速率方程和颗粒扩散模型三个动力学模型对不同洗脱时间下 TX-100 和 β-环糊精对单位质量土壤的 PCBs 洗脱量进行拟合，结果列于表 4-2。TX-100 的解吸动力学拟合结果更符合准二级速率方程(R^2=0.9662)，β-

环糊精的解吸动力学拟合结果更符合准一级速率方程（R^2=0.9639）；TX-100 和 β-环糊精的准二级速率方程的速率常数 k_2 分别为 0.4237 和 2.2306，说明 β-环糊精的解吸速率常数大于 TX-100，因此，β-环糊精比 TX-100 解吸土壤中的 PCBs 的速率快。

表 4-2　TX-100 和 β环糊精对 PCBs 的解吸动力学拟合结果

淋洗剂	q_e/(μg/g)	准一级速率方程 $\ln(q_e-q_t)=\ln q_e-k_1t$			准二级速率方程 $1/q_t=1/(tk_2q_{e2})+1/q_e$			颗粒扩散模型 $\ln q_t=\ln k_p+0.5\ln t$	
		q_{e1}/(μg/g)	k_1/h^{-1}	R^2	q_{e2}/(μg/g)	k_2/[g·(μg/h)]	R^2	k_p/[μg/(g·h$^{0.5}$)]	R^2
TX-100	7.3518	7.3503	0.144	0.7108	7.4349	0.4237	0.9662	1.7263	0.6336
β-环糊精	5.6859	5.6973	0.2133	0.9639	5.5991	2.2306	0.8734	5.1023	0.9251

注：q_e 为实验测定的平衡洗脱量，mg/g；q_t 为不同时间淋洗剂对 PCBs 的洗脱量，mg/g；t 为淋洗时间，h；q_{e1} 和 q_{e2} 为模型拟合的平衡洗脱量；k_1、k_2、k_p 为洗脱速率常数；R^2 为相关系数。

因此，为了充分保证洗脱效果同时尽可能缩短淋洗时间，本次实验确定 48h 为洗脱平衡的淋洗时间。但是 TX-100 和 β-环糊精对土壤中 PCBs 的洗脱率均在 12h 出现拐点后并没有太大幅度的提高，因此在实际污染土壤修复中，选用 12h 的淋洗时间即可满足淋洗要求。

4.2.2　淋洗次数

单纯靠延长淋洗时间来增加 PCBs 的洗脱率的效果是很有限的，增加淋洗次数或者将同样体积的淋洗剂分多次洗脱也许能取得良好的洗脱效果，因此本研究设计了两种洗脱方案：方案 1 是将污染土壤在相同条件下用新鲜淋洗剂连续淋洗 3 次（合计 60mL）；方案 2 是将 20mL 的淋洗剂均分成 2 次进行淋洗，来探究淋洗次数对 PCBs 洗脱率的影响，结果如图 4-5 所示。

按照方案 1 进行分次洗脱，TX-100 和 β-环糊精第 2 次淋洗后洗脱率约提高 4%，第 3 次淋洗后洗脱率提高约 1%，说明洗脱效果均以第 1 次淋洗为主，第 2 次和第 3 次淋洗对洗脱率没有显著贡献。按照方案 2 进行分次淋洗，TX-100 的第 2 次洗脱率略高于第 1 次洗脱率，而 β-环糊精则为第 1 次洗脱率稍高于第 2 次洗脱率，从总体来看，第 1 次淋洗和第 2 次淋洗对 PCBs 的洗脱效果相当，第 2 次 10mL 的淋洗剂对洗脱率的贡献很小，洗脱率仅提高 2%。

究其原因，第 1 次淋洗后，土壤对淋洗剂的吸附已经接近平衡（何小路，2005），吸附在土壤上的淋洗剂可能会堵塞土壤孔隙（Abdul et al.，1990），阻挡了 PCBs 从土壤固相移动到液相的通道，因此第 1 次淋洗后，增加淋洗次数并不能使洗脱率大幅度提高。因此，从洗脱效果、多次淋洗对土壤本身结构造成的伤害及经济学角度出发，建议采用水土比为 20∶1 进行 1 次淋洗。这可为同种类型的污染土壤中 PCBs 的实际修复提供一个重要的理论参考。

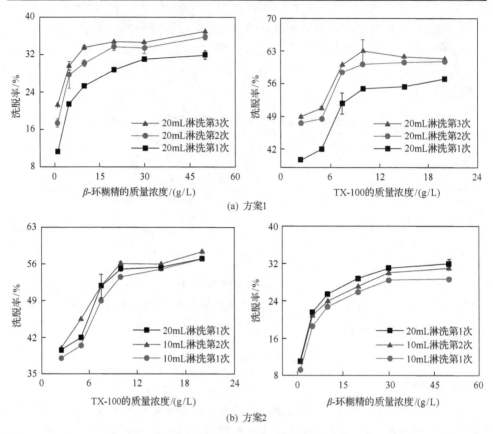

(a) 方案1

(b) 方案2

图 4-5　淋洗次数对洗脱效果的影响

4.2.3　淋洗液 pH

　　为了考察不同 pH 环境下，淋洗剂对土壤中 PCBs 的淋洗效果的影响，研究了不同淋洗剂在 pH 时洗脱效果的差异，结果如图 4-6 所示。在设定的 7 个 pH 条件下，TX-100 和 β-环糊精对 PCBs 污染土壤的洗脱率没有表现出明显的差异。用 SPSS 软件分别对 TX-100 和 β-环糊精在 pH 为 4、5、6、7、8、9、10 时的洗脱率进行显著性分析，得到 TX-100 在 7 个 pH 时组间显著性概率 $p=0.579>0.05$，β-环糊精的组间显著性概率 $p=0.688>0.05$，两者的显著性概率均远大于 0.05，表明不同的淋洗剂 pH 对 TX-100 和 β-环糊精洗脱污染土壤中 PCBs 影响很小。从 PCBs 来说，它是持久性污染物，物理化学性质非常稳定，pH 的变化不会影响其本身的结构，也不会影响淋洗剂对它的洗脱过程；从淋洗剂来说，CMC 是表面活性剂在去污和增溶方面的一个重要的参数（Abdul et al., 1990），同时表面活性剂在土壤上的吸附也是影响洗脱效果的一个重要因素。对于 TX-100 而言，溶液 pH 在 4～10 时的变化对其 CMC 和在土壤上的吸附量的影响并不大（Smail and Shareef, 2011；

钟金魁等,2013),所以 TX-100 对土壤中的 PCBs 的洗脱效果受 pH 的影响不明显;对于 β-环糊精而言,其对有机物的增溶作用受 pH 影响小(高士祥,1999),所以溶液 pH 的变化对洗脱效果的影响也不显著。综合以上分析结果,说明不管是在酸性环境还是碱性环境下,TX-100 和 β-环糊精均可用于修复受 PCBs 污染的土壤,两者都具有广泛的适用性。

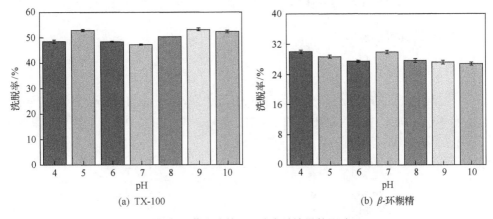

图 4-6　淋洗液的 pH 对洗脱效果的影响

4.3　多氯联苯污染土壤的土柱淋洗

通过批量平衡振荡法考察不同淋洗剂洗脱效果、土壤吸附量、淋洗剂成本和环境友好性等方面的因素,筛选出 TX-100 和 β-环糊精两种相对较好的淋洗剂,且 TX-100 的洗脱效果要好于 β-环糊精。在此基础上,笔者采用土柱淋洗法,以洗脱效果最好的 TX-100 为研究对象,模拟实际土壤污染的原位修复过程,旨在为受 PCBs 污染土壤的原位淋洗修复提供一定的理论支撑。

4.3.1　土柱孔隙体积测定

土柱淋洗技术最适于多孔隙、易渗透、黏粒含量低于 15% 且湿度低于 20% 的土壤,由于本实验模拟污染土壤的黏粒含量为 15.64%,略高于 15%。为防止实验过程中土壤板结,实验土柱土壤层由污染土样和石英砂按质量比 1:3 混匀后制成,污染土壤用量为 50g。淋洗前首先用去离子水饱和土柱,然后用蠕动泵恒速供水稳定土柱,使土柱出流速率与入流速率一致。土柱达到稳定后用 TX-100 溶液持续淋洗土柱,定时收集淋出液测定洗脱效果。

土壤孔隙体积直接决定了所需淋洗液的体积,即淋洗液的用量,因此实验必须首先确定土柱的孔隙体积。土柱安装好后向土柱中注入已称好质量的去离子水,关闭土柱出水阀，为了使去离子水充分湿润土壤，室温静置 12h 后再打开土柱出水阀，用烧杯盛装流出的去离子水，12h 后称其质量，目的是使饱和土柱的多余去离子水能充分流出。用加入和流出土柱中的去离子水的质量差除以水的密度即为土柱所吸收的去离子水的体积，该体积是土壤吸水饱和状态下的水体积，也就是土壤孔隙体积。土柱淋洗实验将以该体积为淋洗单位，称为 1 个孔隙体积数。本实验测得的土柱中土壤孔隙体积为 58mL，即 1 个孔隙体积为 58mL。

4.3.2 淋洗速率的影响

1. 洗脱效果

控制淋洗剂的淋洗速率分别为 0.5mL/min、2mL/min、8mL/min、12mL/min，连续淋洗 600mL 浓度为 20g/L 的 TX-100 溶液，淋出液中 PCBs 的浓度与淋洗剂累积孔隙体积数之间的关系如图 4-7 所示。

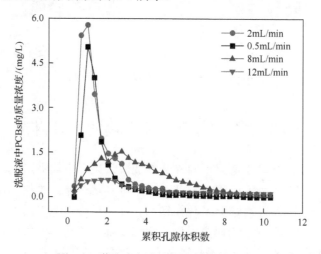

图 4-7　淋洗速率对土柱洗脱效果的影响

在 4 种流速条件下，TX-100 对土柱中 PCBs 的洗脱曲线形状相同且规律明显，即在淋洗刚开始时洗脱废液中 PCBs 含量较低，随着累积孔隙体积数逐渐增大，洗脱废液中 PCBs 迅速增大，达到峰值后又逐渐减小。开始有 PCBs 淋出时的累积孔隙体积数约为 0.2，达到峰值时 4 种流速所用的累积孔隙体积数分别是 1.034、1.034、2.759、1.724，洗脱废液中 PCBs 浓度分别为 5.039mg/L、5.776mg/L、1.524mg/L、0.579mg/L。淋洗速率为 0.5mL/min、2mL/min、8mL/min、12mL/min 时累积洗脱率分别为 51.79%、74.49%、54.79%、23.42%，累积洗脱率表现为 2mL/min＞0.5mL/min＞8mL/min＞12mL/min。因此，通过本实验确定最佳的淋洗速率为 2mL/min。

流速越慢说明其通过土柱所需的时间也就越长。研究表明,淋洗剂与污染土壤之间的接触反应时间是影响淋洗效率的重要因素(Papassiopi et al., 1999; Kim and Ong, 2000)。在流速为 2mL/min 的条件下,TX-100 与 PCBs 接触更充分,其洗脱效果要好于 8mL/min 和 12mL/min 的流速的。但是淋洗速率为 0.5mL/min 时洗脱效果却没有 2mL/min 时好。这可能是因为流速太慢,表面活性剂一旦进入土柱,很快被土壤吸附,导致相同累积孔隙体积数的表面活性剂中的有效胶束数量减少,造成洗脱率降低。

2. 土柱穿透曲线

为了考察淋洗速率对淋洗剂在土壤上吸附的影响,研究了不同淋洗速率下,TX-100 穿透土柱的变化情况,结果如图 4-8 所示。在不同淋洗速率下,穿透曲线均呈 S 形。曲线变化情况可分为 3 个阶段(以淋洗速率为 0.5mL/min 为例):第 1 阶段是孔隙体积数为 0～0.690,该阶段基本上没有 TX-100 从土柱中流出,TX-100 在土柱孔隙中运移,尚未穿透土柱;第 2 阶段是孔隙体积数为 0.690～2.414,该阶段 TX-100 大量淋出,滤出量迅速增大,当孔隙体积数为 2.414 时,TX-100 的浓度达到了最大值,约为 20g/L,与初始质量浓度相同,此时土柱被穿透;第 3 阶段是孔隙体积数为 2.414～10.345,该阶段为土柱穿透后的稳定阶段,洗脱废液中 TX-100 浓度维持在 20g/L,穿透处于平衡状态。

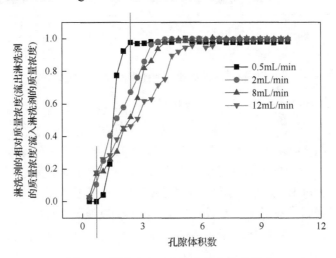

图 4-8 淋洗速率对土柱穿透曲线的影响

在不同的淋洗速率下,TX-100 对土柱的穿透快慢有所差异,表现为淋洗速率越慢的,流出液能较快达到初始质量浓度,土柱越容易被穿透。这是因为 TX-100 分子中聚氧乙烯链与土壤矿物质表面的羟基可形成氢键,它首先在土柱中吸附,当吸附达到饱和并在淋洗液中形成胶束后才开始对 PCBs 产生增溶作用。而

TX-100 在土柱中的吸附量是一定的(赵保卫等, 2010b), 流速越低, TX-100 在土柱上吸附得越充分, 吸附饱和所需的时间越短, TX-100 穿透土柱所需的时间越少。因此, 不同淋洗速率对土柱的穿透所用的时间表现为 0.5mL/min＜2mL/min＜8mL/min＜12mL/min, 流速越慢, 穿透曲线达到平衡越快。

4.3.3　淋洗方式的影响

　　与淋洗速率一样, 不同的淋洗方式也是影响土柱洗脱效果的一个重要的因素。本实验考察了在淋洗速率为 2mL/min 时以连续和间歇 2 种淋洗方式对洗脱效果的影响。其中连续淋洗是将 600mL 20g/L 的 TX-100 溶液一次性连续注入土柱中, 间歇淋洗是先连续向土柱中注入 200mL TX-100 溶液, 停留 12h 后再向土柱中连续注入剩下的 400mL 溶液, 结果如图 4-9 所示。

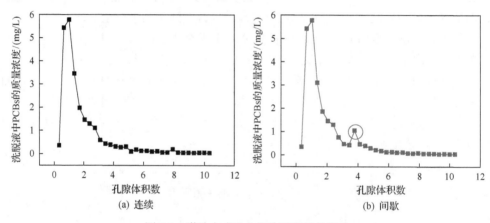

图 4-9　淋洗方式对土柱洗脱效果的影响

　　连续淋洗和间歇淋洗的淋洗曲线相似, 不同之处在于图 4-9(b)中圈注出的第 11 个样品点出现了洗脱率的突然跃升, 该点为间歇淋洗第二次加入淋洗液的第 1 个样品。这是因为经过第一次 200mL 淋洗液的持续洗脱, 部分吸附在土壤中的 PCBs 被淋洗剂解吸出来而滞留在土壤孔隙中, 当间歇 12h 后突然有淋洗液通过土柱时, 这部分 PCBs 则会被迅速地增溶到淋洗液胶束中, 使该洗脱废液样品中的 PCBs 的质量浓度急剧升高。而后, 当继续有淋洗液通过土柱时, 已经没有多余的残留在土壤孔隙中的 PCBs, 于是后续的淋洗曲线重新回归到与连续淋洗时一样, 遵循相同的规律。

　　总体而言, 使用 600mL 20g/L 的 TX-100 溶液, 连续淋洗的累积洗脱率为 74.49%, 间歇淋洗的累积洗脱率为 74.53%, 两者的洗脱效果无明显差异。由于连续淋洗所需的时间较少, 因此从节省淋洗修复时间出发, 本实验最终选择的淋洗方式为连续淋洗。

4.3.4　残留多氯联苯的纵向分布

为了更好地评价土柱淋洗法对土壤中 PCBs 的去除效果，本实验对淋洗后的土壤中 PCBs 在土柱中残留量的纵向分布进行了分析，并探讨了淋洗剂种类（TX-100、吐温 80、SDBS）对 PCBs 在土柱中残留量纵向分布的影响。PCBs 残留量随土柱纵向的分布情况如图 4-10 所示。

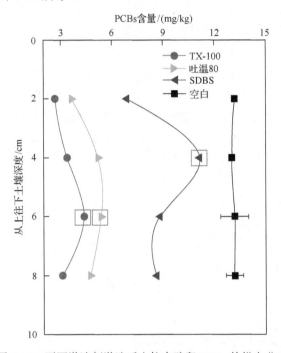

图 4-10　不同淋洗剂淋洗后土柱中残留 PCBs 的纵向分布

相对于空白（用等体积蒸馏水代替淋洗剂）而言，TX-100、吐温 80、SDBS 每个纵断面土壤中 PCBs 的质量浓度都发生了明显的降低，说明 3 种淋洗剂均产生了洗脱效果。经 3 种淋洗剂洗脱后，土柱中 PCBs 的纵向残留趋势不尽相同：其中两种非离子表面活性剂 TX-100 和吐温 80 具有相同的分布规律，PCBs 发生了从表层的土壤向下层土壤迁移的过程，PCBs 被淋洗剂主要迁移到 4～6cm 处；SDBS 淋洗的土柱中 PCBs 也发生了迁移，但主要迁移到 2～4cm 处，迁移程度比 TX-100 和吐温 80 小，这主要是因为阴离子表面活性剂 SDBS 对 PCBs 的增溶能力比非离子表面活性剂 TX-100 和吐温 80 弱，其没有足够的能力把 PCBs 迁移到更下层的土壤中。

总体而言，经 TX-100、吐温 80、SDBS 溶液淋洗后的土柱中 PCBs 总残留量分别约占土柱内初始总量的 25.51%、35.85%、67.26%。TX-100、吐温 80、SDBS

分别在从上往下土壤深度的 4～6cm、4～6cm、2～4cm 处残留量达最大值。

4.3.5 实际污染土壤的洗脱效果

实际污染土采自广东清远市某个电子垃圾拆解焚烧迹地，并人工添加 PCBs 使其污染程度与模拟污染土壤相当。TX-100 对实际焚烧土样的土柱淋洗效果如图 4-11 所示。TX-100 对模拟土样和实际土样的淋洗曲线相似，即在淋洗刚开始时洗脱废液中的 PCBs 含量较低，随着累积孔隙体积数的逐渐增大，洗脱废液中PCBs 的浓度迅速增大，达到峰值后又逐渐减小。开始有PCBs 淋出时的累积孔隙体积数都约为 0.345，达到峰值时，TX-100 对模拟土样和实际土样洗脱废液中PCBs 质量浓度分别为 4.971mg/L 和 4.950mg/L。当累积孔隙体积数约为 4.828 时，即图中竖向直线所示，基本不再有 PCBs 被洗脱出来，TX-100 对模拟土样和实际土样的累积洗脱率分别为 74.49% 和 89.24%，这说明使用 300mL（约 5 个孔隙体积数）质量浓度为 20g/L 的 TX-100，就可以对实际污染土产生良好的洗脱效果，从而证明了 TX-100 的确是一种洗脱效果良好的淋洗剂。

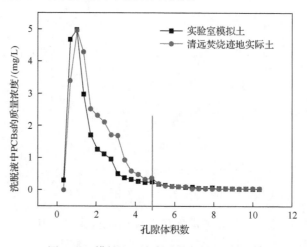

图 4-11　模拟土和实际土的洗脱效果对比

TX-100 对实际土样的洗脱效果好于模拟土样。这是因为焚烧迹地的土样中砂粒成分较多，颗粒尺寸比模拟土样大，且土壤中有机质的含量低于模拟土样。据文献报道，土壤中有机碳含量对 PCBs 在土壤表面的吸附程度及对表面活性剂的吸附量有直接的关系(毕新慧等，2001b)。由于 PCBs 的疏水性，其易于同土壤中有机物结合，高有机碳含量的土壤对 PCBs 的吸附能力更强，对表面活性剂的吸附能力也更强，因此有机质含量高的土壤中 PCBs 很难被淋洗剂洗脱下来，相同质量浓度的淋洗剂对有机质含量高的土壤中 PCBs 的洗脱率比有机质含量低的土壤低。

第5章 氯代芳香有机污染物溶解与洗脱性能的模型预测

有机化合物结构与活性的定量相关(定量构效关系,quantitative structure-activity relationship,QSAR)是指利用理论计算和统计分析工具来研究系列化合物的结构与其效应的定量关系,即借助结构参数构建数学模型来描述化合物结构与活性之间的关系(王连生和韩朔睽,1993)。QSAR 方法通过分析现有活性参数的物质(如一系列结构相似的化合物),以化合物的理化性质参数或结构参数为自变量,生物或环境活性为因变量,用数理统计方法建立起化合物的化学结构与活性之间的QSAR,解释由分子结构上的变化所引起的化合物理化性质或结构参数的改变,从而导致化合物活性的改变,推测其可能的作用机理,继而根据新化合物的结构数据预测其活性或通过改变现有化合物的结构以提高其活性。

QSAR 由结构活性关系发展而来,最早应用于药物化学领域的分子模拟与药物设计(陈景文,1999)。QSAR 研究具有无需实验、成本低、花费小、耗时短、预测能力强等优点,受到不同科学领域研究者的广泛关注。针对不同的研究对象,QSAR 的研究方法不尽相同,但其概念模式基本可用图 5-1 来表示(王飞越和雁飞,1994)。

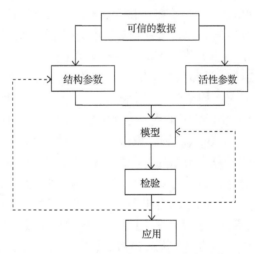

图 5-1 定量构效关系概念模式图

QSAR 研究程序包括以下 5 个主要步骤。①收集可信数据:可靠的数据来源主要有文献资料、相关数据库及实验室的测试结果。②选择合适的分子结构参数和活性参数：分子结构信息参数的选择与确定是 QSAR 研究中非常重要的环节，目前结构信息参数主要有理化性质参数、拓扑指数和量子化学参数等，为了建立可靠稳健的模型，研究者有时会综合选用多种结构信息参数来建模。③选择合适的方法建立结构参数与活性参数之间的定量关系模型：即应用统计方法或其他建模方法将结构参数、活性参数定量联系起来。常用的统计分析方法有多元线性回归(MLR)、偏最小二乘分析(PLS)、主成分分析(PCA)、支持向量机(SVM)、人工神经网络(ANN)等。④模型的检验：模型检验的目的在于分析其拟合优度、稳健性及预测能力的好坏。⑤模型的应用：一是利用模型对未知化合物的活性或理化性质进行预测、评价和筛选；二是根据模型从物质结构出发，分析影响化合物活性或理化性质的内在原因(王连生，2004)。

　　QSAR 学科的发展有其自己的历史与背景，QSAR 方法体系在近年来取得了长足的进展，已渗透到药物化学、计算化学、环境化学等各个领域并日趋完善。QSAR 已被广泛应用于化合物的风险评价中，这种方法能有效地减少实验室和野外实验的化合物的数目，节约大量的人力、物力和资金。QSAR 方法在早期预警系统的建立、环境化学品的评价与管理及优先级的排队等方面有着较好的应用前景并取得了一定的社会与经济效益。近三四十年来，随着许多新的合成化学品的出现以及它们的流失，随着人们对已进入环境的污染物和尚未进入市场的新化合物的环境行为和环境活性的关注，QSAR 在环境科学研究领域中得到了越来越广泛的应用(王桂莲和白乃彬，1995；纪彩虹，2011)。在 20 世纪 70 年代，由于大量的化学物质释放到环境中，QSAR 开始在环境领域得到广泛的应用。鉴于环境污染物的多样性和复杂性，1977 年在 Win Olsor 大湖水质国际会议和加拿大大湖水质协议中建议发展和应用 QSAR 方法；1978 年美国采用 QSAR 方法估计化学品的热力学性质和毒性分类(白乃彬，1990)；1986 年美国 EPA 出版的 Research Outlook 中提出应该利用 QSAR 方法预测环境化学物质的特性及其活性(Nirmalakhandan and Speece，1988)。近年来，用 QSAR 方法对具有毒性、易富集、难降解的 PAHs、PCBs、PBDEs 等持久性有机污染物进行研究成了国际研究的热点。

　　正辛醇-水分配系数($\lg K_{ow}$)和胶束-水分配系数($\lg K_{mw}$)是疏水性有机化合物的重要物理化学参数。$\lg K_{ow}$ 反映化学物质在有机相和水相中的迁移能力，是描述有机污染物在环境中行为的关键参数之一，是疏水性有机化合物的一个重要的物理化学性质。研究表明，$\lg K_{ow}$ 与有机污染物的水溶解度、生物浓缩因子、土壤沉积-吸附常数和生物毒性等密切相关(王连生，1998)。$\lg K_{mw}$ 则是评价表面活性剂对疏水性有机物增溶能力的一个重要的物理化学参数。许多学者研究了疏水性有机污染物的 $\lg K_{ow}$ 和 $\lg K_{mw}$ 之间的关系，发现 $\lg K_{mw}$ 与 $\lg K_{ow}$ 呈线性相关(Valsaraj and Thibodeaux，1989；Edwards et al.，1991；施周和 Ghosh，2001)。

5.1　PCDD/Fs 溶解性能构效关系

多氯二苯并-对-二噁英(PCDDs)与多氯二苯并呋喃(PCDFs)属三环卤代芳烃,由两个苯环构成。在 PCDDs 中,两个苯环通过苯环上两个相邻碳原子上的氧原子连接;在 PCDFs 中,两个苯环通过苯环上两个相邻碳原子上的氧原子和碳碳键连接(图 5-2)。两种化合物 1~4 和 6~9 位碳原子上的氢可被多达 8 个氯原子取代,因氯原子的取代数目和位置不同,总体上有 75 个 PCDDs 和 135 个 PCDFs 同系物。在这 210 种同族体中,其毒性与氯原子取代数目和位置密切相关,研究表明,2,3,7,8-四氯二苯并-对-二噁英(2,3,7,8-TCDD)的毒性最强,约为氰化钾的 100 倍、砒霜的 900 倍,随着氯原子取代数量的增加或减少,其毒性将会有所减弱。环境中的 PCDD/Fs 以混合物形式存在,国际上评价这些混合物对健康的毒性效应时常把各同类物折算成相当于 2,3,7,8-TCDD 的量来表示,称为毒性当量(TEQ)。

二苯并-对-二噁英(DD)　　　　　　二苯并呋喃(DF)

图 5-2　二苯并-对-二噁英与二苯并呋喃的碳原子编号

5.1.1　PCDD/Fs 污染及修复研究现状

PCDD/Fs 主要来源于垃圾焚烧及除草剂等农药和含氯化学品的使用。除了生产 PCDD/Fs 各种标准品用于化学分析测定外,PCDD/Fs 没有商业用途,人们不去批量地生产 PCDD/Fs。此前,我国大多数电子垃圾拆解场对于金属的回收一般都是通过简单的拆解和焚烧进行的,这种简单的处理方式往往容易给周边环境带来严重的 PCDD/Fs 污染。肖潇等(2012)发现贵屿镇大气中 PCDD/Fs 浓度高于此前所报道的国内外所有城市和地区大气中的污染水平,其 I-TEQ 浓度是浙江台州电子垃圾拆解地的 13.1 倍,是国内污染较重的广州和上海的 39.2 倍和 53.5 倍,比中国台湾、中国香港、日本、韩国及其他西欧国家和地区高出 2~3 个数量级。

PCDD/Fs 可通过大气干湿沉降、污水灌溉、废弃物随意堆放及农药、除草剂和污泥等不合理农业利用等途径进入土壤生态系统(蔡全英等,1999),再加上土壤的固定性、多样性及难稀释性等特点,土壤成了 PCDD/Fs 在环境中的最大聚集地。郭志顺等(2014)调查发现电子垃圾拆解场周边环境的 PCDD/Fs 污染主要源于其焚烧过程,焚烧场区 PCDD/Fs 浓度为 12ngTEQ/kg,而拆解场区浓度仅为

2.4ngTEQ/kg，一般的电子垃圾拆解过程对于 PCDD/Fs 污染贡献几乎为零。Wong 等(2007c)则发现贵屿某电子垃圾焚烧场区土壤中 PCDD/Fs 总量高达 30.948～967.500μg/kg，其 I-TEQ 浓度为 0.627～13.900μgTEQ/kg，远高出其他采样区域及文献报道的其他研究区域(肖佩林等; 2012; 张杏丽和周启星, 2013; 逯庆杞等, 2014)。受焚烧影响的土壤中通常以高氯代 PCDD/Fs 为主，骆永明等(2005a)调查发现废旧电缆电线焚烧影响的农田土壤中七氯、八氯代 PCDD/Fs 含量比例较高，其中八氯二苯并-对-二噁英(OCDD)占总 PCDDs 的比例超过 80%。

　　PCDD/Fs 一旦进入土壤，可以在土壤中存在 10 年以上。McLachlan 等(1996)研究表明，1968 年以来长期施用污泥改良的土壤，经检测发现 1972 年土壤中存在的 PCDD/Fs 到 1990 年仍有一半残留，所以 1972 年污泥改良过的土壤中 PCDD/Fs 的半衰期约为 20 年。PCDD/Fs 污染土壤的处置方法与修复技术主要有物理化学处置方法、微生物修复方法、植物修复方法、植物-微生物联合修复方法等(张杏丽和周启星, 2013)。能降解 PCDD/Fs 的微生物主要有假单胞菌(*Pseudomonas*)、鞘氨醇单胞菌(*Sphingomonas*)、丛毛单胞菌(*Comamonas*)及白腐真菌(*Phanerochaete*)等(吴宇澄等, 2006)。Hashimoto 等(2004)采用亚临界水萃取方法，在 350℃下 4h 可从土壤中萃取出 99.4%的 PCDD/Fs，同时证明了在萃取过程中 PCDD/Fs 发生了降解。Isosaari 等(2001)采用植物油脂来强化土壤中 PCDD/Fs 的降解，以橄榄油为溶剂结合紫外照射一个高污染土壤样本，17.5h 内土壤样本 I-TEQ 值减少了 84%。Jonsson 等(2010)使用乙醇对 4 种不同类型土壤中的 PCDD/Fs 进行淋洗，洗脱率均超过 80%，最高洗脱率≥97%。Hung 等(2017)使用厌氧堆肥茶对台湾台南某五氯酚生产厂 PCDD/Fs 污染土壤进行淋洗修复，PCDD/Fs 的洗脱率最高达到 95%；Vu 等(2017)则使用鱼油提取物对该五氯酚生产厂 PCDD/Fs 污染土壤进行淋洗修复，对中度污染土壤 5 次淋洗的累计洗脱率达到 94.12%，重度污染土壤 10 次淋洗的累计洗脱率也达到 94.51%。

5.1.2　数据来源与研究方法

1. 研究对象

　　除了 DD 与 DF 这两个母体化合物外，它们各自有 75 种和 135 种含 1～8 个取代 Cl 的氯代二苯并-对-二噁英与氯代二苯并呋喃。为了便于讨论，文中分别使用缩写 MCDD/F、DCDD/F、TrCDD/F、TCDD/F、PeCDD/F、HxCDD/F、HpCDD/F 和 OCDD/F 代替相应含有 1～8 个取代 Cl 的 PCDD/Fs。图 5-2 给出的是母体化合物中苯环上相关原子的编号，其中的数字编号为化合物系统命名的编号，而字母编号为本研究中便于讨论而自设的编号。

　　文献中仅能获得数量非常有限的若干 PCDD/Fs 的实验溶解性能数据，不同文献的数据由于实验条件和方法的差异而又缺乏可比性。表 5-1 给出了 15 种 PCDDs

和 11 种 PCDFs 的水中溶解度($-\lg S_w$)和/或 $\lg K_{ow}$，这些数据由 Sacan 等(2005)、Govers 和 Krop(1998)收集整理。

表 5-1　相关 PCDD/Fs 的文献实验溶解性能数据

编号	化合物	$-\lg S_w$	$\lg K_{ow}$	编号	化合物	$-\lg S_w$	$\lg K_{ow}$
1	DD	4.36	4.30	14[*]	1,2,3,4,6,7,8-HpCDD	8.86	8.20
2[*]	1-MCDD	4.92	4.75	15	OCDD	9.85	8.60
3	2-MCDD	5.24	5.00	16	DF	3.99	3.92
4	2,3-DCDD	5.86	5.60	17	2,8-MCDF	5.64	5.30
5	2,7-DCDD	6.00	5.75	18[*]	1,2,7,8-TCDF	—	6.23
6[*]	2,8-DCDD	5.93	5.60	19[*]	2,3,7,8-TCDF	6.87	6.10
7	1,2,4-TriCDD	6.55	6.35	20[*]	1,2,3,8,9-PeCDF	—	6.26
8	1,2,3,4-TCDD	7.20	6.60	21	2,3,4,7,8-PeCDF	7.47	6.79
9	1,2,3,7-TCDD	7.30	6.91	22	1,2,3,4,7,8-HxCDF	8.67	7.00
10[*]	1,3,6,8-TCDD	7.08	—	23[*]	1,2,3,6,7,8-HxCDF	8.28	—
11	2,3,7,8-TCDD	7.45	6.80	24	1,2,3,4,6,7,8-HpCDF	9.40	7.92
12	1,2,3,4,7-PeCDD	7.73	7.40	25[*]	1,2,3,4,7,8,9-HpCDF	—	7.92
13	1,2,3,4,7,8-HxCDD	8.37	7.79	26[*]	OCDF	9.28	8.00

注：水中溶解度 S_w 的单位是 mol/L；"—"表示无此实验数据。
*组成模型检验集。

2. 计算方法与参数选取

本研究采用 HyperChem7.0 软件构图，应用量子化学软件包 Gaussian03(Frisch et al., 2003)在 B3LYP/6-31G(d)理论水平下对各 PCDD/Fs 分子进行无对称性限制几何全优化，同时获得建模参数。所有计算均在一台配备 Intel 双核 3.0G CPU、5G 内存和 Windows XP Professional 操作系统的 DELL 计算机中完成。

根据化学计量学理论的原则，QSAR/QSPR 研究应尽量多地考察不同参数对目标预测对象的影响(Wold et al., 2001)。本研究选择包含 20 种量子化学参数在内的 23 个自变量为对象。所涉及的量子化学参数包括：最高占据轨道能量(E_{HOMO})、最低空轨道能量(E_{LUMO})、分子总能量(E_T)、电子空间广度(R_e)、分子偶极矩(μ)、最正碳原子电荷(Q_C^+)、最负碳原子电荷(Q_C^-)及分子骨架中 13 个原子的带电量(分别为 Q_{C1}、Q_{C2}、Q_{C3}、Q_{C4}、Q_{O5}、Q_{C6}、Q_{C7}、Q_{C8}、Q_{C9}、Q_{Ca}、Q_{Cb}、Q_{Cc} 和 Q_{Cd}，原子编号见图 5-2)。以上所有参数均直接从几何全优化输出结果中获得，计算方法为 B3LYP/6-31G(d) FOPT，其数值见表 5-2，表中编号与表 5-1 编号所对应的物质相同。其中能量、偶极矩、原子电荷和电子空间广度的单位分别是哈特里(Hartree)、德拜(Debye)、电子电荷(e)和原子单位(au)。此外还考察了前线轨道能量的 3 种组合，分别为 $E_{LUMO}-E_{HOMO}$、$(E_{LUMO}-E_{HOMO})^2$ 和 $E_{LUMO}+E_{HOMO}$。

表 5-2 相关 PCDD/Fs 的量子化学参数

编号	E_{HOMO}	E_{LUMO}	E_T	R_e	μ	Q_{C1}	Q_{C2}	Q_{C3}	Q_{C4}	Q_{C5}	Q_{C6}	Q_{C7}	Q_{C8}	Q_{C9}	Q_{Ca}	Q_{Cb}	Q_{Cc}	Q_{Cd}
1	-0.1962	-0.0140	-612.5274	2717.9496	0.0000	-0.2040	-0.1346	-0.1346	-0.2040	-0.5717	-0.2040	-0.1346	-0.1346	-0.2040	0.3424	0.3424	0.3424	0.3424
2	-0.2046	-0.0232	-1072.1192	3517.3611	1.7289	-0.1679	-0.1371	-0.1315	-0.2017	-0.5699	-0.2026	-0.1335	-0.1347	-0.2028	0.3569	0.3551	0.3419	0.3425
3	-0.2040	-0.0242	-1072.1220	4157.0847	2.1886	-0.2057	-0.0718	-0.1359	-0.2019	-0.5703	-0.2034	-0.1338	-0.1341	-0.2030	0.3532	0.3475	0.3423	0.3416
4	-0.2098	-0.0320	-1531.7115	5312.0694	3.3530	-0.2063	-0.0806	-0.0806	-0.2063	-0.5691	-0.2024	-0.1335	-0.1335	-0.2024	0.3603	0.3603	0.3414	0.3414
5	-0.2113	-0.0334	-1531.7161	6069.2129	0.0000	-0.2049	-0.0715	-0.1355	-0.2006	-0.5687	-0.2049	-0.0715	-0.1355	-0.2006	0.3534	0.3463	0.3534	0.3463
6	-0.2111	-0.0334	-1531.7161	5994.3783	1.8457	-0.2043	-0.0719	-0.1350	-0.2008	-0.5695	-0.2008	-0.1350	-0.0719	-0.2043	0.3525	0.3470	0.3470	0.3525
7	-0.2167	-0.0395	-1991.2985	5608.0117	2.5712	-0.1794	-0.0771	-0.1387	-0.1632	-0.5556	-0.2011	-0.1330	-0.1333	-0.2001	0.3791	0.3724	0.3426	0.3413
8	-0.2198	-0.0452	-2450.8820	6618.6178	3.5198	-0.1784	-0.0895	-0.0895	-0.1784	-0.5540	-0.2000	-0.1329	-0.1329	-0.2000	0.3853	0.3853	0.3416	0.3416
9	-0.2214	-0.0467	-2450.8907	8322.5228	1.5054	-0.1780	-0.0923	-0.0774	-0.2032	-0.5670	-0.2028	-0.0714	-0.1347	-0.1983	0.3727	0.3714	0.3523	0.3460
10	-0.2253	-0.0484	-2450.8959	7919.7331	0.0000	-0.1630	-0.1380	-0.0690	-0.2017	-0.5539	-0.1630	-0.1380	-0.0690	-0.2017	0.3585	0.3656	0.3585	0.3656
11	-0.2216	-0.0472	-2450.8944	9399.5566	0.0000	-0.2044	-0.0803	-0.0803	-0.1774	-0.5669	-0.2044	-0.0803	-0.0803	-0.2044	0.3588	0.3588	0.3588	0.3588
12	-0.2260	-0.0527	-2910.4753	9054.1048	1.8052	-0.1777	-0.0891	-0.0895	-0.1774	-0.5530	-0.2011	-0.0719	-0.1340	-0.1970	0.3847	0.3841	0.3523	0.3456
13	-0.2305	-0.0584	-3370.0640	11124.0267	0.2399	-0.1774	-0.0891	-0.0891	-0.1774	-0.5527	-0.2016	-0.0803	-0.0803	-0.2016	0.3837	0.3837	0.3586	0.3586
14	-0.2348	-0.0631	-3829.6485	12078.8229	0.9914	-0.1766	-0.0887	-0.0894	-0.1780	-0.5410	-0.1769	-0.0919	-0.0774	-0.2004	0.3834	0.3847	0.3722	0.3708
15	-0.2387	-0.0677	-4289.2323	13055.0315	0.0000	-0.1769	-0.0890	-0.0890	-0.1769	-0.5409	-0.1769	-0.0890	-0.0890	-0.1769	0.3841	0.3841	0.3841	0.3841
16	-0.2208	-0.0338	-537.3291	2269.2473	0.7129	-0.1912	-0.1448	-0.1368	-0.2002	-0.5502	-0.2002	-0.1368	-0.1448	-0.1912	0.0836	0.3185	0.3185	0.0836
17	-0.2353	-0.0550	-1456.5184	4950.2409	1.9002	-0.1860	-0.0824	-0.1373	-0.1926	-0.5466	-0.1926	-0.1373	-0.0824	-0.1860	0.0866	0.3216	0.3216	0.0866
18	-0.2425	-0.0668	-2375.6974	7019.8810	2.8786	-0.1430	-0.0939	-0.1343	-0.1892	-0.5430	-0.1959	-0.0830	-0.0913	-0.1860	0.0907	0.3287	0.3271	0.0991
19	-0.2412	-0.0686	-2375.6966	8159.6815	0.6150	-0.1855	-0.0913	-0.0840	-0.1956	-0.5454	-0.1956	-0.0840	-0.0913	-0.1855	0.0958	0.3305	0.3305	0.0958
20	-0.2448	-0.0727	-2835.2720	7690.7657	3.4417	-0.1607	-0.0942	-0.0774	-0.1955	-0.5298	-0.1909	-0.1312	-0.0828	-0.1595	0.1065	0.3298	0.3216	0.0995
21	-0.2461	-0.0739	-2835.2828	9150.3226	0.6813	-0.1816	-0.0958	-0.0958	-0.1636	-0.5325	-0.1952	-0.0841	-0.0908	-0.1843	0.1044	0.3402	0.3336	0.0930
22	-0.2479	-0.0782	-3294.8706	9783.9386	0.4712	-0.1398	-0.1011	-0.0925	-0.1627	-0.5298	-0.1955	-0.0830	-0.0908	-0.1843	0.1063	0.3468	0.3294	0.0991
23	-0.2496	-0.0781	-3294.8711	9856.1992	0.8152	-0.1411	-0.1034	-0.0808	-0.1928	-0.5299	-0.1641	-0.0945	-0.0888	-0.1816	0.0943	0.3405	0.3362	0.1101
24	-0.2525	-0.0828	-3754.4562	10884.1438	0.6979	-0.1386	-0.1007	-0.0927	-0.1635	-0.5184	-0.1647	-0.0949	-0.0881	-0.1810	0.1032	0.3502	0.3392	0.1080
25	-0.2515	-0.0835	-3754.4448	10666.9081	1.2950	-0.1583	-0.0912	-0.0890	-0.1683	-0.5169	-0.1952	-0.0772	-0.0936	-0.1593	0.1167	0.3413	0.3327	0.1058
26	-0.2541	-0.0878	-4214.0296	11765.9853	0.1916	-0.1577	-0.0907	-0.0888	-0.1696	-0.5053	-0.1696	-0.0888	-0.0907	-0.1577	0.1144	0.3449	0.3449	0.1144

注：表中未给出 Q_C 和 Q_C，它们可从 12 个碳的原子电荷中找出。

3. 建模方法与模型评价

计算所得的理论参数采用 SIMCA-P 10.0 软件进行 PLS 回归分析，分析条件设置为软件的缺省值，采用截尾的方式选用前 h 个成分 t_1, t_2, …, t_h 建立回归模型，h 通过交叉有效性判别(Q^2)来确定，当某个 PLS 主成分的 Q^2 大于 0.0975 时，认为该主成分是有益的，增加成分 t_h 对减少模型的预测误差有明显的改善作用；当累计交叉有效性判别(Q_{cum}^2)大于 0.5 时，认为所建立的模型有较好的预测可靠性。综合采用 h、样本个数(N)、Q_{cum}^2、变量提取特征值(Eig)、拟合相关系数的平方(R^2)、模型标准偏差(SD)、方差分析(F)和显著性水平检验(p)来评价模型的优劣。

变量重要性指标(VIP)是一个判断该自变量在模型中的重要性的参数。根据 SIMCA-P 10.0 的操作手册，当一个变量的 VIP 值大于 1.0 时，表明它在模型中相对重要，数值越大，它的影响就越大。研究表明，虽然 QSAR 研究需要尽量多地考查不同参数对目标预测对象的影响，但并非所有参数都该进入最终的预测模型(Chen et al., 2003; Niu et al., 2005)。为了获得最优模型，笔者采取了下述方法对模型进行优化：首先将所有自变量引入 PLS 模型，然后去除 VIP 值最小的自变量再一次建模，不断重复这个过程直到获得最优模型。最优模型的判别标准主要基于 Q_{cum}^2、R^2、SD、F 和 p，根据统计学理论，在具有相同 h 的情况下，具有较大 Q_{cum}^2、R^2、F 值和较小 SD、p 值的模型更加稳健可靠。

5.1.3　模型的建立和优化

以表 5-1 所列 PCDD/Fs 的溶解度数据($\lg S_w$ 和 $\lg K_{ow}$)为因变量 Y，以所有 23 个自变量为初始建模自变量 X，采用 PLS 方法进行拟合建模并对模型进行优化，可得到模型 S1 和 K1。在模型优化过程中，自变量 μ、Q_{Ca} 和 Q_{Cb} 从 X 中剔除。模型 S1 和 K1 的拟合与评价参数见表 5-3 和表 5-4。

表 5-3　PLS 模型 S1 和 K1 的拟合参数

模型	Y	h	R_X^2	$R_{X(cum)}^2$	R_Y^2	$R_{Y(cum)}^2$	Q^2	Q_{cum}^2
S1	$-\lg S_w$	1	0.547	0.547	0.945	0.945	0.935	0.935
		2	0.196	0.744	0.041	0.986	0.697	0.980
K1	$\lg K_{ow}$	1	0.539	0.539	0.896	0.896	0.880	0.880
		2	0.215	0.754	0.087	0.984	0.794	0.975

表 5-4　PLS 模型 S1 和 K1 的评价参数

模型	N	h	R^2	SD	F	p
S1	23	2	0.9860	0.1979	1482	$<1.0\times10^{-16}$
K1	24	2	0.9836	0.1717	1246	$<1.0\times10^{-16}$

注：N 为自变量个数。

从表 5-3 和表 5-4 可看到，两个模型均选取了 2 个 PLS 有效主成分。对于模型 S1，所选取的 2 个 PLS 有效主成分包含了自变量 74.4%的变异信息，对应变量的累计解释能力达到 98.6%；对于模型 K1，所选取的 2 个 PLS 有效主成分包含了自变量 75.4%的变异信息，对因变量的累计解释能力约达到 98.4%。两模型的累计交叉有效性判别系数分别为 0.980 和 0.975，均远大于 0.5 并且接近于 1.0，说明它们具有较好的预测稳定性。这说明运用这些参数可建立有效的定量构效关系模型。

为了检验这些运用量子化学参数所建立的模型的预测性能，从表 5-1 中随机选择了 16 种同时具有实验−lgS_w 和 lgK_{ow} 值的 PCDD/Fs 构成一个新的模型训练集，而剩下的 PCDD/Fs（见星号标注）则构成模型检验集，训练集与检验集样本数比例大致为 2∶1。以模型训练集的−lgS_w 和 lgK_{ow} 为因变量，以上述优化后保留的 20 个参数为自变量，运用 PLS 方法进行建模，得到两个验证模型 S2 和 K2。模型 S2 和 K2 的拟合与评价参数见表 5-5 和表 5-6，从表中的各参数可看出，这两个模型在统计学上是可靠的。

表 5-5　PLS 模型 S2 和 K2 的拟合参数

模型	Y	h	R_X^2	$R_{X(\text{cum})}^2$	R_Y^2	$R_{Y(\text{cum})}^2$	Q^2	Q_{cum}^2
S2	−lgS_w	1	0.551	0.551	0.958	0.958	0.932	0.932
		2	0.225	0.776	0.032	0.990	0.671	0.978
K2	lgK_{ow}	1	0.544	0.544	0.923	0.923	0.899	0.899
		2	0.232	0.776	0.066	0.989	0.804	0.980

表 5-6　PLS 模型 S2 和 K2 的评价参数

模型	N	h	R^2	SD	F	p
S2	16	2	0.9901	0.1725	1433	1.665×10^{-15}
K2	16	2	0.9890	0.1422	1263	3.886×10^{-15}

5.1.4　模型的验证和应用

1. 模型性能的验证

在模型 S1、K1、S2 和 K2 中，各个自变量在模型方程中的系数如表 5-7 所示。根据系数的正负符号，笔者可以判断各个自变量参数对−lgS_w 和 lgK_{ow} 的影响关系。基于这些系数，就可获得像多元线性回归那样所得到的模型方程，进而可以运用模型方程计算任一 PCDD/F 的−lgS_w 和 lgK_{ow}，对还没有实验 S_w 和 K_{ow} 值的 PCDD/Fs 进行理论预测。

表 5-7　自变量在模型方程中的系数

编号	自变量	S1	S2	S3	K1	K2	K3
1	$E_T \times 10^4$	−1.547	−1.553	−1.163	−1.275	−1.245	−0.913
2	$R_e \times 10^5$	5.666	5.489	4.331	4.920	4.497	3.388
3	Q_C^+	7.117	6.635	5.355	7.090	6.922	2.381
4	Q_C^-	7.799	9.766	10.66	4.442	5.687	5.361
5	Q_{C1}	3.873	4.488	−0.124	1.687	2.331	1.665
6	Q_{C2}	3.680	3.966	3.746	4.522	4.292	3.761
7	Q_{C3}	4.997	5.515	3.216	4.217	4.574	3.426
8	Q_{C4}	6.373	4.808	3.065	5.683	3.156	3.466
9	Q_{Cb}	7.380	6.863	5.034	7.338	7.054	4.839
10	Q_{O5}	3.747	3.438	7.291	1.909	1.148	6.192
11	Q_{Cc}	9.184	9.127	9.243	9.389	8.920	5.901
12	Q_{C6}	5.303	7.334	2.268	5.511	3.900	3.580
13	Q_{C7}	4.398	4.322	3.701	4.170	3.863	3.759
14	Q_{C8}	3.121	3.382	2.777	2.031	2.118	2.317
15	Q_{C9}	3.119	4.449	11.46	0.197	0.737	3.875
16	E_{HOMO}	−5.260	−5.210	−10.01	−2.996	−3.095	−8.674
17	E_{LUMO}	−5.206	−5.566	−8.107	−3.292	−3.686	−6.877
18	$E_{LUMO} - E_{HOMO}$	−32.73	−35.11	−39.13	−24.82	−27.21	−32.06
19	$E_{LUMO} + E_{HOMO}$	−2.657	−2.761	−4.485	−1.614	−1.756	−3.838
20	$(E_{LUMO} - E_{HOMO})^2$	−93.22	−99.03	−110.9	−70.94	−77.10	−91.12
21	常数项	12.87	14.90	16.77	8.560	8.783	13.22

运用 S1、K1、S2 和 K2 的模型方程计算表 5-1 中各 PCDD/Fs 所得到的 $-\lg S_w$ 和 $\lg K_{ow}$ 的预测值见表 5-8。分别以 $-\lg S_w$ 和 $\lg K_{ow}$ 的实验值为横坐标，以模型 S1、K1、S2 和 K2 的预测值为纵坐标作图，如图 5-3 所示。从图 5-3 可看出实验值和预测值相当吻合，最大绝对误差均在 ±0.5 个对数单位(图中虚线)以内，表明模型的预测值是稳定可靠的。

表 5-8　PCDD/Fs 溶解度的模型预测值与实验值的比较

编号	化合物	$-\lg S_w$		$\lg K_{ow}$		Diff.			
		Pred.S1	Pred.S2	Pred.K1	Pred.K2	S1	S2	K1	K2
1	DD	4.33	4.32	4.35	4.38	0.03	0.04	−0.05	−0.08
2*	1-MCDD	5.02	5.03	4.86	4.90	−0.10	−0.11	−0.11	−0.15
3	2-MCDD	5.14	5.24	5.09	5.10	0.10	0.00	−0.09	−0.10
4	2,3-DCDD	5.87	5.91	5.68	5.73	−0.01	−0.05	−0.08	−0.13
5	2,7-DCDD	5.97	5.97	5.58	5.77	0.03	0.03	0.17	−0.02

续表

编号	化合物	$-\lg S_w$		$\lg K_{ow}$		Diff.			
		Pred.S1	Pred.S2	Pred.K1	Pred.K2	S1	S2	K1	K2
6*	2,8-DCDD	5.84	5.87	5.61	5.63	0.09	0.06	−0.01	−0.03
7	1,2,4-TriCDD	6.56	6.51	6.20	6.15	−0.01	0.04	0.15	0.20
8	1,2,3,4-TCDD	7.18	7.19	6.69	6.69	0.02	0.01	−0.09	−0.09
9	1,2,3,7-TCDD	7.28	7.33	6.79	6.84	0.02	−0.03	0.12	0.07
10*	1,3,6,8-TCDD	7.25	7.39	6.63	6.64	−0.17	−0.31	—	—
11	2,3,7,8-TCDD	7.25	7.30	6.78	6.81	0.20	0.15	0.02	−0.01
12	1,2,3,4,7-PeCDD	7.95	7.96	7.35	7.32	−0.22	−0.23	0.05	0.08
13	1,2,3,4,7,8-HxCDD	8.47	8.48	7.73	7.71	−0.10	−0.11	0.06	0.08
14*	1,2,3,4,6,7,8-HpCDD	8.98	9.04	8.16	8.09	−0.12	−0.18	0.04	0.11
15	OCDD	9.57	9.69	8.55	8.51	0.28	0.16	0.05	0.09
16	DF	3.90	3.93	3.75	3.79	0.09	0.06	0.17	0.13
17	2,8-MCDF	5.61	5.74	5.12	5.17	0.03	−0.10	0.18	0.13
18*	1,2,7,8-TCDF	6.82	6.96	6.05	6.11	—	—	0.18	0.12
19*	2,3,7,8-TCDF	7.21	7.37	6.44	6.51	−0.34	−0.50	−0.34	−0.41
20*	1,2,3,8,9-PeCDF	7.36	7.58	6.38	6.49	—	—	−0.12	−0.23
21	2,3,4,7,8-PeCDF	7.83	7.93	6.96	6.94	−0.36	−0.46	−0.17	−0.15
22	1,2,3,4,7,8-HxCDF	8.35	8.48	7.30	7.32	0.32	0.19	−0.30	−0.32
23*	1,2,3,6,7,8-HxCDF	8.24	8.48	7.20	7.24	0.04	−0.20	—	—
24	1,2,3,4,6,7,8-HpCDF	9.00	9.21	7.81	7.79	0.40	0.19	0.11	0.13
25*	1,2,3,4,7,8,9-HpCDF	8.70	8.87	7.52	7.55	—	—	0.40	0.37
26*	OCDF	9.51	9.78	8.15	8.17	−0.23	−0.50	−0.15	−0.17

注：水中溶解度 S_w 的单位是 mol/L；"Diff." 为实验值与预测值之差，"—" 表示无此实验数据；"*"组成模型检验集，"Pred." 为预测值。

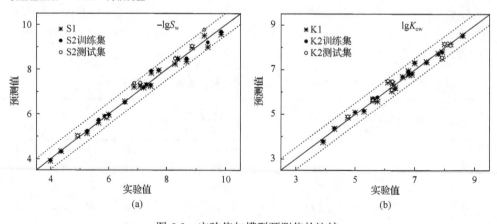

图 5-3　实验值与模型预测值的比较

模型测试集中$-\lg S_w$和$\lg K_{ow}$的实验值与模型 S2 和 K2 预测值的相关系数的平方分别为 0.9891(N=7) 和 0.9656(N=8)。而从表 5-5 可知模型 S2 和 K2 的累积交叉有效性检验判别系数 Q^2_{cum} 分别为 0.978 和 0.980，均远大于 0.5 并接近于 1.0，因而无论从内部检验还是外部检验来说，本研究中所获得的模型均有效、可靠，可用于预测其他仍无$-\lg S_w$和$\lg K_{ow}$实验值的 PCDD/Fs 的$-\lg S_w$和$\lg K_{ow}$。

2. 模型中的变量重要性

进入$-\lg S_w$和$\lg K_{ow}$模型方程中的各自变量的 VIP 值分别如图 5-4(a) 和图 5-4(b) 所示。从图 5-4 可看到，无论对$-\lg S_w$模型 S1 和 S2，还是对$\lg K_{ow}$模型 K1 和 K2，自变量 1、2、17~20[分别为 E_T、R_e、E_{LUMO}、$E_{LUMO}-E_{HOMO}$、$E_{LUMO}+E_{HOMO}$ 和 $(E_{LUMO}-E_{HOMO})^2$]的 VIP 值均大于 1.0，表明它们对因变量$-\lg S_w$和$\lg K_{ow}$有着重要

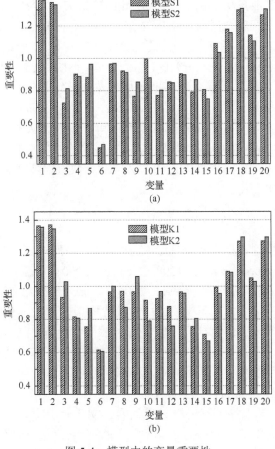

图 5-4 模型中的变量重要性

图中自变量编号对应的参数项同表 5-7

的制约作用。而在这 6 个自变量中，自变量 1、2、18 和 20[E_T、R_e、$E_{LUMO}-E_{HOMO}$ 和 $(E_{LUMO}-E_{HOMO})^2$]的 VIP 值大于 1.2，并且大于其他任一自变量的 VIP 值，因而在此重点讨论这 4 个自变量。

对于 PCDD/Fs 这类具有相似结构的同系物而言，较大的 E_T 数值变化预示着分子中取代 Cl 原子个数的增加或减少。当 2 个或多个 PCDDs 或 PCDFs 分子中具有相同个数取代 Cl 原子时，E_T 数值则随着 Cl 取代位置的不同而有微小改变，而具有最小 E_T 值的异构体在热力学上最稳定。R_e 是算式 $\int r^2 \rho(r) d^3 r$ 中算符 ρ 的特征值，在同系物中有时可用于表征不同分子间分子体积的大小关系。从表 5-7 可看到，在所得到的各 PLS 模型中，E_T 的系数均为负，而 R_e 的系数均为正，这也就预示着随着 E_T 值的减小和 R_e 值的增大，$-\lg S_w$ 和 $\lg K_{ow}$ 数值逐渐增大，也即 S_w 逐渐减小，而 $\lg K_{ow}$ 逐渐增大。因而，具有较小 E_T 和较大 R_e 的 PCDD/Fs 将具有较低的水溶性和较强的亲脂性，表现为较难溶于水而更易溶于有机相。

分子前线轨道能量 E_{LUMO} 和 E_{HOMO} 间的差值($E_{LUMO}-E_{HOMO}$)是电子从最高占据轨道跃迁到最低空轨道时所要克服的能量值，用于表征一个化合物的能量稳定性，一个具有较大 $E_{LUMO}-E_{HOMO}$ 值的化合物通常较稳定(Faucon et al., 1999)。$E_{LUMO}-E_{HOMO}$ 在定量构效关系研究中常用于一些理化参数的建模(Ferreira, 2001)。从图 5-4 可看出，$E_{LUMO}-E_{HOMO}$ 及其平方是除 E_T 和 R_e 外的另两个较为重要的自变量。由于 E_{LUMO} 值总是大于 E_{HOMO} 值(表 5-2)，$E_{LUMO}-E_{HOMO}$ 将会总是正的，而 $(E_{LUMO}-E_{HOMO})^2$ 将随 $E_{LUMO}-E_{HOMO}$ 的增大而单调增大。从表 5-7 可以看到，在所有模型中，自变量 $E_{LUMO}-E_{HOMO}$ 和 $(E_{LUMO}-E_{HOMO})^2$ 在模型中的系数符号均为负的，这表明随着 $E_{LUMO}-E_{HOMO}$ 的增大，$-\lg S_w$ 和 $\lg K_{ow}$ 数值逐渐减小，从而反映为较高的水溶性和较小的 $\lg K_{ow}$。

3. 模型与文献报道结果的对比

在文献中可找到不少关于 PCDD/Fs 水溶性和辛醇-水分配系数的定量构效关系研究的报道(Govers and Krop, 1998; Chen et al., 2001; Huang et al., 2004; Sacan et al., 2005; Puzyn et al., 2006; Yang et al., 2006; Xie et al., 2007; Yang et al., 2007)，在所报道的模型中，笔者总结了它们之中的较优模型，如表 5-9 所示。从表 5-9 可看出，本研究基于量子化学参数所建立的 PLS 模型优于文献报道的其他模型，无论是对 PCDD/Fs 整体建模，还是对 PCDDs 单独建模，模型的相关系数都高于文献报道的其他模型的相关系数。这些模型将可在缺少水溶性和辛醇-水分配系数实验数值的 PCDD/Fs 的评价中得到应用。

虽然相对于半经验的量子化学计算而言，DFT 计算需要耗费一定的时间，但随着计算机计算速率的不断提高和程序算法的不断优化，运用较高精度的方法对 PCDD/Fs 系列化合物进行计算已相当容易。而且本研究所用到的量子化学参数只来源于一个 Gaussian 计算过程，无需借助其他任何实验数据或多步的计算，因而使用本研究所建立的模型预测 PCDD/Fs 的水溶性和辛醇-水分配系数将相当容易，这再一次证明现代高精度的量子化学方法在环境污染物的定量构效关系研究中将是一个非常有效的研究手段。

表 5-9　模型与文献报道结果的对比

编号	化合物	模型	参考文献
1	PCDD/Fs	基于 B3LYP/6-31G(d) 计算的量子化学参数建立的 PLS 模型， $-\lg S_w$: $R^2=0.9860$, SD=0.20, $F=1482$, $q^2=0.9805$ $\lg K_{ow}$: $R^2=0.9836$, SD=0.17, $F=1246$, $q^2=0.9753$ 只对 PCDDs 建模， $-\lg S_w$: $R^2=0.9974$, SD=0.08, $F=4937$, $q^2=0.9905$ $\lg K_{ow}$: $R^2=0.9972$, SD=0.07, $F=4380$, $q^2=0.9931$	本研究[*]
2	PCDD/Fs	$-\lg S_w = -0.1367\mu + 0.06018\alpha$ $R^2 = 0.9403$, SD = 0.40, $q^2 = 0.9153$	Yang et al., 2006
3	PCDD/Fs	$\lg K_{ow}$: 基于 PM3 计算的量子化学参数建立的 PLS 模型，模型方程略， $R = 0.981$, $p = 1.012\times10^{-15}$	Chen et al., 2001
4	PCDD/Fs 和邻苯二甲酸酯	$\lg S_w = -1.028\text{CRI} + 0.810E_{LUMO} + 0.443\mu - 2.050$ $R=0.986$, SE=0.347, $F=362.44$ $\lg K_{ow} = 1.179\text{CRI} + 1.472E_{LUMO} + 14.271$ $R=0.992$, SE=0.229, $F=994.02$	Sacan et al., 2005
5	PCDDs	$-\lg S_w = -283.3 + 1670\varepsilon_B + 74\pi_1 + 136q^-$ $R^2=0.9800$, SD=0.32 $\lg K_{ow} = -55.946 + 6.37V_{mc}/100 + 28.3\pi_1 + 1670\varepsilon_A$ $R^2=0.8569$, SD=0.26	Huang et al., 2004
6	PCDDs	$-\lg S_w = -3.6425 + 0.0693\alpha$ $R^2=0.9776$, SD=0.30, $q^2=0.9782$ $\lg K_{ow} = 0.39092 + 0.03345\alpha$ $R^2=0.8662$, SD=0.27, $q^2=0.8526$	Yang et al., 2007
7	PCDDs	$-\lg S_w = 4.4757 + 0.5835N_\alpha + 0.7199N_\beta$ $R^2=0.9965$, SD=0.12, $q^2=0.9900$ $\lg K_{ow} = 4.5802 + 0.3913N_\alpha + 0.4833N_\beta$ $R^2=0.9312$, SD=0.27, $q^2=0.8484$	Xie et al., 2007

[*]只基于 PCDDs 建模的情况下，笔者得到模型 S3 和 K3 用于预测$-\lg S_w$和$\lg K_{ow}$，这两个模型自变量的系数见表 5-7。
注：SE 表示拟合标准误差；CRI 表示特征根指数。

5.2　PCBs 正辛醇-水分配系数构效关系

由于 PCBs 有 209 种单体，实验室条件下测出每种单体的 $\lg K_{ow}$ 既耗时耗力，又花费高昂，而且有些 PCBs 的单体的 100%纯物质到目前为止还无法得到。因此，可以借用 QSAR 快速、方便地预测 PCBs 的重要理化参数。

5.2.1　数据来源与研究方法

本实验所涉及的 27 种 PCBs 的 $\lg K_{ow}$ 取自文献(王连生等, 1992)。随机选择其中 20 种 PCBs 作为训练集，其余 7 种 PCBs 组成测试集，27 种 PCBs 的 $\lg K_{ow}$ 列于表 5-10。使用量子化学软件包 Gaussian 03 以 B3LYP/6-31G(d) 方法计算这 27种 PCBs 的相关量子化学参数，采用 PLS 进行多元线性回归分析，建立定量预测PCBs $\lg K_{ow}$ 的模型。

根据化学统计学理论，为了提高描述某类化合物的某个特征参数的概率，一个 QSAR 模型应该涵括尽量多的量子化学参数。在本研究中，选定了 18 个独立的量子化学描述符来构建 QSAR 模型。这些描述符包括两个苯环间的二面角 (DA)、最高占据轨道能量 (E_{HOMO})、最低空轨道能量 (E_{LUMO})、分子骨架中 12 个碳原子的原子电荷 ($Q_{C1} \sim Q_{C12}$)、电子空间广度、偶极矩和分子总能量。两苯环间的二面角、原子电荷、电子空间广度、偶极矩和能量的单位分别是：度(°)、电子电荷、原子单位、德拜、哈特里。计算所得的量子化学参数见表 5-11。

表 5-10 　研究所涉及的 27 种 PCBs 的 $\lg K_{ow}$

序号 [a]	PCBs	CAS 号	$\lg K_{ow}$		差值 [c]
			实验值 [b]	预测值	
1	联苯	92-52-4	4.10	3.96	-0.14
2	2-PCB	2051-60-7	4.56	4.56	0.00
3	3-PCB	2051-61-8	4.72	4.77	0.05
4	2,2'-PCB	13029-08-8	5.02	5.03	0.01
5	2,4-PCB	33284-50-3	5.15	5.05	-0.10
6	2,2',5-PCB	37680-65-2	5.64	5.57	-0.07
7	2,4,4'-PCB	7012-37-5	5.74	5.82	0.08
8	2,4,5-PCB	15862-07-4	5.77	5.57	-0.20
9	2,3',4,5-PCB	73557-53-8	6.39	6.58	0.19
10	3,3',4,4'-PCB	32598-13-3	6.52	6.68	0.16
11	2,2',3,4,5'-PCB	38380-02-8	6.85	6.85	0.00
12	2,2',4,5,5'-PCB	37680-73-2	6.85	6.85	0.00
13	2,3,4,5,6-PCB	18259-05-7	6.85	6.85	0.00
14	2,2',3,3',4,4'-PCB	38380-07-3	7.44	7.45	0.01
15	2,2',4,4',5,5'-PCB	35065-27-1	7.44	7.48	0.04
16	2,2',4,4',6,6'-PCB	33979-03-2	7.12	7.41	0.29
17	2,2',3,3',4,4',5,5'-PCB	35694-08-7	8.68	8.60	-0.08
18	2,2',3,3',5,5',6,6'-PCB	2136-99-4	8.42	8.58	0.16
19	2,2',3,3',4,4',5,5',6-PCB	40186-72-9	9.14	8.90	-0.24
20	2,2',3,3',4,4',5,5',6,6'-PCB	2051-24-3	9.60	9.34	-0.26
21	4-PCB	2051-62-9	4.69	4.50	-0.19
22	2,5-PCB	34883-39-1	5.18	5.15	-0.03
23	4,4'-PCB	2050-68-2	5.28	5.34	0.06
24	3,4,4'-PCB	38444-90-5	5.90	5.98	0.08
25	2,2',5,5'-PCB	35693-99-3	6.26	6.39	0.13
26	2,3',4',5-PCB	32598-11-1	6.39	6.53	0.14
27	2,2',3,4',5,5',6-PCB	52663-68-0	7.93	8.04	0.11

a. 1~20 号组成训练集，21~27 号组成测试集；b. 来自王连生等(1992)；c. 差值=预测值-实验值。

表 5-11　计算所得的 PCBs 量子化学参数

序号	DA	E_{HOMO}	E_{LUMO}	Q_{C1}	Q_{C2}	Q_{C3}	Q_{C4}	Q_{C5}	Q_{C6}	Q_{C7}	Q_{C8}	Q_{C9}	Q_{C10}	Q_{C11}	Q_{C12}	R_e	μ	E_T
1	0.0000	-0.21730	-0.03300	0.10126	-0.17937	-0.13395	-0.12487	-0.13391	-0.17937	0.10126	-0.17937	-0.13395	-0.12487	-0.13395	-0.17937	2336.596	0.0000	-463.3027427
2	56.1254	-0.23223	-0.02747	0.07290	-0.11564	-0.11564	-0.12189	-0.13101	-0.16089	0.06717	-0.14793	-0.13548	-0.12442	-0.13374	-0.16461	2764.356	1.6832	-922.8973293
3	0.0000	-0.22671	-0.04365	0.10349	-0.18053	-0.06979	-0.12783	-0.13333	-0.17359	0.10035	-0.17756	-0.13421	-0.12302	-0.13374	-0.17846	3399.230	2.1220	-922.8989238
4	110.0781	-0.2431	-0.02654	0.05227	-0.10265	-0.13685	-0.11926	-0.13195	-0.13566	0.05227	-0.10265	-0.13685	-0.11926	-0.13195	-0.13566	3242.151	2.0016	-1382.4898949
5	55.5896	-0.23637	-0.03739	0.07579	-0.11304	-0.13680	-0.05946	-0.13118	-0.16007	0.06673	-0.14837	-0.13517	-0.12363	-0.13361	-0.16490	4150.644	2.1687	-1382.4920591
6	81.2075	-0.24564	-0.03220	0.04787	-0.08812	-0.13561	-0.11931	-0.06799	-0.14376	0.04642	-0.09074	-0.13702	-0.11796	-0.13062	-0.14315	4428.552	1.8571	-1842.0844162
7	55.3648	-0.23937	-0.04578	0.07547	-0.11313	-0.13653	-0.05901	-0.13102	-0.15988	0.06733	-0.14482	-0.13587	-0.06134	-0.13435	-0.16175	6126.716	1.4297	-1842.0877755
8	56.1585	-0.24156	-0.04537	0.07940	-0.10817	-0.13619	-0.06867	-0.07657	-0.16238	0.06469	-0.14763	-0.13494	-0.12251	-0.13332	-0.16366	5070.323	2.2621	-1842.0819913
9	126.8746	-0.24760	-0.05378	0.07904	-0.10835	-0.13577	-0.06785	-0.07710	-0.16166	0.06579	-0.16413	-0.07033	-0.12363	-0.13364	-0.14285	6700.831	1.9485	-2301.6771523
10	0.0000	-0.23831	-0.06630	0.10963	-0.17838	-0.07907	-0.07446	-0.13347	-0.16970	0.10963	-0.17838	-0.07907	-0.07446	-0.13347	-0.16970	8012.630	2.6716	-2301.6757468
11	83.5985	-0.25298	-0.04434	0.05232	-0.09797	-0.09264	-0.06419	-0.12804	-0.13433	0.04160	-0.08793	-0.13512	-0.11822	-0.06856	-0.14180	7181.162	2.6402	-2761.2633852
12	80.6380	-0.25360	-0.04744	0.04992	-0.08328	-0.13748	-0.06497	-0.07717	-0.14251	0.04568	-0.08834	-0.13512	-0.11755	-0.06869	-0.14277	7317.571	1.5120	-2761.2679887
13	89.9506	-0.25762	-0.04957	0.06408	-0.09995	-0.08788	-0.07241	-0.08788	-0.09995	0.02910	-0.13369	-0.13182	-0.12112	-0.13182	-0.13369	6348.796	2.1628	-2761.2490835
14	85.6508	-0.26235	-0.04741	0.04784	-0.09803	-0.09259	-0.06444	-0.12802	-0.13388	0.04784	-0.09803	-0.09259	-0.06444	-0.12802	-0.13388	8880.956	3.1952	-3220.8480981
15	81.1381	-0.25785	-0.05272	0.04819	-0.08337	-0.13762	-0.06481	-0.07739	-0.14173	0.04819	-0.08337	-0.13735	-0.06481	-0.07739	-0.14173	9135.369	0.0278	-3220.8572411
16	90.0000	-0.26706	-0.04525	0.04104	-0.07511	-0.13762	-0.05110	-0.13762	-0.07511	0.04104	-0.07511	-0.13762	-0.05110	-0.13762	-0.07511	7602.549	0.0000	-3220.8596609
17	85.8817	-0.26513	-0.05927	0.04910	-0.09391	-0.09064	-0.07515	-0.07354	-0.13392	0.04910	-0.09391	-0.09064	-0.07515	-0.07831	-0.13392	11582.656	1.1648	-4140.0241627
18	89.9830	-0.26008	-0.05592	0.03906	-0.08305	-0.07831	-0.11437	-0.07831	-0.08305	0.03906	-0.08305	-0.07831	-0.11437	-0.07831	-0.08305	9319.431	0.0000	-4140.027371
19	90.8322	-0.26526	-0.06331	0.05601	-0.09023	-0.08906	-0.06972	-0.08907	-0.09023	0.03596	-0.08464	-0.09111	-0.07435	-0.07447	-0.11978	12083.969	1.0110	-4599.6086037
20	90.0122	-0.26670	-0.06373	0.04327	-0.07929	-0.08962	-0.06896	-0.08962	-0.07929	0.04327	-0.07929	-0.08962	-0.06896	-0.08962	-0.07929	12579.593	0.0000	-5059.1932932
21	0.0000	-0.2218	-0.04264	0.10353	-0.17652	-0.13541	-0.06248	-0.13541	-0.17652	0.10345	-0.17931	-0.13367	-0.12379	-0.13367	-0.17931	3744.110	2.1391	-922.8990437
22	55.8905	-0.23832	-0.03813	0.07487	-0.11298	-0.13394	-0.12217	-0.06823	-0.16185	0.06624	-0.14755	-0.13515	-0.12312	-0.13355	-0.16419	3923.000	0.7279	-1382.4922240
23	0.0000	-0.22591	-0.05162	0.10551	-0.17639	-0.13505	-0.06209	-0.13505	-0.17639	0.10551	-0.17639	-0.13505	-0.06209	-0.13505	-0.17639	5691.897	0.0000	-1382.4949763
24	0.0000	-0.23229	-0.05925	0.11241	-0.18061	-0.07848	-0.07511	-0.13380	-0.17067	0.10325	-0.17454	-0.13518	-0.06122	-0.13481	-0.17556	6796.892	1.5815	-1842.0854829
25	82.6757	-0.25010	-0.03958	0.04559	-0.08791	-0.13527	-0.11819	-0.06836	-0.14172	0.04559	-0.08791	-0.13527	-0.11819	-0.06836	-0.14172	5819.703	0.2171	-2301.6785566
26	55.5606	-0.24687	-0.05342	0.07462	-0.11306	-0.13333	-0.12008	-0.06896	-0.16122	0.07015	-0.14507	-0.08147	-0.07164	-0.13241	-0.15566	6827.221	2.3961	-2301.6779364
27	90.5930	-0.25929	-0.05534	0.05332	-0.09406	-0.07793	-0.11522	-0.07793	-0.09406	0.03168	-0.07455	-0.13741	-0.06394	-0.07807	-0.12514	9224.954	1.0323	-3680.4424270

5.2.2　模型的建立和优化

由于所选的量子化学参数较多，自变量之间的多重共线性将成为一个技术性问题，尤其是在样本点个数少于变量个数时，这个问题将更加突出。在这种情况下，用 PLS 进行回归分析，比以前一直被广泛应用于 QSAR 建模的多元线性回归更加有效，其结论更加可靠，整体性更强。PLS 是一种多因变量对多自变量的回归建模方法，它可以较好地解决许多以往普通多元回归无法解决的最典型的自变量之间的多重相关性问题(王惠文, 1999)。PLS 分析两张非对称的数据表 Y 和 X 之间的关系时，Y 代表被解释变量(因变量集合)，X 代表解释变量集合(自变量集合)。首先，从自变量 X 中提取相互独立的成分 $t_h(h=1,2,3,\cdots)$，从因变量 Y 中提取相互独立的成分 $u_h(h=1,2,3,\cdots)$，然后建立这些成分与自变量的回归方程。与主成分回归不同的是，偏最小二乘回归所提取的成分既能较好地概括自变量系统中的信息，又能很好地解释因变量并排除系统中的噪声干扰，因而有效地解决了自变量间多重相关性情况下的回归建模问题。

本研究使用 SIMCA-P(10.5 版本，Umetrics AB, 2004)软件执行 PLS 分析，将软件的默认值作为计算的初始条件。根据 SIMCA-P 指导手册，决定模型维数和 PLS 主成分个数的重要参数是交叉有效性(Q^2)，当某个 PLS 主成分的 Q^2 大于 0.0975 时，认为该主成分是有益的，增加成分 t_h 对减少模型的预测误差有明显的改善作用；当累积交叉有效性判别 Q^2_{cum} 大于 0.5 时，认为所建立的模型有较好的预测可靠性。

以 lgK_{ow} 为因变量和 18 个独立的量子化学参数为自变量，进行 PLS 回归分析，获得 QSAR 模型I，其中 Q^2_{cum}=0.988，R^2=0.992，SE=0.145，F=2.12×10^3，p=4.00×10^{-20}。VIP 是判断自变量在模型中重要性的参数，当一个变量的 VIP 值大于 1.0 时，表明它在模型中相对重要，数值越大，该变量对模型的影响也越大，反之该变量的影响越小。在模型I中偶极矩 μ 的投影重要性最小，因此，以 lgK_{ow} 为因变量和除去 μ 的 17 个量子化学参数为自变量，获得 QSAR 模型II，该模型 Q^2_{cum}=0.987，R^2= 0.991，SE= 0.151，F=1.97×10^3，p=7.62×10^{-20}。模型拟合结果列于表 5-12。在表 5-12 中，R^2_X 和 R^2_Y 分别代表当前组分的自变量 X 和因变量 Y 的平方和；$R^2_{X(cum)}$ 和 $R^2_{Y(cum)}$ 分别代表所有组分的自变量 X 和因变量 Y 的平方和；Eig 代表特征值，表示主成分的重要性。

以 Q^2_{cum}、R^2、SE、F 和 p 作为评价指标，根据统计学和度量学理论，Q^2_{cum}、R^2、F 越大，SE 和 p 越小的模型是更稳定和可靠的。由表 5-12 可知，模型I优于模型II，因为模型I具有较大的 Q^2_{cum}、R^2 和 F，较小的 SE 和很小的 p。模型I中共有 2 个主成分，它能解释 69.1%的自变量变化和 99.2%的因变量变化。结合以上评价指数，可以说明：运用 18 个独立的量子化学参数所建立的 QSAR 模型I是可靠的，该模型具有很高的预测能力。

表 5-12　模型 I 和模型 II 的拟合结果

模型	Y	X	h	R_X^2	$R_{X(cum)}^2$	R_Y^2	$R_{Y(cum)}^2$	Q^2	Q_{cum}^2
I	$\lg K_{ow}$	X_1^a	1	0.519	0.519	0.928	0.928	0.922	0.922
			2	0.172	0.691	0.065	0.992	0.841	0.988
II	$\lg K_{ow}$	X_2^b	1	0.542	0.542	0.928	0.928	0.921	0.921
			2	0.181	0.723	0.063	0.992	0.830	0.987

a. X_1 包含所有的 18 个独立的量子化学变量；b. X_2 去除了变量 μ。

5.2.3　模型的验证和应用

　　PLS 分析的模型验证方法可分为内部检验与外部检验。在 PLS 分析建模过程中，可能会出现拟合不足或过度拟合的情况，当这种情况出现时，可视为模型不稳定。内部检验能在一定程度上评价模型的不稳定程度，因此也可作为模型的稳定性评估指标。常用的内部检验方法有交叉验证法、Y 的随机性检验等。外部检验常用于评估模型拟合优劣程度及模型应用域范围大小，在数据样本充足的情况下能对模型的预测性能作准确评价。常用的外部检验方法有外部数据验证法与数据子集验证法，对于数量较少的数据样本而言，多采用数据子集验证法。本研究的数据样本较充足，因此采用外部检验法对模型进行验证，以期评价其稳定性与预测性。

　　从图 5-5 中 $\lg K_{ow}$ 实验值和预测值的对比情况看出，预测值和实验值的差值在 ±0.5 个对数单位内，模型预测值与实验值非常接近，两者线性相关性很好，R^2=0.995。

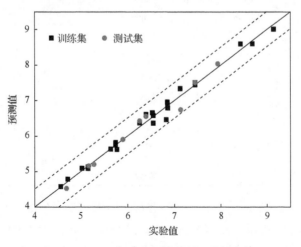

图 5-5　$\lg K_{ow}$ 实验值和模型预测值的比较

针对所研究的 PCBs，实验值和预测值之间的差距非常小，因此由模型 I 得到的预测值是可以接受的。值得指出的是，模型的 $Q_{cum}^2=0.988$，远远大于 0.500，可以反映出优化的模型是稳定的同时有很强的预测能力，可有效地用于 PCBs 的 $\lg K_{ow}$ 值的预测。

　　模型 I 中未归一化的各变量系数及 VIP 值列于表 5-13。变量系数的符号能直接反映变量对 $\lg K_{ow}$ 的影响情况。根据这些未归一化的系数，笔者能建立一个多元线性回归方程，通过这个方程笔者能预测其他 PCBs 的 $\lg K_{ow}$ 值。由表 5-13 可见，在得到的优化模型 I 中，E_T 和 R_e 的 VIP 值大于 1.40，说明 E_T 和 R_e 是影响 $\lg K_{ow}$ 的两个最重要的变量，变量 E_{HOMO} 和 E_{LUMO} 的 VIP 值都大于 1.20 并远大于其他独立变量，说明 E_{HOMO} 和 E_{LUMO} 是影响 $\lg K_{ow}$ 的两个次重要的变量。

表 5-13　模型 I 的变量系数和 VIP 值

变量	系数	VIP
E_T	-1.645×10^{-4}	1.412
R_e	0.747×10^{-4}	1.404
E_{HOMO}	-10.390	1.274
E_{LUMO}	-20.295	1.220
Q_{C6}	3.418	1.082
Q_{C12}	3.366	1.074
Q_{C8}	1.924	1.009
Q_{C11}	5.212	0.992
Q_{C1}	-1.999	0.947
Q_{C9}	7.412	0.940
Q_{C7}	-1.975	0.926
Q_{C2}	1.087	0.922
Q_{C10}	4.711	0.834
DA	5.726×10^{-4}	0.794
Q_{C3}	6.512	0.756
Q_{C5}	3.434	0.716
Q_{C4}	3.535	0.690
μ	-0.047	0.473
常数项	6.995	—

　　模型 I 中 E_T、E_{HOMO} 和 E_{LUMO} 的系数为负，R_e 的系数为正。这说明 E_T、E_{HOMO} 和 E_{LUMO} 的降低和 R_e 的升高能导致 $\lg K_{ow}$ 的升高。分子尺寸越大，PCBs 的 $\lg K_{ow}$ 越大。例如，4-PCB 的分子量为 188.5，$\lg K_{ow}$ 为 4.69；4,4′-PCB 的分子量为 223.0，$\lg K_{ow}$ 为 5.28；2,4,4′-PCB 的分子量为 257.5，$\lg K_{ow}$ 为 5.74；3,3′,4,4′-PCB 的分子

量为 292.0，$\lg K_{ow}$ 为 6.52；它们之间的不同之处在于氯原子的取代个数不同。这些都清楚地证明了氯原子取代数越多、分子尺寸越大，PCBs 的 $\lg K_{ow}$ 越大。因此，当苯环上的 H 原子被氯原子取代时，$\lg K_{ow}$ 将会升高。苯环上的氯原子越多，$\lg K_{ow}$ 值越大；当不同分子的分子量相同时，因苯环上氯原子的取代分布不同而导致分子大小（可由分子体积和分子表面积来表示）不同，$\lg K_{ow}$ 也产生差异。例如，2-PCB、3-PCB 和 4-PCB 的分子量均为 188.5，但它们的 $\lg K_{ow}$ 却不同，分别为 4.56、4.72 和 4.69。

量子化学参数 E_T 和 R_e 能解释分子大小的变化。首先，对于 PCBs 而言，E_T 的降低意味着分子中氯原子数目越多，分子体积会越大。邹建卫等(2005)的研究表明，对于 PCBs 这类具有类似分子结构的化合物来说，分子体积与分子表面积密切相关，因此 E_T 的降低可能会导致分子表面积的增大。分子体积和分子表面积是分子大小的量度，一般情况下，分子越大，分子间的色散力越大。此外，分子体积也是分子破坏溶剂分子间作用力而溶于溶剂中所需能量的量度。由于水分子间有较强的氢键作用力，大分子需要更多的能量去破坏水分子间的氢键作用力而溶于水中，导致它们倾向于分配于极性小的溶剂（如正辛醇）中。也就是说，E_T 的降低会带来 $\lg K_{ow}$ 的升高。并且，R_e 是分子体积公式 $\int r^2 \rho(r)\,\mathrm{d}^3 r$ 中 ρ 的期望值。虽然，R_e 只在少量的文献中作为分子体积的量度被报道，但是对于 PCBs 这类具有类似结构的化合物来说，R_e 与分子体积密切相关。PCBs 的 R_e 越大，分子体积越大。所以，从以上分析可以得出：E_T 的降低、R_e 的升高能导致 $\lg K_{ow}$ 的升高。

E_{HOMO} 和 E_{LUMO} 的降低能导致 $\lg K_{ow}$ 的升高。这是因为 E_{HOMO} 表示接受电子的能力，E_{HOMO} 表示失电子的能力。E_{HOMO} 和 E_{LUMO} 越大，得电子和失电子越容易，PCBs 与 H_2O 分子之间形成氢键就越容易，因此 PCBs 分子可以相对容易地溶于水中，导致 $\lg K_{ow}$ 的降低(Zhou et al., 2005)。

5.3　PCBs 胶束-水分配系数构效关系

利用表面活性剂的增溶作用，将土壤中的有机污染物洗脱出来，增大水相中有机物的浓度，是土壤中有机污染物治理的重要修复方法之一(Martel and Gélinas, 1996; 蒋兵等, 2007; 杨卫国等, 2008)。胶束-水分配系数($\lg K_{mw}$)是评价表面活性剂对疏水性有机物增溶能力的一个重要的物理化学参数。不同表面活性剂对 PCBs 的增溶研究已有不少报道(Dulfer and Govers, 1995; Dulfer et al., 1995; Pestke et al., 1997; 施周和 Ghosh, 2001; 马满英等, 2007)，由此可以计算出 PCBs 在不同表面活性剂中的 $\lg K_{mw}$。但是由于 PCBs 具有 209 种单体，很多同分异构体在现有的技术下难以获得有效分离，在实验室条件下直接测量所有 PCBs 的 $\lg K_{mw}$ 是不切实际的。

本研究使用量子化学软件包 Gaussian 03 以 B3LYP/6-31G(d)方法计算了广泛使用的工业品 Aroclor 1254 中 7 种 PCB 单体的相关量子化学参数,采用 PLS 方法进行多元线性回归分析,建立了 PCBs 在表面活性剂 TX-100 中增溶的 $\lg K_{mw}$ 定量构效关系模型,并从 PCBs 自身的分子结构出发,试图探讨 TX-100 对其增溶的机理。

5.3.1　增溶实验及数据的获得

PCBs 工业品 Aroclor 1254 由约 50 种 PCB 单体组成,本研究选择其中的 7 种含量相对较高的四氯、五氯和六氯联苯单体作为研究对象。根据增溶实验结果,分别计算出 TX-100 对它们的溶解度,并作出增溶曲线,见图 5-6,根据增溶曲线算出 TX-100 对这 7 种 PCBs 的 $\lg K_{mw}$,结果列于表 5-14。

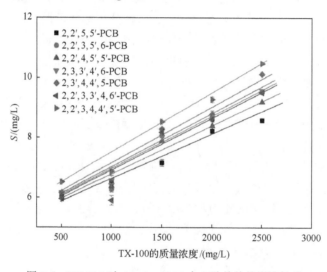

图 5-6　TX-100 对 Aroclor 1254 中 7 种单体的增溶性能

表 5-14　Aroclor 1254 中 7 种 PCBs 单体的 $\lg K_{mw}$

序号	PCBs	CAS 号	$\lg K_{mw}$ 实验值[a]	$\lg K_{mw}$ 预测值	差值[b]
1	2,2′,5,5′-PCB	35693-99-3	3.0029	3.0174	−0.0145
2	2,2′,3,5′,6-PCB	38379-99-6	3.0709	3.0472	0.0237
3	2,2′,4,5,5′-PCB	37680-73-2	3.0400	3.0368	0.0033
4	2,3,3′,4′,6-PCB	38380-03-9	3.0673	3.0751	−0.0078
5	2,3′,4,4′,5 PCB	31508 00 6	3.0878	3.0921	−0.0043
6	2,2′,3,3′,4,6′-PCB	38380-05-1	3.0699	3.0710	−0.0012
7	2,2′,3,4,4′,5-PCB	35065-28-2	3.0939	3.0930	0.0009

a. 来自本研究的实验所测;b. 差值=实验值−预测值。

首先采用 HYPERCHEM 7.0 软件构建分子结构，然后使用量子化学软件包 Gaussian 03 的 B3LYP/6-31G(d) FOPT 算法计算分子的几何构型和量子化学参数，选定了其中的 8 个独立的量子化学参数构建 QSAR 模型。这些描述符包括电子空间广度、两苯环间的二面角、分子总能量、最低空轨道特征值、分子骨架中碳原子的原子电荷(Q_{C2}、Q_{C10}、Q_{C11})、偶极矩。两苯环间的二面角、原子电荷、电子空间广度、偶极矩和能量的单位分别是：度、电子电荷、原子单位、德拜、哈特里。8 种量子化学参数列于表 5-15。

表 5-15　7 种 PCBs 单体的量子化学参数

序号	R_e	DA	E_T	E_{LUMO}	Q_{C2}	Q_{C10}	Q_{C11}	μ
1	5819.703	82.6757	−2301.67856	−0.03958	−0.08791	−0.11819	−0.06836	0.2171
2	6270.905	−90.8128	−2761.26509	−0.04274	−0.09640	−0.11688	−0.06940	1.2184
3	7317.571	80.6316	−2761.26799	−0.04744	−0.08328	−0.11755	−0.06869	1.5120
4	7301.289	−89.0278	−2761.26324	−0.04424	−0.10493	−0.06956	−0.13091	3.1406
5	8631.359	−55.0064	−2761.26733	−0.05991	−0.10872	−0.07144	−0.13222	1.3428
6	7693.969	−91.7334	−3220.84997	−0.04530	−0.08912	−0.11377	−0.13219	3.1698
7	8797.254	−84.2151	−3220.85166	−0.05135	−0.09475	−0.05570	−0.13081	2.0347

5.3.2　模型的建立和优化

以 $\lg K_{mw}$ 为因变量和 8 个独立的量子化学参数为自变量，进行 PLS 回归分析，获得 QSAR 模型 I，其中 $Q_{cum}^2=0.772$，$R^2=0.831$，SE=0.151，$F=1.86×10^3$，$p=3.41×10^{-20}$。在该模型中偶极矩 μ 的投影重要性最小，因此，以 $\lg K_{mw}$ 为因变量和除去 μ 的 7 个量子化学参数为自变量，获得 QSAR 模型 II，该模型 $Q_{cum}^2=0.746$，$R^2=0.836$，SE=0.145，$F=2.43×10^3$，$p=2.13×10^{-20}$。模型 II 具有较大的 R^2 和 F、较小的 SE 和很小的 p，模型 II 优于模型 I。这说明运用 7 个独立的量子化学参数所建立的 QSAR 模型 II 是可靠的，该模型具有很高的预测能力。模型拟合结果列于表 5-16。

表 5-16　偏最小二乘法模型拟合结果

模型	Y	X	h	R_X^2	$R_{X(cum)}^2$	R_Y^2	$R_{Y(cum)}^2$	Eig	Q^2	Q_{cum}^2
I	$\lg K_{mw}$	X_1^a	1	0.604	0.604	0.842	0.842	4.23	0.722	0.722
II	$\lg K_{mw}$	X_2^b	1	0.633	0.633	0.852	0.852	4.43	0.746	0.746

注：X_1^a 包含所有的 8 个独立的量子化学变量；X_2^b 去除了变量 μ。

5.3.3　模型的验证和应用

本研究中，应用 SIMCA-P 软件执行 PLS 建模，$\lg K_{mw}$ 实验值和模型 II 的预测值列于表 5-14。从表 5-14 可以看出，实验值和优化模型的拟合值高度相近，$\lg K_{mw}$ 的实验值和拟合值的差值很小。模型 II 的 VIP 值和变量系数列于表 5-17。在得到的优化模型 II 中，DA、R_e 和 E_T 的 VIP 值远大于其他独立变量，说明两个苯环间的 DA、R_e 和 E_T 是影响 $\lg K_{mw}$ 的 3 个最重要的变量。同时，模型中变量系数的符号能直接反映变量对 $\lg K_{mw}$ 的影响情况，模型 II 中 DA 和 E_T 的系数为负、R_e 的系数为正，这说明 R_e 的升高、DA 和 E_T 的降低能导致 $\lg K_{mw}$ 的升高。即具有较小的两苯环之间的 DA、较高的 R_e 和较低的 E_T 的 PCBs 分子往往是更倾向于分配于胶束中，更易被表面活性剂 TX-100 增溶。

表 5-17　模型 II 中的变量系数和 VIP 值

变量	系数	VIP
DA	-7.470×10^{-5}	1.17
R_e	5.090×10^{-6}	1.08
E_T	-1.730×10^{-5}	1.05
Q_{C11}	-0.154	0.99
Q_{C10}	0.174	0.93
E_{LUMO}	-0.711	0.91
Q_{C2}	-0.467	0.83
常数	2.895	

对比 $\lg K_{ow}$ 的预测模型发现，导致 $\lg K_{mw}$ 变化的主要量子化学参数与导致 $\lg K_{ow}$ 变化的主要量子化学参数相同且影响趋势一致，即 R_e 的升高、E_T 的降低既能导致 $\lg K_{ow}$ 的升高，又能导致 $\lg K_{mw}$ 的升高。这是因为 PCBs 在非离子型表面活性剂胶束溶液中与在正己烷中的紫外-可见光谱相似，胶束内的 PCBs 分子主要分布于类似正己烷的疏水胶核区域（施周和 Ghosh, 2001），也就是说 PCBs 在 TX-100 的增溶过程类似于溶解于有机溶剂的过程，即 PCBs 在 TX-100 中的胶束-水分配过程与其在正辛醇-水中的分配机理相似。因此，前述 R_e 的升高、E_T 的降低导致 $\lg K_{ow}$ 升高的原因同样能用来解释 $\lg K_{mw}$ 的升高。

5.4　PCBs 胶束-水分配系数与正辛醇-水分配系数的相关性

已有研究表明，对一定的表面活性剂-疏水溶质组成的溶液系统而言，$\lg K_{mw}$ 与 $\lg K_{ow}$ 存在线性关系（Valsaraj and Thibodeaux, 1989; Edwards et al., 1991）。Edwards 等（1991）选用 4 种商用非离子表面活性剂对萘、菲和芘等 PAHs 物质进行增溶研究，结果显示对于给定的表面活性剂来说，PAHs 的 $\lg K_{mw}$ 值为 4.57~6.53，且 $\lg K_{mw}$ 与 $\lg K_{ow}$ 呈线性相关，其中 TX-100 对 5 种 PAHs 增溶的 $\lg K_{ow}$ 和 $\lg K_{mw}$

关系如式(5-1)所示。

$$\lg K_{mw}=0.791\lg K_{ow}+1.98 \tag{5-1}$$

Valsaraj 和 Thibodeaux(1989)也研究了 11 种疏水性有机物之间 $\lg K_{ow}$ 与 $\lg K_{mw}$ 的相互关系，结果表明，对于 SDS、SDBS 和 HTAB 十六烷基三甲基溴化铵，其 $\lg K_{mw}$ 与 $\lg K_{ow}$ 的关系如式(5-2)、式(5-3)和式(5-4)所示。

$$\lg K_{mw}(\text{SDS})=0.847\lg K_{ow}(\text{SDS})+1.09 \tag{5-2}$$

$$\lg K_{mw}(\text{SDBS})=0.865\lg K_{ow}(\text{SDBS})+0.95 \tag{5-3}$$

$$\lg K_{mw}(\text{HTAB})=0.782\lg K_{ow}(\text{HTAB})+1.56 \tag{5-4}$$

本研究将实验得到的 $\lg K_{mw}$ 数据和采用 5.2 小节中最优模型 I 预测出的这 7 种 PCBs 的 $\lg K_{ow}$ 数据进行作图，也获得了类似的线性关系，如图 5-7 所示。

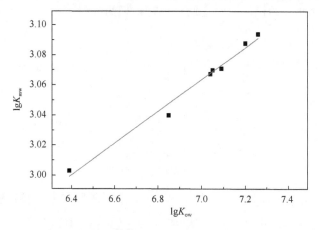

图 5-7　PCBs 辛醇-水分配系数和在 TX-100 中的胶束-水分配系数的关系

根据图 5-7 的拟合结果，TX-100 增溶 PCBs 的 $\lg K_{mw}$ 与 $\lg K_{ow}$ 的关系如式(5-5)所示。

$$\lg K_{mw}=0.106\lg K_{ow}+2.32 \tag{5-5}$$

拟合结果 R^2 达到 0.980，说明 $\lg K_{mw}$ 和 $\lg K_{ow}$ 具有高度的相关性。这一结论与文献中关于 PAHs 增溶的结果一致(朱利中和冯少良，2002)。借助这一直线关系，也可利用已知 PCBs 的 $\lg K_{ow}$ 预测其在表面活性剂 TX-100 溶液中的增溶特性 $\lg K_{mw}$。

第6章 多溴联苯醚与多环芳烃增溶解吸技术与应用

PBDEs 是电子垃圾拆解场地土壤中最典型的一类疏水性有机污染物，它们是常用的溴代阻燃剂(brominated flame retardants，BFRs)，被广泛添加于塑料、纺织品、建材和电子元件中(Alaee and Wenning, 2002; Zhang et al., 2013)。PBDEs 的基本骨架是由两个苯环和一个氧原子组成的。PBDEs 分子的苯环上共有 10 个位置可供溴原子取代，根据溴的位置和数目不同，PBDEs 一共有 209 种单体，这些单体可以分为一至十溴联苯醚(图 6-1)。PBDEs 在水中的溶解度很低，也难溶于一般溶剂。室温下，PBDEs 具有很低的蒸气压和很强的亲脂性。通常，有机污染物的 $\lg K_{ow}$ 等于或大于 5 时则认为其疏水性很强。大多数 PBDEs 的 $\lg K_{ow}$ 值都很大($>$5)(Rahman et al., 2001)，说明它们有生物累积的倾向。

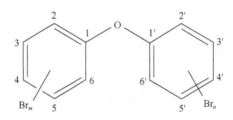

图 6-1　PBDEs 同系物的基本结构

m 和 n 为 0~5 的整数

商业上常用的 PBDEs 有五溴联苯醚、八溴联苯醚和十溴联苯醚三类。这些产品一般均以混合物的形式存在，而且产品的组分会随着时间及生产商的变化而改变。五溴联苯醚工业品的主要成分为 BDE-47(25%~37%)和 BDE-99(35%~50%)，十溴联苯醚工业品的主要成分为 BDE-209(约 97.5%)，八溴联苯醚工业品的主要成分是 BDE-183、BDE-196、BDE-197、BDE-203 和 BDE-208 等。

自 2004 年起，欧盟完全禁止了五溴和八溴联苯醚工业品的使用。2005 年起，美国各个州开始自愿禁止使用五溴和八溴联苯醚工业品。直至 2013 年，美国完全禁止了十溴联苯醚的使用(Dishaw et al., 2014)。虽然 PBDEs 被很多地方禁止使用，但是它们在环境介质中(土壤、底泥、地表和地下水)仍可存在较长时间，可对环境造成很大的威胁。

6.1　索氏提取-液相色谱法测定土壤中的多溴联苯醚

气相质谱技术被广泛用于测定环境介质中的 PBDEs,但一些高溴代联苯醚(如 BDE-209)在 GC 色谱柱中的高温分解问题给测定结果带来一定的不确定性(Björklund et al., 2004; Kalachova et al., 2012; Li et al., 2012b; Liu et al., 2013)。BDE-209 是最常用的添加型阻燃剂,因此需要建立完善的方法测定其在土壤和水体中的浓度。高效液相色谱(HPLC)技术由于操作温度低,可以有效地避免 BDE-209 在色谱柱中的分解。然而,有报道表明 BDE-209 很难完全溶解于 HPLC 的流动相中(甲醇和乙腈)(Liu et al., 2012)。因此,选择合适的溶剂溶解 BDE-209 也是需要考虑的必要因素之一。

6.1.1　样品采集与方法

为了验证方法的可行性,在贵屿电子垃圾焚烧迹地(GBS)、贵屿农田(GPF)、龙塘焚烧迹地(LBS)及广州大学城华南理工大学附近的草地(GLB)开展了土壤采集工作。土壤采集深度为 0~10cm,采集的土壤被运回实验室冷冻干燥,过 60 目筛网,然后保存在–20℃下备用。测定时,称取 8g 冷冻干燥的土壤样品,加入索氏抽提器中,然后加入丙酮:正己烷(1:1,体积比)混合液,在 60℃下萃取 48h。然后将萃取液浓缩至 1~2mL。将萃取液倒入自制的硅胶柱(直径 10cm)中进行净化。其中,硅胶柱由中性氧化铝(6cm)、中性硅胶(2cm)、碱性硅胶(5cm)、中性硅胶(2cm)以及酸性硅胶(6cm)由下到上排列组成。倒入萃取液后,加入 60mL 正己烷和二氯甲烷混合液进行洗脱,洗脱液被收集后浓缩至近干。将液体转移至色谱瓶,重新用甲醇和丙酮的混合液定容至 2mL。样品用 Agilent 1200 HPLC 测定。HPLC 配备自动进样器、二极管阵列检测器及 Luna-PFP2 色谱柱(250mm×4.6mm×5μm)。测定过程中设置柱温为(30±1)℃,波长为 226nm,流动相为甲醇和水(95:5,体积比)。BDE-209 的保留时间为(9.8±0.1)min。BDE-15、BDE-28 和 BDE-47 的测定方法和 BDE-209 类似,唯一不同的是流动相为乙腈和水(90:10,体积比)。三种物质的波长分别设置为 234nm、226nm 和 226nm,保留时间分别为 5.80min、6.29min 和 6.90min。检测限(LOD)的计算可通过以下方法进行:

$$LOD = 3 \times \frac{低浓度 BDE - 209 测定值的标准偏差}{标准曲线的斜率} \tag{6-1}$$

6.1.2　溶剂对 BDE-209 峰面积的影响

如图 6-2 所示,丙酮溶液使 BDE-209 色谱峰形发生变化。峰形变化的原因是丙酮和常用的流动相不一样。因此，加入甲醇不断稀释丙酮-BDE-209溶液，并观察峰形和峰面积的变化情况。如图6-3所示，当甲醇-丙酮比为1∶1～4∶1(体积比，下同)时，BDE-209的峰面积没有明显的变化。当甲醇-丙酮比为1∶4及0∶1时，BDE-209的峰面积开始快速下降。丙酮相对于甲醇和乙腈，具有更强的洗脱力度，因此丙酮-BDE-209溶液会更快到达色谱柱，使BDE-209不能被流动相充分稀释。局部存在的丙酮会导致洗脱速率的增大，因此BDE-209的峰形会变得不规则。由于BDE-209在一般溶剂中的溶解度非常有限，有必要用混合溶剂来完全溶解环境样品中的BDE-209。因此，1∶1的丙酮-甲醇可作为最优的溶剂组合，在此溶剂组合下BDE-209的标准曲线回归系数R^2为0.9992(图6-4)。

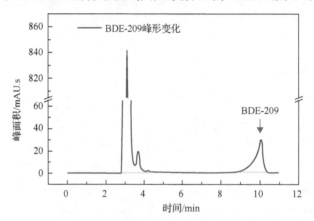

图6-2　BDE-209在HPLC中的不规则峰形

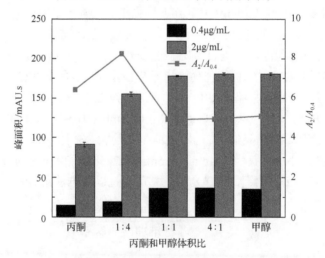

图6-3　不同比例的甲醇-丙酮对BDE-209峰面积的影响

━■━表示2μg/mL和0.4μg/mL下的BDE-209峰面积比($A_2/A_{0.4}$)

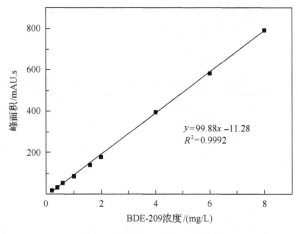

图 6-4　BDE-209 的标准曲线

　　低溴代联苯醚可以完全溶于流动相，因此检测这些物质时不需要考虑溶剂效应。如图 6-5 所示，这些 PBDEs 的峰形均良好，表明方法可适用于检测所有的 PBDEs 同系物。

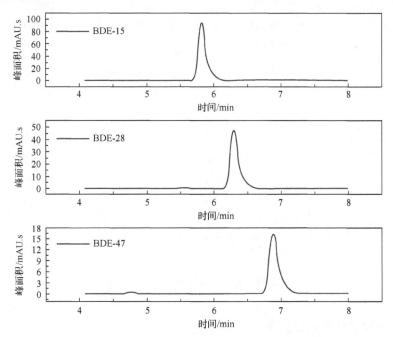

图 6-5　BDE-15、BDE-28 和 BDE-47 在 HPLC 中的色谱峰

6.1.3　方法可行性验证

　　为了验证方法的可行性，以 GLB 土壤作为模拟土壤加标测定 BDE-209 的含

量，结果见表 6-1，表明方法平行性很好(RSD=1.1%)。由于 BDE-209 在模拟土壤中浓度较高，因此 1∶1 的丙酮-甲醇溶液可以完全满足环境样品的分析。运用此方法进一步对环境样品进行了分析(表 6-1)，结果表明环境土壤样品的平行性较好。

表 6-1　不同土壤中 BDE-209 的浓度及质量控制/质量保证

点位	浓度/(ng/g)	相对标准偏差/%	流程空白/%	空白加标/%	回收率/%
QBS(n=5)	53.6	11.4	ND	102.0	116.1
SBS(n=5)	132.1	5.4	ND	91.8	113.8
SPF(n=3)	36.8	5.9	ND	91.8	113.8
GLB(n=4)	1001.3	1.1	ND	99.7	91.1

注：ND 表示未检测到。

　　样品中的杂质是影响定量的因素之一。研究发现，当样品萃取、蒸发并重新溶解于丙酮-甲醇时，有时会观察到白色沉淀物，然而 PBDEs 样品溶解于正己烷中则不会出现类似的现象。通过实验现象可知，如果柱子顶端萃取液的颜色比较深、液体在柱子中流速较低、流出液颜色不透明或者溶液在转移到色谱瓶后颜色发生变化，那么说明样品中的杂质没有被完全去除。因此，需要通过多次重复净化来去除杂质。图 6-6 说明 BDE-209 的定量不受其他有机污染物的影响。

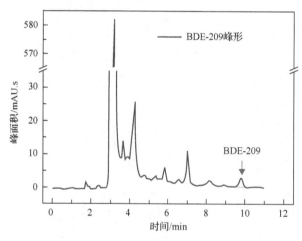

图 6-6　QBS 土壤样品中 BDE-209 的色谱峰

6.1.4　质量控制与质量保证

　　由表 6-1 可知，土壤基质对 PBDEs 的定量没有影响(回收率为 91.1%~116.1%)，空白加标回收率是 91.8%~102.0%，流程空白样品中没有检测到 BDE-209。方法的检测限为 0.10μg/L，定量限为 1.0μg/L。这些结果综合表明建立的方法是可行的。

6.2　TX-100 和助溶剂对 BDE-15 的增溶与洗脱

表面活性剂、环糊精和助溶剂等药剂可用来提高疏水性有机污染物在水中的溶解度（Brusseau et al., 1994; Jawitz et al., 2003; Mulligan et al., 2001）。CDs 可以利用非极性内腔来容纳污染物。助溶剂可以通过降低溶液的界面张力和极性，从而促进污染物的溶解（Millard et al., 2002）。这些药剂对疏水性有机污染物的增溶具有不同的机理，因此表面活性剂和助溶剂组合可能会产生协同效应，促进 PBDEs 污染土壤的修复。

很多研究表明溶质混合物在表面活性剂会相互竞争，导致协同或竞争效应。例如，萘由于较小的分子体积和可极化的性质，可以取代芘在亲水链的位置。增溶于亲水链的萘可以降低胶束–水的界面张力，促使胶束核体积增加，从而增加芘在胶束中的溶解度（Bernardez and Ghoshal, 2004）。许多小分子的助溶剂可以完全溶于水。这些小分子物质在胶束中的行为可能会与萘类似，从而改变疏水性有机污染物在胶束内的溶解度。而且，氢谱核磁共振（^{1}H NMR）研究表明，溶质在胶束内的点位会随着溶质的浓度变化而变化（Luning et al., 2011）。因此，表面活性剂、助溶剂和污染物在胶束内的相互作用也会随着助溶剂浓度的变化而改变。

6.2.1　表面活性剂的筛选

笔者选用了几种潜在的表面活性剂（图 6-7），并通过对 BDE-15 的增溶实验来筛选增溶能力较强的作为终选药剂。由图 6-8 可知，皂素对 BDE-15 的增溶能力最强，TX-100 略差，而 β-环糊精对 BDE-15 的增溶能力很弱，可能是由于 β-环糊精的内腔和 BDE-15 的分子结构与体积不匹配。表面活性剂对 BDE-15 的增溶能力顺序为皂素＞TX-100＞SDBS＞β-环糊精＞SDS。

BDE-15 在几种表面活性剂中的摩尔溶解比（MSR）和 $\lg K_m$ 值列于表 6-2。和 PAHs 相比，BDE-15 的 $\lg K_m$ 值最大，可能是由于其较高的 MSR 值和较大的分子量。PAHs 由于具有可极化的性质和疏水性，可同时增溶于非离子表面活性剂胶束的栅栏层和疏水核中（Graziano and Lee, 2001; Ruelle et al., 1992）。和 PAHs 相似，BDE-15 也有 π 电子。然而，π 电子和非离子表面活性剂胶束的亲水链作用较弱，导致 BDE-15 主要增溶在胶束疏水核而非栅栏层（Bernardez and Ghoshal, 2004）。非离子表面活性剂有较大的疏水核，因此 BDE-15 的 MSR 值比较大。BDE-15 的 π 电子会和 SDS 亲水基排斥，导致其主要增溶于 SDS 的疏水核中。同时，由于 SDS 疏水核体积小，因此 BDE-15 相应的 MSR 值较小。综合考虑，皂素和 TX-100 的增溶能力接近，但由于皂素的纯度很低，因此最终选用 TX-100 作为最终的增溶药剂。

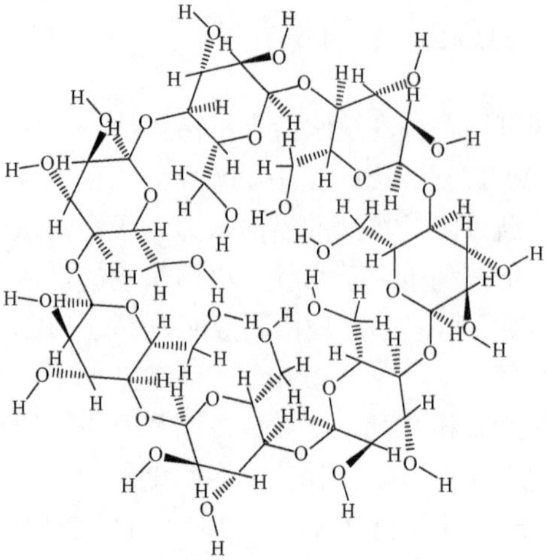

β-环糊精

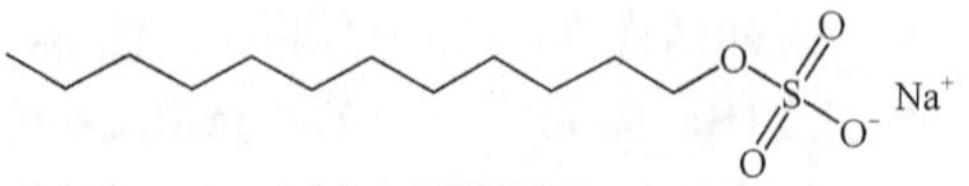

十六烷基磺酸钠

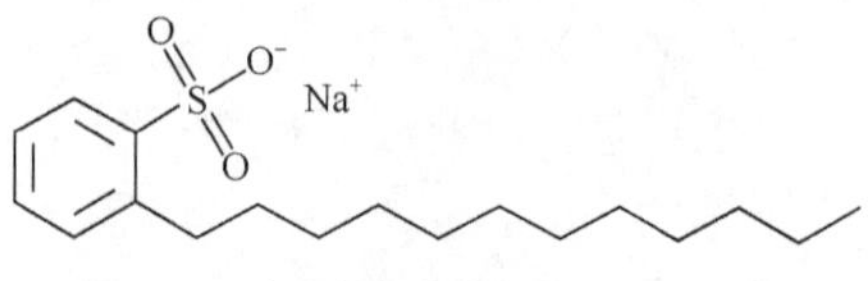

十六烷基苯磺酸钠

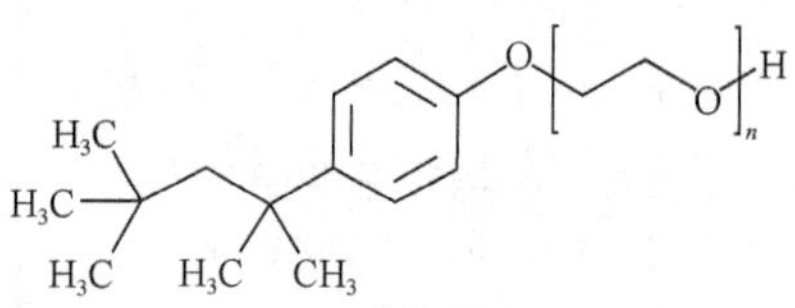

曲拉通-100

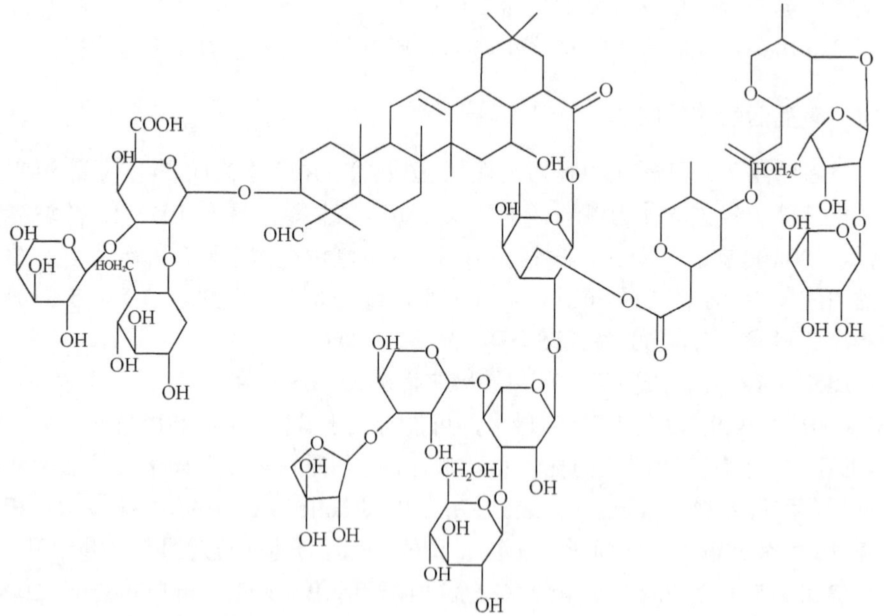

皂素

图 6-7　表面活性剂和 β-环糊精的结构图

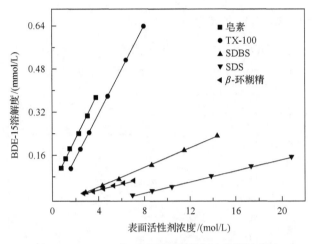

图 6-8　BDE-15 在不同表面活性剂中的增溶能力

表 6-2　BDE-15 在几种表面活性剂胶束中的 MSR 和 lgK_m 值

污染物	表面活性剂	MSR	lgK_m	本研究
BDE-15	皂素	0.086	7.04	
	TX-100	0.083	7.03	
	SDBS	0.018	6.39	
	β-环糊精	0.011	6.18	
	SDS	0.010	6.14	
萘	皂素	0.551	5.00	Chun et al., 2002; Paria and Yuet, 2006; Zhou et al., 2011; Zhou and Zhu, 2004
	TX-100	0.230	4.61	
	SDBS	0.035	4.09	
	β-环糊精			
	SDS	0.073	4.19	
菲	皂素	0.606	6.50	An et al., 2002; Zhou et al., 2011; Zhu and Feng, 2003
	TX-100	0.041	5.57	
	SDBS			
	β-环糊精			
	SDS	0.032	5.28	
芘	皂素	0.358	7.34	Valsaraj and Thibodeaux, 1989; Zhou et al., 2011; Zhu and Feng, 2003
	TX-100	0.029	5.90	
	SDBS			
	β-环糊精			
	SDS	0.008	5.72	

6.2.2　TX-100 对 BDE-15 的增溶动力学

如图 6-9 所示，BDE-15 在 48h 内达到增溶平衡，这和很多研究报道的结果一致（Sales et al., 2011; Zhou et al., 2011; Zhu and Feng, 2003）。

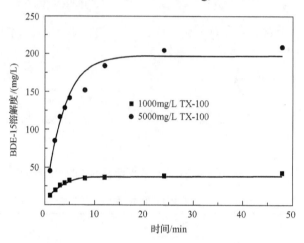

图 6-9　BDE-15 在 TX-100 中的增溶动力学平衡

吸附-解吸和溶质扩散模型可用来描述增溶的动力学过程。吸附-解吸模型假设表面活性剂胶束首先运动至有机污染物和溶液界面，吸附在污染物表面，解吸并增溶污染物，然后扩散离开界面（Chan et al., 1976）。溶质扩散模型则假设有机污染物溶解在溶液中，扩散并进入胶束中（Carroll et al., 1982）。一级和二级动力学方程可以描述这两种模型：

$$\frac{\mathrm{d}C}{\mathrm{d}t} = k_1(C_{s,m} - C) \tag{6-2}$$

$$\frac{\mathrm{d}C}{\mathrm{d}t} = k_2(C_{s,m} - C) \tag{6-3}$$

式中，C 和 $C_{s,m}$ 分别为有机物在时间 t 和达到平衡时的浓度；k_1 和 k_2 为速率常数。表 6-3 列出了相关动力学参数。和 k_2 相反，k_1 随着 TX-100 浓度的增加而增加。二级动力学模型的相关系数 R^2 分别为 0.999 和 0.998，说明 BDE-15 在 TX-100 中的增溶是由扩散控制的过程，这与 PAHs 增溶的动力学过程相似（Li and Chen, 2002）。

表 6-3　一级和二级动力学模型参数

TX-100/(mg/L)	一级模型			二级模型		
	C_e/(mg/L)	k_1	R^2	C_e/(mg/L)	k_2	R^2
1000	19.86	0.081	0.778	45.45	0.010	0.999
5000	161.06	0.150	0.990	250.00	0.001	0.998

6.2.3　TX-100 和醇类对 BDE-15 的增溶过程

由图 6-10 可知，随着醇类体积比的增加，BDE-15 在胶束中的溶解度先升高后降低。当甲醇和乙醇的体积比为 5%时，BDE-15 在胶束中的增溶程度分别提升了 14.2%和 9.8%（MSR_C/MSR_T 分别为 1.142 和 1.098）。然而，由图 6-11 可知，纯甲醇和乙醇对 BDE-15 的增溶能力有限，表明 TX-100、助溶剂和 BDE-15 存在一定的协同作用。

相比于纯 TX-100，TX-100/丙醇组合对 BDE-15 增溶的促进程度不明显（图6-10）。当醇类体积比大于 10%时，BDE-15 的溶解度显著降低。然而，当 25%丙醇存在

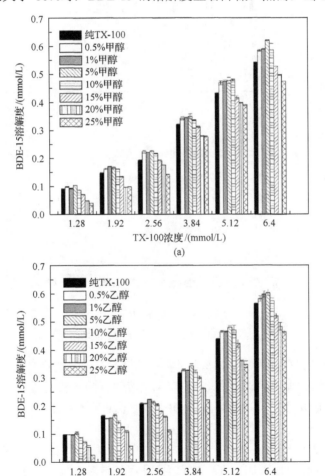

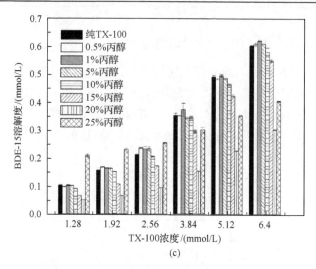

图 6-10　TX-100 和醇类组合对 BDE-15 的增溶

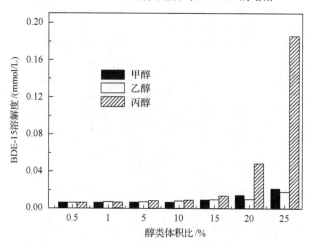

图 6-11　纯溶剂对 BDE-15 的增溶

时，BDE-15 的溶解度大于 20%丙醇存在的情况，说明弱极性的丙醇也具有增溶 BDE-15 的能力(图 6-11)。因此，BDE-15 溶解度的变化可能取决于几个过程：①胶束增溶 BDE-15；②醇类溶解 BDE-15；③助溶剂和 BDE-15 在胶束中的协同或竞争效应。

如图 6-12 和表 6-4 所示，当 DMSO 的体积比从 0 增加至 10%时，BDE-15 的溶解度持续升高，而且 BDE-15 的增溶提升程度最多可达到 19%，表明 DMSO 是最有潜力的助溶剂。DMSO 比醇类极性更高，说明 DMSO 可能更偏向于在胶束栅栏层存在，因此避免了其和 BDE-15 在疏水核中的竞争。

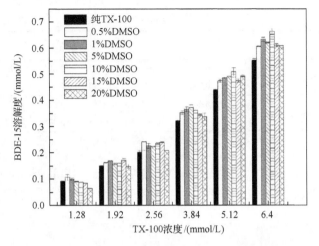

图 6-12　TX-100-DMSO 组合对 BDE-15 的增溶

表 6-4　BDE-15 在 TX-100/助溶剂中的 MSR 和 lgK_m 值

助溶剂	体积比 / %	MSR$_C$ / MSR$_T^a$	lgK_m
甲醇	0 (0.088[b])	1.000	7.054
	0.5	1.076	7.083
	1	1.082	7.085
	5	1.142	7.106
	10	1.072	7.081
乙醇	0 (0.089[c])	1.000	7.059
	0.5	1.045	7.076
	1	1.058	7.081
	5	1.098	7.096
	10	1.062	7.082
丙醇	0 (0.097[d])	1.000	7.092
	0.5	1.021	7.100
	1	1.041	7.108
	5	1.010	7.096
DMSO	0 (0.090[e])	1.000	7.063
	0.5	1.095	7.099
	1	1.103	7.102
	5	1.150	7.118
	10	1.190	7.131

a 表示助溶剂存在/不存在时 BDE-15 的 MSR 值；b, c, d, e 表示不同批次实验中 BDE-15 在 TX-100 中的 MSR 值。

　　为了筛选更好的助溶剂，本研究使用 PLS 回归来建立增溶程度和助溶剂理化性质之间的关系，建立了两个预测模型，模型相关参数见表 6-5。

表 6-5　模型 I 和 II 的相关参数

模型	Y	X	N	h	R_X^2	$R_{X(\text{cum})}^2$	R_Y^2	$R_{Y(\text{cum})}^2$	Eig	Q^2	Q_{cum}^2
I	MSR$_C$/MSR$_T$	X_1^a	12	1	0.549	0.549	0.824	0.824	2.75	0.753	0.753
				2	0.297	0.846	0.150	0.974	1.49	0.803	0.951
II	MSR$_C$/MSR$_T$	X_1^b	12	1	0.644	0.644	0.843	0.843	2.58	0.798	0.798
				2	0.256	0.900	0.135	0.978	1.02	0.836	0.967

注：X_1^a 表示因子中包含浓度、熔点、沸点和饱和蒸气压；X_1^b 表示因子中去除了饱和蒸气压。

由表 6-5 可知，模型 II 比模型 I 的预测性更好。VIP 值（表 6-6）表明助溶剂浓度和极性是最重要的决定性参数。助溶剂浓度与分子量及密度有关，可以表达为

$$C_{\text{co}} = \frac{\rho V_{\text{co}}}{M_W V_{\text{so}}} \tag{6-4}$$

式中，C_{co}、ρ、V_{co} 和 M_W 分别为浓度、密度、体积和助溶剂分子量；V_{so} 为表面活性剂体积；$V_{\text{co}}/V_{\text{so}}$ 为助溶剂体积比，一般可视为常数。因此，方程式（6-5）可以表示为

$$C_{\text{co}} = \frac{a\rho}{M_W} \tag{6-5}$$

结合方程式（6-5），模型 II 可以表示为

$$\frac{\text{MSR}_c}{\text{MSR}_T} = \frac{0.675 a\rho}{M_W} + 0.321 P_o + 0.199\text{MP} + 0.063\text{BP} \tag{6-6}$$

$$N=12, \ R^2=0.978, \ Q_{\text{cum}}^2 =0.967$$

表 6-6　模型 II 的 VIP 值

模型	变量	VIP 值
	C_{co}	1.224
II	MP	0.952
	BP	0.799
	P_o	0.979

此模型进一步验证了 TX-100 和助溶剂对 BDE-15 溶解度的影响。DMSO 比醇类的极性和分子量更大。然而 DMSO 对 BDE-15 的增溶更有利，原因可能是 DMSO 熔点和沸点较高。

6.2.4　TX-100/助溶剂对 BDE-15 的洗脱过程

由图 6-13 可知，TX-100 和助溶剂组合提高了 BDE-15 的解吸效率。例如，纯 TX-100 可以解吸 67.3% 的 BDE-15，而 TX-100/甲醇最多可以解吸 78.7% 的

BDE-15。然而，高体积比的醇类虽然可以促进 BDE-15 的去除（图 6-14），但同时也会破坏胶束，从而降低 BDE-15 的总体解吸效率。TX-100/DMSO 组合对 BDE-15 的解吸率达到 92.9%，从而验证了 DMSO 的良好性能。

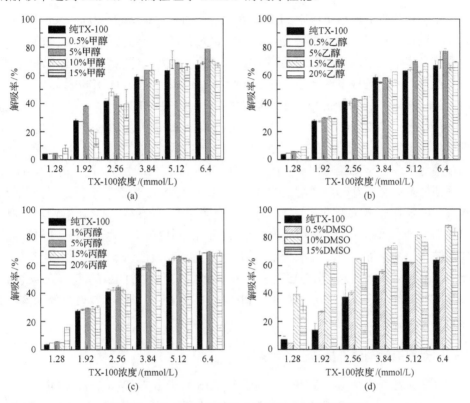

图 6-13　TX-100/助溶剂组合对 BDE-15 的解吸效率

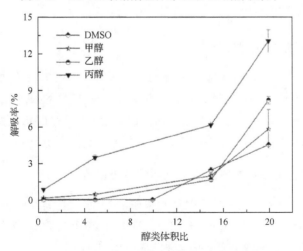

图 6-14　纯助溶剂对 BDE-15 的解吸效果

6.3　BDE-15 和 PAHs 在表面活性剂中的混合增溶效应

电子垃圾拆解场地土壤中 PBDEs 和 PAHs 的浓度相对较高(Deng et al., 2006; Wong et al., 2007c)，且这两类物质对动物和人类有联合毒性(An et al., 2011)，因此受到较多的关注。这些疏水性污染物难溶于水，因此可能会随着土壤和水体的胶体迁移，从而对地下水产生潜在的影响(Kasassi et al., 2008; Kiddee et al., 2013; Li et al., 2014)。许多研究报道了表面活性剂对单一 PAHs 的增溶行为(Shafi et al., 2009; Zhou et al., 2011; Zhou and Zhu, 2005; Zhu and Feng, 2003)，然而，电子垃圾拆解场地土壤中 PAHs 和 PBDEs 通常以共存的方式存在。据报道，污染物共存时的增溶行为和单一污染物增溶不同。例如，菲和芴由于疏水性相似，在 C16-DPDS 表面活性剂中会相互竞争增溶点位(Rouse et al., 2008)。然而，萘和芘两种不同疏水性的物质在非离子表面活性剂中也会相互竞争。可能的原因是，它们和非离子表面活性剂亲水链的相互作用较弱(Masrat et al., 2013)。这些数据表明 PAHs 混合物在胶束内的增溶行为取决于 PAHs 的性质及它们和表面活性剂胶束的相互作用。相对于 PAHs，PBDEs 疏水性更强、分子量更大，而且 PBDEs 的溴原子通过共价键和芳香环结合。这些性质可能导致 PBDEs 和 PAHs 混合物在胶束内的增溶行为与它们单一存在时不同。

6.3.1　表面活性剂的选择与性质概述

表面活性剂的结构和性质分别列于图 6-15 和表 6-7。萘、芘和 BDE-15 的性质见表 6-8。为了避免萘在高浓度时色谱峰形不规则，实验中设置萘的波长为 250nm 来替代常用的 219nm(Zhou et al., 2011)(图 6-16)。

6.3.2　表面活性剂的临界胶束浓度

由图 6-17 可知，五种表面活性剂的表面张力随时间的延长而下降，到 5h 后达到平衡。研究中，稀释后的表面活性剂溶液均在 25℃下保存 12h 后再进行表面张力的测定。因此，所有表面活性剂的表面张力在测定前均达到了平衡值。由表 6-7 和图 6-18 可知，研究测得的 CMC 值和文献报道的类似。

6.3.3　BDE-15、萘和芘在表面活性剂中的竞争增溶

PAHs 在吐温 80、Brij58 和 CTAB 胶束中的 MSR 值已有文献报道(Masrat et al., 2013; Prak and Pritchard, 2002)。例如，芘在吐温 80 和 CTAB 中的 MSR 值分别为 0.0742 和 0.0651(图 6-19、表 6-9)，和文献报道的类似。

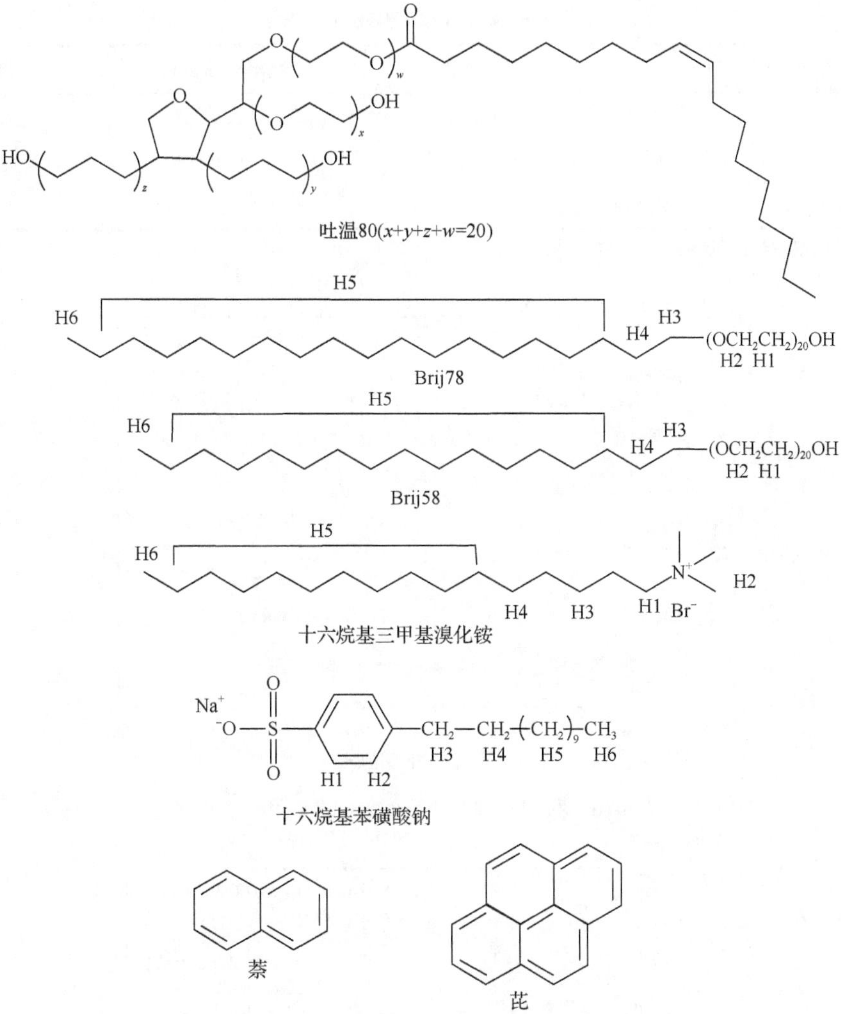

吐温80(x+y+z+w=20)

Brij78

Brij58

十六烷基三甲基溴化铵

十六烷基苯磺酸钠

萘

芘

图 6-15　表面活性剂和污染物的结构

表 6-7　表面活性剂的性质

表面活性剂	分子量	CMC_{exp}/(mmol/L)	CMC_{lit}/(mmol/L)	N_a^f
吐温 80	1310	0.025	0.012~0.031[a,b]	133
Brij58	1124	0.072	0.075[c], 0.08[b]	76
Brij78	1152	0.051	0.046[c]	111
CTAB	364.45	0.784	0.77~0.92[b,d]	61
SDBS	348.48	2.660	2.764[e]	11

注：临界胶束浓度：a. 文献(Zhou et al., 2013)，b. 由供应商提供，c. 文献(Sowmiya et al., 2010)，d. 文献(Masrat et al., 2013)，e. 文献(Yang et al., 2006)；N_a^f 表示表面活性剂的胶束聚集数。

表 6-8　萘、芘和 BDE-15 的性质

化合物	分子式	分子量	溶解度/(μmol/L)	lgK_{ow}
萘	$C_{10}H_8$	128.17	250	3.36[a]
芘	$C_{16}H_{10}$	202.26	0.639	5.18[a]
BDE-15	$C_{12}Br_2O$	327.9	0.396	5.55

a. 文献（Panda and Kabirud, 2013）。

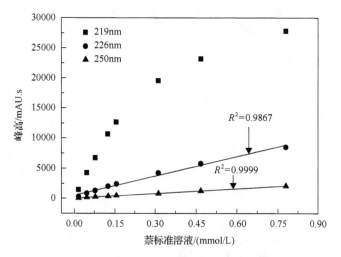

图 6-16　萘在不同波长下的标准曲线和相关系数

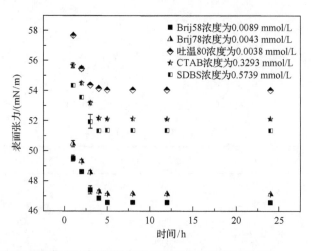

图 6-17　表面活性剂中表面张力值随时间的变化

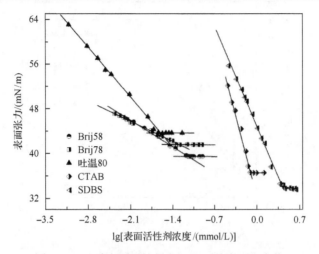

图 6-18　几种表面活性剂在 25℃下的表面张力值

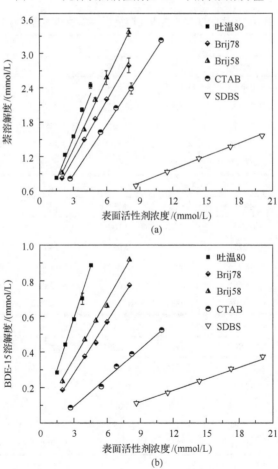

(a)

(b)

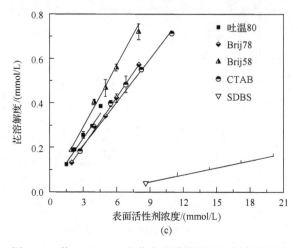

(c)

图 6-19 萘、BDE-15 和芘在几种表面活性剂中的增溶

表 6-9 25℃下萘、萘–芘和萘-BDE-15 在表面活性剂中单独和混合存在时的 MSR 和 lgK_m 值

表面活性剂	萘（单独）		萘-芘		萘-BDE-15	
	MSR	lgK_m	MSR	lgK_m	MSR	lgK_m
吐温 80	0.4915	4.8635	0.6309	4.9055	0.6783	4.9006
Brij58	0.3426	4.7524	0.3692	4.7476	0.3864	4.7664
Brij78	0.4115	4.8013	0.3691	4.7488	0.3924	4.7769
CTAB	0.2930	4.7174	0.3180	4.6989	0.3246	4.7049
SDBS	0.0767	4.1983	0.0795	4.2078	0.0896	4.2517

表面活性剂	芘（单独）		芘-萘		芘-BDE-15	
	MSR	lgK_m	MSR	lgK_m	MSR	lgK_m
吐温 80	0.0742	6.7773	0.1070	6.7274	0.1094	6.8466
Brij58	0.0734	6.7729	0.0937	6.7445	0.0834	6.7841
Brij78	0.0923	6.8649	0.0893	6.7250	0.1102	6.8773
CTAB	0.0651	6.8249	0.0712	6.7380	0.0799	6.8252
SDBS	0.0105	5.9547	0.0123	5.9898	0.0135	5.9559

表面活性剂	BDE-15（单独）		BDE-15-萘		BDE-15-芘	
	MSR	lgK_m	MSR	lgK_m	MSR	lgK_m
吐温 80	0.1945	7.3575	0.2115	7.1947	0.2409	7.4279
Brij58	0.0983	7.0976	0.0797	7.0446	0.1052	7.1235
Brij78	0.1099	7.1415	0.0611	6.9368	0.1310	7.2008
CTAB	0.0541	6.8469	0.0520	6.8442	0.0577	6.8813
SDBS	0.0216	6.4710	0.0227	6.5228	0.0257	6.5708

注：MSR 和 lgK_m 的误差范围为±3%。

　　在混合增溶的过程中，萘和芘可能会发生以下作用：①萘由于具有可极化的性质，可以和芘竞争胶束的亲水链（Bernardez and Ghoshal, 2004）；②芘由于较强的疏水性，会取代胶束疏水核内的萘，从而减少萘在胶束疏水核内的量（Herzog, 1991; Nagadome et al., 2001）；③栅栏层增溶的萘会降低胶束-水界面张力，增加胶束核体积，从而提高萘和芘的增溶空间（Herzog, 1991; Nagadome et al., 2001）。然而，在不同胶束中萘和芘的混合增溶现象不一样。如表 6-9 和图 6-19 所示，萘和芘在 Brij78 中相互竞争。研究报道，萘和芘在 Brij30（N_a=101）和 Brij56 胶束中（N_a=141）也相互竞争（Masrat et al., 2013）。由 ^{1}H 核磁共振结果可知（表 6-10），Brij78 疏水链（H3、H4、H5 和 H6）经历最大的化学位移变化，因此萘和芘可能主要增溶于胶束疏水核中。当萘和芘同时存在时，亲水链（H1 和 H2）只有较小的化学位移变化[Δppm（H1）=0.01, Δppm（H2）=0.01]，表明只有少量的物质在栅栏层增溶。因此，萘和芘会竞争 Brij78 的疏水核，导致萘和芘的 MSR 和 lgK_m 值减小。同时，萘的|$R_{\Delta MSR}$|值较大（10.3%），表明它对核的竞争力比较弱[图 6-20（a）]。Brij58 具有较小的胶束聚集数，因此可以避免萘和芘的竞争。由核磁共振结果可知，萘和芘共存时，Brij58 的亲水链经历相对较大的化学位移变化[Δppm（H1）=0.02, Δppm（H2）= 0.02]，表明相对较多的 PAHs 存在于栅栏层中，导致萘和芘协同增溶。同时，由于萘和芘更疏水，当疏水核增大时，更多的芘将进入疏水核，所以芘的|$R_{\Delta MSR}$|值更大。

表 6-10　PBDE 和 PAHs 存在时表面活性剂链的化学位移 [a,b]

序号	Brij58						
	纯表面活性剂	萘	芘	BDE-15	萘-芘	萘-BDE-15	BDE-15-芘
H6	0.86	**0.85**	**0.85**	0.86	**0.83**	**0.82**	**0.83**
H5	1.26	**1.23**	**1.23**	1.26	**1.20**	**1.21**	**1.21**
H4	1.54	**1.49**	**1.48**	1.53	**1.42**	**1.46**	**1.45**
H3	3.42	**3.36**	**3.36**	3.42	**3.29**	**3.33**	**3.33**
H2	3.67	*3.66*	*3.66*	3.66	*3.65*	*3.65*	*3.65*
H1	3.84	*3.83*	*3.83*	3.84	*3.82*	*3.81*	*3.82*

序号	Brij78						
	纯表面活性剂	萘	芘	BDE-15	萘-芘	萘-BDE-15	BDE-15-芘
H6	0.85	**0.83**	**0.84**	**0.83**	**0.83**	**0.83**	**0.84**
H5	1.25	**1.24**	**1.23**	**1.23**	**1.20**	**1.22**	**1.22**
H4	1.52	**1.50**	**1.48**	**1.50**	**1.40**	**1.46**	**1.47**
H3	3.40	**3.38**	**3.36**	**3.39**	**3.27**	**3.33**	**3.35**
H2	3.65	*3.64*	3.65	*3.64*	*3.64*	*3.64*	*3.64*
H1	3.82	*3.82*	*3.82*	*3.82*	*3.81*	*3.81*	*3.81*

续表

序号	吐温 80						
	纯表面活性剂	萘	芘	BDE-15	萘-芘	萘-BDE-15	BDE-15-芘
H8	0.82	0.82	0.82	0.81	**0.76**	**0.77**	**0.82**
H7	1.23	**1.22**	**1.20**	**1.21**	**1.13**	**1.15**	**1.20**
H6	1.54	**1.52**	**1.48**	**1.52**	**1.38**	**1.44**	**1.49**
H5	1.97	**1.95**	**1.93**	**1.95**	**1.86**	**1.89**	**1.94**
H4	2.27	**2.25**	**2.21**	**2.25**	**2.11**	**2.17**	**2.23**
H3	3.65	3.65	3.65	3.65	3.65	3.65	3.65
H2	4.17	*4.16*	*4.15*	*4.15*	*4.11*	*4.12*	*4.15*
H1	5.27	5.27	5.25	5.26	5.20	5.22	5.25

序号	CTAB						
	纯表面活性剂	萘	芘	BDE-15	萘-芘	萘-BDE-15	BDE-15-芘
H6	0.85	0.85	0.85	**0.84**	0.85	0.85	**0.84**
H5	1.27	**1.25**	**1.24**	**1.26**	1.27	**1.25**	**1.26**
H4	1.35	**1.33**	**1.33**	**1.34**	**1.33**	**1.32**	**1.33**
H3	1.75	**1.63**	**1.59**	**1.74**	**1.48**	**1.66**	**1.56**
H2	3.14	*3.07*	*3.08*	3.14	*3.03*	*3.10*	*3.07*
H1	3.38	**3.27**	**3.28**	**3.37**	**3.19**	**3.31**	**3.24**

序号	SDBS						
	纯表面活性剂	萘	芘	BDE-15	萘-芘	萘-BDE-15	BDE-15-芘
H6	0.81	**0.79**	**0.80**	**0.80**	**0.78**	**0.79**	**0.80**
H5	1.17	**1.15**	**1.16**	1.17	**1.14**	**1.15**	**1.16**
H4	1.45	**1.43**	**1.44**	1.45	**1.42**	**1.43**	**1.44**
H3	2.39	**2.37**	**2.38**	**2.38**	**2.35**	**2.37**	**2.37**
H2	7.11	*7.08*	*7.08*	*7.10*	*7.06*	*7.08*	*7.09*
H1	7.65	*7.64*	7.65	*7.64*	*7.64*	*7.64*	*7.64*

a. 黑体字是疏水核氢的化学位移，斜体字为亲水链氢的化学位移；b. 精确度约 0.003ppm，因此化学位移变化小于 0.01 可认为变化不明显。

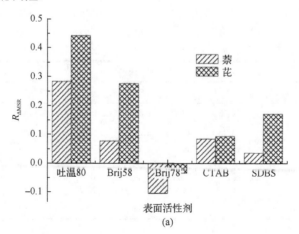

(a)

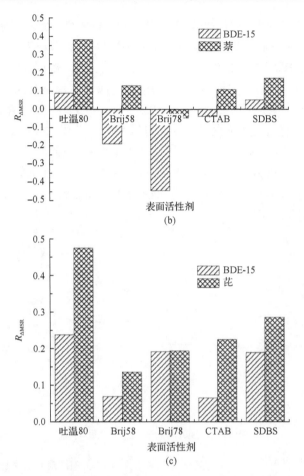

图 6-20　萘和芘(a)、BDE-15 和萘(b)、BDE-15 和芘(c)在几种表面活性剂中的促进和竞争程度

$R_{\Delta MSR}$ 值通过表 6-9 中的 MSR 计算得到

在吐温 80 溶液中，萘和芘的协同程度最大[图 6-20(a)]，可能是由于吐温 80 稠密的亲水链为 PAHs 提供大量的增溶空间(Bernardez and Ghoshal, 2004)，导致胶束核体积增加程度大。此推测可以从几方面验证：①萘和芘存在时吐温 80 亲水链化学位移变化很大[Δppm(H1)=0.07，Δppm(H2)=0.06]；②吐温 80 对萘的增溶能力最强(表 6-9 和图 6-19)。在 CTAB 系统中，由于萘的 π 电子和 CTAB 的阳离子亲水基相互作用，萘主要在栅栏层存在(Patterson and Fendler, 1970)。这样会出现几个情况：①萘在疏水核内的溶解度降低，同时芘在核的溶解度增加；②萘在栅栏层促进更多的 PAHs 进入胶束核；③胶束核的增加可以弥补/或不能弥补在疏水核中萘含量的降低，导致萘含量的升高或降低。因此，CTAB 胶束中萘和芘的 MSR 和 lgK_m 值取决于三种情况的综合作用。Masrat 等(2013)报道，由于萘和 SDS 亲水基的作用，以及萘和芘的竞争作用，萘的溶解度降低。萘和芘共存时，SDBS

的苯环氢有最大的化学位移变化，说明苯环和 PAHs 有一定的相互作用 (Lan et al., 2002)。因此，苯环附近的 PAHs 可以促进芘和萘的协同增溶。

一般而言，BDE-15 的疏水性较强，因此其主要在疏水核中存在。由表 6-9 和图 6-19 可知，几种表面活性剂对萘的增溶能力顺序和增溶 BDE-15 类似，但是对芘的增溶不一样。这表明 BDE-15 在胶束中可能与萘有相似的增溶行为。BDE-15 的溴原子可能拥有正电表面区域，因此可以和电子供体结合 (Sun et al., 2013)，这样的非共价作用称为卤键。卤键和氢键类似，具有相似的性质（如强度和方向）(Metrangolo and Resnati, 2008)。例如，三种非离子表面活性剂的乙氧基链及 SDBS 的磺酸基均可以视为电子供体 (Bhowmik and Mukhopadhyay, 1988; Mukhopadhyay et al., 1990)。因此 BDE-15 和亲水链之间的卤键作用是可能存在的（图 6-21）。

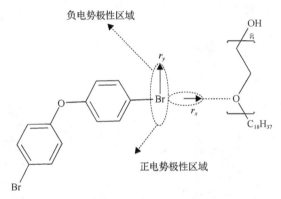

图 6-21　BDE-15 和 Brij58 之间的卤键

BDE-15 比萘更疏水，但 BDE-15 和萘在胶束中的相互作用比较特殊[表 6-9 和图 6-20 (b)]。Brij58 胶束中，BDE-15 的 MSR 降低了 18.9%，同时萘的 MSR 值增加。Brij58 增溶 BDE-15 时（表 6-10），H2 和 H4 有一定的化学位移变化，这可能是由于 BDE-15 和氧原子之间的卤键作用。如果 BDE-15 在氧原子的附近增溶，那么 BDE-15 的芳香环对—CH2—的作用降低，从而使得—CH2—的氢化学位移变化较微弱。当萘存在时，亲水链和疏水链均有化学位移变化，说明疏水核中的 BDE-15 可能更容易被萘取代。然而，如果 BDE-15 和萘彼此不竞争，可能会存在协同作用。因此，BDE-15 和亲水链可能有较强的作用，使 BDE-15 和萘在亲水链上和疏水核内均发生竞争。BDE-15 和萘的竞争作用在 Brij78 中也存在。在 CTAB 胶束中，萘导致疏水核氢化学位移的变化更大，说明萘会取代疏水核中的 BDE-15。同时，BDE-15 和萘导致亲水链较大的化学位移变化，BDE-15 和萘在 CTAB 中协同增溶。

吐温 80 胶束中，大量的 BDE-15 和萘在亲水链上存在[Δppm(H1)=0.05，Δppm(H2)=0.05]，导致两者协同增溶。在 SDBS 胶束中，萘会取代疏水核中的 BDE-15，从而降低 BDE-15 在胶束中的溶解度。BDE-15 可能会经历一系列的作用,如卤键、π 电子和亲水基的作用及 BDE-15 和苯环的作用。这些作用导致 BDE-15 取代亲水链中的萘,从而导致协同增溶。

由表 6-9 和图 6-20(c)可知,BDE-15 和芘在所有表面活性剂体系中均相互促进,进一步说明了 BDE-15 和亲水链之间的作用。一般来讲,亲水链溶质的量增加,胶束核体积随之增加(Guha et al.,1998),进而增大增溶空间。因此 BDE-15 和芘之间的协同程度大于萘和芘。

几种物质在表面活性剂中的混合增溶规律如下:①如果表面活性剂胶束聚集数大,而且溶质和亲水链之间的作用弱,那么具有相同增溶点位的溶质会相互竞争,反之具有不同增溶点位的溶质会相互促进;②如果表面活性剂胶束聚集数大,而且溶质和亲水链的作用较强,那么协同增溶会发生;③如果胶束聚集数小,协同增溶更可能发生;④如果一种溶质更倾向于在疏水核存在,那么它的$|R_{\Delta MSR}|$值相对较大。

6.3.4　BDE-15、萘和芘在表面活性剂中的相互作用

相互作用参数 ω/RT(ω 为相互作用参数,R 为理想气体常数,T 为温度)可反映不同溶质之间的黏合力。ω/RT 为负值则表示两种溶质之间的相互作用提高了,而且"混溶"的程度越高。分子之间的相互作用可能由两个因素确定:增溶点位和两种溶质之间的空间位阻效应。由表 6-11 可知,BDE-15-芘体系的$|\omega/RT|$值最小,说明 BDE-15 和芘在胶束中的相互作用较弱。由于非离子表面活性剂较大的堆积参数和胶束尺寸,因此增溶的位阻效应微弱,从而可以解释 BDE-15、萘和芘两两组合在非离子表面活性剂中较大的$|\omega/RT|$值。污染物在 CTAB 中的$|\omega/RT|$值略小,可能是由于 CTAB 较小的胶束聚集数及亲水基的正电荷。污染物 SDBS 胶束中的$|\omega/RT|$值最低,可能是由于 SDBS 的胶束尺寸最小导致的位阻效应。

表 6-11　25℃下萘、芘和 BDE-15 混合物在不同表面活性剂中的 ΔG_{excess}^{0} 和 ω/RT 值

表面活性剂	ΔG_{excess}^{0}/(kJ/mol)			$\omega/RT/10^{-3}$		
	萘-芘	BDE-15-萘	BDE-15-芘	萘-芘	BDE-15-萘	BDE-15-芘
吐温 80	−3.84	−5.15	−4.79	−12.50	−11.47	−8.99
Brij58	−3.77	−3.26	−3.81	−9.43	−9.27	−6.23
Brij78	−3.28	−2.27	−4.46	−8.42	−7.84	−7.25
CTAB	−3.05	−2.44	−3.26	−8.55	−8.26	−5.40
SDBS	0.47	−1.22	−0.35	1.65	−3.05	−0.63

注:ΔG_{excess}^{0} 的误差范围为±4%。

6.4　BDE-15、萘和芘在曲拉通系列表面活性剂中的竞争增溶

笔者之前的研究发现，BDE-15 和芘在非离子、阴离子和阳离子表面活性剂中的增溶均相互促进(Yang et al., 2015a)。研究认为 BDE-15 和表面活性剂亲水链有卤键作用，导致大量的 BDE-15 在亲水链存在。卤键的存在可能会影响 PBDEs 在环境中的化学转化(Sun et al., 2013)和相应修复策略的选择(Li et al., 2010)。因此，需要进一步研究卤键是否存在。

疏水性溶质在胶束中的增溶主要是核增溶。然而，当亲水链长度增加时，溶质在亲水链的增溶也需要考虑。报道表明，甲草胺的溶解度随着亲水链长度的增加而增加，说明甲草胺在亲水链和疏水核之间的分配存在平衡过程，这个过程导致物质在亲水链中增加，在疏水核中减少(Xiarchos and Doulia, 2006)。如果 BDE-15 在亲水链的相对量随着亲水链长度的增加而增加，则表明 BDE-15 和比其更疏水的物质会产生协同增溶效应。

6.4.1　表面活性剂的性质概述

表面活性剂的性质如表 6-12 所示。

表 6-12　几种表面活性剂的性质

表面活性剂	n^a	分子量	CMC_{exp}/(mmol/L)	CMC_{lit}/(mmol/L)	HLB	N_a^e
TX-100	9.5	625	0.260	0.25[b]	13.5	143
TX-165	16	910	0.456	0.43[b]	16	83
TX-305	30	1526	0.732	0.70[c]	17	26
TX-405	40	1966	0.793	0.81[d]	17.9	16

注：n^a 表示表面活性剂上乙氧基的个数；b. 文献(Partearroyo et al., 1996)；c. 文献(Zhu and Feng, 2003)；d. 文献(Hait and Moulik, 2001)；N_a^e 表示表面活性剂的胶束聚集数。

TX-100 的核磁共振谱图如图 6-22 所示，其他 TX 同系物的谱图和 TX-100 类似。

表面活性剂的 CMC 实验值(CMC_{exp})如表 6-12 和图 6-23 所示。CMC 值随着 POE 链长度的增加而增加，而且符合方程 $CMC_{exp}=0.0176n+0.141$ ($R^2=0.92$)。本结果和之前的文献报道一致(Wolszczak and Mlller, 2002)。

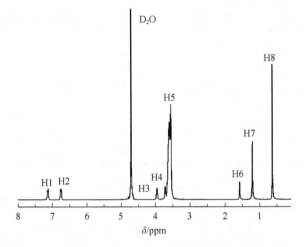

图 6-22 TX-100 在 D_2O 中的核磁共振谱图

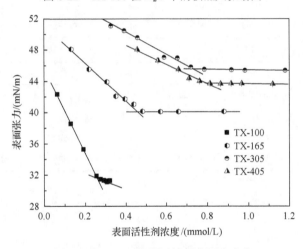

图 6-23 25℃下表面活性剂表面张力值

6.4.2 萘、芘和 BDE-15 的单独增溶

对含有 POE 链的非离子表面活性剂而言,胶束核体积等于胶束聚集数乘以疏水部分的体积($V_{molecular}$)(Elworthy and Patel, 1982)。因此,胶束核体积大小顺序为 TX-100＞TX-165＞TX-305＞TX-405。萘和芘由于和亲水基的弱作用,它们在栅栏层和疏水核中均存在(Bernardez and Ghoshal, 2004; Graziano and Lee, 2001),这点可以由核磁共振谱的氢化学位移变化验证。由于芘的疏水性更强,它更倾向于进入疏水核,因此笔者可以看到芘的 MSR 值随着 POE 链的增长而减小[表 6-13 和图 6-24(a)]。和芘相比,萘和 BDE-15 的 MSR 和 $\lg K_m$ 值的趋势不一样[表 6-13、图 6-24(b)和图 6-24(c)]。

表6-13　25℃下萘、芘和BDE-15在TX系列表面活性剂中的MSR和lgK_m值

表面活性剂	萘（单独）		萘-芘		萘-BDE-15	
	MSR	lgK_m	MSR	lgK_m	MSR	lgK_m
TX-100	0.2512	4.6483	0.2680	4.6544	0.3137	4.6952
TX-165	0.2131	4.5903	0.2288	4.6011	0.2429	4.6175
TX-305	0.1803	4.5296	0.2013	4.5550	0.2058	4.5664
TX-405	0.2049	4.5762	0.2153	4.5790	0.2013	4.5591

表面活性剂	芘（单独）		芘-萘		芘-BDE-15	
	MSR	lgK_m	MSR	lgK_m	MSR	lgK_m
TX-100	0.0464	6.5848	0.0482	6.5017	0.0571	6.6314
TX-165	0.0335	6.4487	0.0416	6.4532	0.0382	6.4781
TX-305	0.0326	6.4373	0.0416	6.4627	0.0390	6.4946
TX-405	0.0295	6.3952	0.0424	6.4658	0.0379	6.4824

表面活性剂	BDE-15（单独）		BDE-15-萘		BDE-15-芘	
	MSR	lgK_m	MSR	lgK_m	MSR	lgK_m
TX-100	0.0834	7.0322	0.0888	6.9473	0.0996	7.0809
TX-165	0.0558	6.8689	0.0559	6.7797	0.0632	6.9046
TX-305	0.0385	6.7149	0.0320	6.5583	0.0435	6.7499
TX-405	0.0386	6.7160	0.0300	6.5326	0.0441	6.7560

注：MSR和lgK_m的误差范围为±2%。

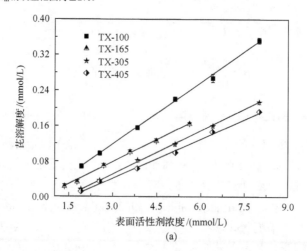

(a)

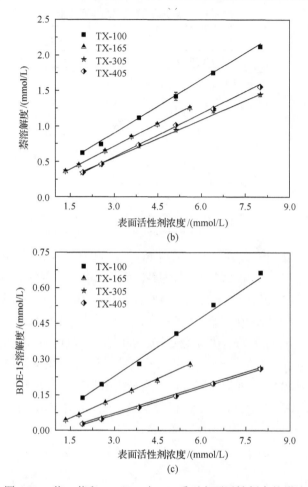

图 6-24　芘、萘和 BDE-15 在 TX 系列表面活性剂中的增溶

当 POE 链长增长时，疏水核体积减小，亲水部分体积增大。假设溶质更偏向在栅栏层存在，那么栅栏层增溶则是增溶的主要贡献。因此，随着亲水链的增加，萘在亲水链中的相对量会逐渐增加[表 6-13 和图 6-24(b)]。据报道(Liang et al., 2014)，菲和芴比萘更容易在疏水核存在。因此，BDE-15 似乎主要存在于疏水核中。然而，由表 6-13 和图 6-24(c) 可知，BDE-15 在 TX-305 和 TX-405 中的 MSR 和 lgK_m 值几乎一样，这表明 BDE-15 可能在亲水链上大量存在。

6.4.3　萘、芘和 BDE-15 的混合增溶

研究中测定了胶束在增溶前后的水力半径(R_h)，结果见表 6-14，表明增溶前后的胶束半径变化不大，说明增溶的过程不会明显改变胶束尺寸(Liang et al., 2014; Masrat et al., 2013)。

表 6-14　增溶前后胶束水力半径变化

溶质	水力半径 R_h / nm			
	TX-100	TX-165	TX-305	TX-405
纯表面活性剂	5.02	3.93	4.17	4.14
BDE-15	5.37	4.07	4.64	4.86
萘	5.72	4.95	4.50	4.60
芘	5.25	3.93	4.53	4.69
BDE-15-萘	11.63	6.29	5.55	4.58
BDE-15-芘	9.54	4.16	4.37	4.65
芘–萘	10.61	4.17	4.70	4.58

　　由表 6-13 和图 6-25(a)可知，随着 POE 链长的增长，萘和芘协同程度增加。之前的研究发现(Yang et al., 2015a)，萘和芘在 Brij78 中相互抑制，原因是 Brij78 较大的胶束聚集数(N_a=111)。然而，萘和芘在 TX-100(N_a=143)中相互促进。可能的原因是萘和芘与 TX-100 的苯环有较强的相互作用(Lan et al., 2002)。研究报道(Luning et al., 2011)，芳硝基化合物使 TX-100 苯环的氢产生较大的化学位移变化。同时，和其他基团相比(表 6-15)，外部乙氧基氢(H5)的化学位移只经历了少量变化[如萘在 TX-100 中 Δppm(H5)=0.04]，而最内部的乙氧基氢经历了较大的化学位移[如萘在 TX-100 中 Δppm(H4)=0.07]。因此，协同增溶程度增加可能是由苯环及内部乙氧基和 PAHs 的相互作用造成的。

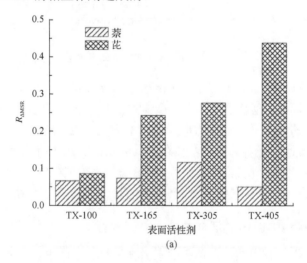

(a)

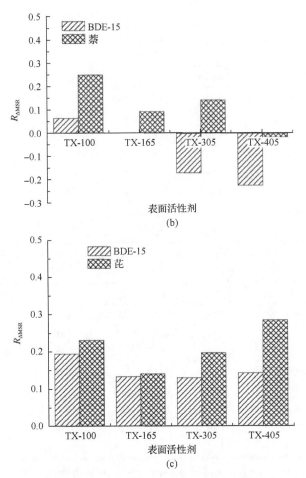

图 6-25　TX 系列表面活性剂中污染物之间的促进和抑制程度

表 6-15　PBDEs 和 PAHs 增溶后 TX 系列表面活性剂氢化学位移变化 [a,b]

TX-100	HO—[C_2H_4O]$_{8.5}$—CH_2—CH_2—O—[C_6H_4]—C(CH_3)$_2$—CH_2—C(CH_3)$_3$					
	H5　　H4　H3　　H2 H1　　H7　　H6　　H8					
序号	纯表面活性剂	BDE-15	萘	芘	BDE-15-萘	BDE-15-芘	芘-萘
H8	0.63	**0.61**	**0.59**	**0.60**	**0.56**	**0.58**	**0.55**
H7	1.21	**1.19**	**1.15**	**1.17**	**1.12**	**1.15**	**1.11**
H6	1.58	**1.56**	**1.52**	**1.54**	**1.49**	**1.52**	**1.47**
H5	3.55	3.55	*3.51*	*3.53*	*3.51*	*3.52*	*3.50*
H4	3.72	*3.71*	*NA*[c]	*3.68*	*NA*	*3.66*	*NA*
H3	3.95	*3.94*	*3.88*	*3.91*	*3.86*	*3.89*	*3.83*
H2	6.76	*6.74*	*6.69*	*6.71*	*6.66*	*6.69*	*6.64*
H1	7.12	*7.10*	*7.04*	*7.07*	*7.02*	*7.05*	*6.99*

续表

TX-165 HO—[C₂H₄O]₁₅—CH₂—CH₂—O—[C₆H₄]—C(CH₃)₂—CH₂—C(CH₃)₃
（H5　H4　H3　H2 H1　H7　H6　H8）

HO—$[C_2H_4O]_{15}$—CH_2—CH_2—O—$[C_6H_4]$—$C(CH_3)_2$—CH_2—$C(CH_3)_3$

序号	纯表面活性剂	BDE-15	萘	芘	BDE-15-萘	BDE-15-芘	芘-萘
H8	0.65	**0.63**	0.62	0.63	0.61	0.62	0.60
H7	1.23	**1.22**	1.19	1.20	1.18	1.19	1.17
H6	1.60	**1.59**	1.56	1.58	1.55	1.56	1.54
H5	3.64	3.64	*3.63*	*3.63*	*3.63*	*3.63*	*3.62*
H4	3.74	*3.73*	*NA*	*3.72*	*NA*	*3.71*	*NA*
H3	3.99	*3.98*	*3.93*	*3.95*	*3.93*	*3.94*	*3.91*
H2	6.79	*6.78*	*6.73*	*6.75*	*6.73*	*6.74*	*6.71*
H1	7.16	*7.14*	*7.09*	*7.12*	*7.09*	*7.11*	*7.07*

TX-305 HO—$[C_2H_4O]_{29}$—CH_2—CH_2—O—$[C_6H_4]$—$C(CH_3)_2$—CH_2—$C(CH_3)_3$
（H5　H4　H3　H2 H1　H7　H6　H8）

序号	纯表面活性剂	BDE-15	萘	芘	BDE-15-萘	BDE-15-芘	芘-萘
H8	0.66	**0.65**	0.63	0.64	0.63	0.64	0.62
H7	1.25	**1.24**	1.21	1.23	1.21	1.22	1.19
H6	1.62	1.62	**1.58**	1.60	1.58	1.59	1.57
H5	3.65	3.65	3.65	3.65	3.65	3.65	3.65
H4	3.76	3.76	*3.72*	*3.74*	*3.72*	*3.74*	*3.71*
H3	4.01	4.01	*3.96*	*3.99*	*3.96*	*3.98*	*3.94*
H2	6.81	*6.80*	*6.76*	*6.78*	*6.76*	*6.77*	*6.74*
H1	7.18	*7.17*	*7.13*	*7.15*	*7.13*	*7.14*	*7.11*

TX-405 HO—$[C_2H_4O]_{39}$—CH_2—CH_2—O—$[C_6H_4]$—$C(CH_3)_2$—CH_2—$C(CH_3)_3$
（H5　H4　H3　H2 H1　H7　H6　H8）

序号	纯表面活性剂	BDE-15	萘	芘	BDE-15-萘	BDE-15-芘	芘-萘
H8	0.65	**0.64**	0.64	0.64	0.63	0.64	0.62
H7	1.25	**1.24**	1.22	1.23	1.21	1.23	1.20
H6	1.62	**1.61**	1.59	1.60	1.58	1.60	1.57
H5	3.65	3.65	3.65	3.65	3.65	3.65	3.65
H4	3.76	3.76	*3.72*	*3.74*	*3.72*	*3.74*	*3.71*
H3	4.01	4.01	*3.98*	*3.99*	*3.96*	*3.99*	*3.95*
H2	6.81	6.81	*6.78*	*6.79*	*6.76*	*6.78*	*6.75*
H1	7.18	*7.17*	*7.15*	*7.16*	*7.13*	*7.15*	*7.11*

　　a. 黑体字表示疏水核氢化学位移变化，斜体字表示亲水链氢化学位移变化；b. 精确度约 0.003ppm，因此化学位移变化小于 0.01 则意味着变化不明显；NA^c. 表明 H4 峰消失，或者峰难以识别。

　　由表 6-13 和图 6-25(b)可知，BDE-15 和萘在 TX-100 和 TX-165 中相互促进，

而在 TX-305 和 TX-405 中相互抑制。如果 BDE-15 和萘增溶点位明显不同,那么协同增溶就会发生。因此 BDE-15 和 TX 系列表面活性剂亲水链可能有较强的作用。然而,推测的结果似乎和核磁共振氢谱的结果不一致。当 BDE-15 存在时,表面活性剂化学位移变化较特殊:①每种表面活性剂最外面的亲水基团没有明显的化学位移变化;②亲水链靠内部的亲水基团化学位移随着 POE 链长的增长而逐渐消失。一些研究者报道溶质的浓度会影响增溶点位(Alonso et al., 2002; Kriz et al., 1996; Mata et al., 2006)。为了验证外部乙氧基(H5)化学位移是否会随着 BDE-15 浓度的变化而变化,笔者固定 TX-100 的浓度并加入不同浓度的 BDE-15,并观察核磁共振结果变化(表 6-16)。结果表明,H5 没有任何化学位移变化。因此 BDE-15 可能主要增溶于胶束疏水核。然而,结合 MSR、$\lg K_m$ 和 $R_{\Delta MSR}$ 值,BDE-15 和萘不会协同增溶,说明 BDE-15 不仅仅在疏水核中存在,因此,BDE-15 可能会在醚基附近增溶。

表 6-16　加入污染物前后 TX-100 核磁共振化学位移变化 [a,b]

溶质	溶质浓度/(mmol/L)	H8	H7	H6	H5	H4	H3	H2	H1
TX-100		0.63	1.21	1.58	3.55	3.72	*3.95*	*6.76*	*7.12*
BDE-15	0.061	0.63	1.21	1.58	3.55	*3.72*	*3.94*	*6.75*	*7.11*
	0.244	0.63	**1.20**	1.58	3.55	*3.71*	*3.94*	*6.74*	*7.10*
	0.665[e]	**0.61**	**1.19**	**1.56**	3.55	*3.71*	*3.94*	*6.74*	*7.10*
萘	0.312	0.63	**1.20**	**1.57**	*3.54*	*3.71*	*3.94*	*6.75*	*7.11*
	1.248	**0.62**	**1.18**	**1.55**	*3.53*	*NA*[f]	*3.92*	*6.72*	*7.07*
	2.123[d]	**0.59**	**1.15**	**1.52**	*3.51*	*NA*	*3.88*	*6.69*	*7.04*
芘	0.098	0.63	**1.20**	1.58	3.55	*3.71*	*3.94*	*6.75*	*7.11*
	0.196	**0.62**	**1.19**	**1.56**	*3.54*	*3.70*	*3.92*	*6.73*	*7.09*
	0.352[e]	**0.60**	**1.17**	**1.54**	*3.53*	*3.68*	*3.91*	*6.71*	*7.07*

a. 黑体字表示疏水核氢化学位移变化,斜体字表示亲水链氢化学位移变化; b. 精确度约 0.003ppm,因此化学位移变化小于 0.01 则意味着变化不明显; c, d, e 表示 BDE-15、萘和芘在 8mmol/L 的 TX-100 中达到最大可增溶浓度; NA[f] 表示 H4 峰消失,或者峰难以识别。

由表 6-13 和图 6-25(c)可知,BDE-15 在所有表面活性剂体系均相互促进,而且促进程度随着亲水链长度的增长而增加。这和 BDE-15 与亲水链之间的卤键作用假设一致。卤键的验证需要红外或拉曼光谱,但是溶液中一旦含有胶束,则结果很难实现。据报道(Smith, 2011),水的—OH 会影响傅里叶变换红外光谱分析(FTIR)的结果,因此,本研究尝试验证 BDE-15 和表面活性剂单体之间的卤键作用。如果卤键形成,C—Br 键强度会变弱,导致 C—Br 振动向更低的波数移动(Yarwood and Person, 1968)。由图 6-26(a)可知,C—Br 伸缩振动和扭曲振动波长分别为 1071cm^{-1} 和 649cm^{-1},和之前的报道一致(Qiu et al., 2010)。加入 TX-100 后,这两个数值变化为 1068cm^{-1} 和 646cm^{-1}[图 6-26(b)],进一步验证了卤键的存在。

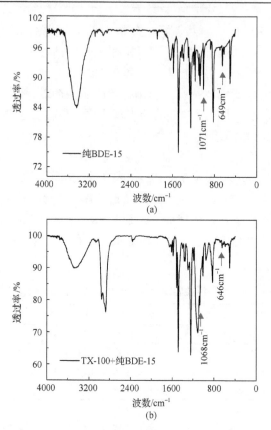

图 6-26　BDE-15 和 TX-100+纯 BDE-15 混合物的红外光谱图

6.4.4　萘、芘和 BDE-15 在胶束中的相互作用

由表 6-17 可知，BDE-15/芘体系有较大的 ω/RT 值，说明它们的相互作用弱。这进一步可以解释 BDE-15 和芘之间的协同增溶作用。另外，表面活性剂较大的堆积参数和较大的尺寸可以减少溶质之间的位阻，进而促进溶质的增溶。然而，TX 系列表面活性剂的总体积随着亲水链的增长而增加，但 ω/RT 值却先增大后减小，这说明污染物在亲水链的相对量逐渐增加，在疏水核的相对量逐渐减少。

表 6-17　25℃下萘、芘和 BDE-15 在 TX 系列表面活性剂中的 ΔG_{excess}^0 和 ω/RT 值

表面活性剂	ΔG_{excess}^0 /(kJ/mol)			$\omega/RT/10^{-3}$		
	萘-芘	BDE-15-萘	BDE-15-芘	萘-芘	BDE-15-萘	BDE-15-芘
TX-100	-2.36	-3.90	-3.27	-7.37	-9.16	-5.70
TX-165	-2.18	-2.87	-2.28	-6.76	-7.60	-3.92
TX-305	-2.34	-1.57	-2.10	-6.67	-5.45	-3.40
TX-405	-2.29	-1.13	-2.17	-6.72	-4.06	-3.52

注：ΔG_{excess}^0 的误差范围是±3%。

6.5 BDE-15 和 PAHs 在表面活性剂中的混合增溶效应

笔者的研究发现 BDE-15 和芘在胶束中发生了协同增溶(Yang et al., 2015b; Yang et al., 2015c),说明混合增溶也许可以降低修复成本。而且,如果污染物发生较强的协同增溶,那么可能需要重新考虑表面活性剂的选择原则。研究表明,BDE-15 和亲水链的卤键作用可能会影响 BDE-15 和芘之间的混合增溶(Yang et al., 2015c)。由于低溴代联苯醚的 $\lg K_{ow}$ 值都大于 5(Tittlemier et al., 2002),它们可能更倾向于在胶束核内增溶,因此这些低溴代联苯醚可能会在胶束核内竞争。然而,假设这些低溴代联苯醚也和亲水链相互作用,那么疏水性和卤键的共同作用使它们在胶束内的行为难以预测。而且,由于低溴代联苯醚在胶束中的溶解度非常低,因此利用红外(Erdelyi, 2012)和拉曼光谱(Fan et al., 2009)验证卤键是很困难的。因此,本章利用量子化学计算来验证这些假设。

6.5.1 Brij 表面活性剂的基本性质

Brij 系列表面活性剂的性质和结构如图 6-27 所示。

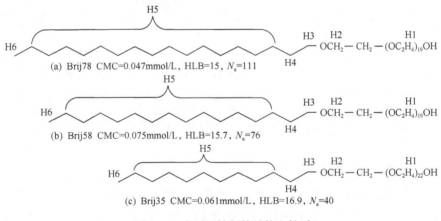

图 6-27 表面活性剂的结构和性质

H1～H6 表示表面活性剂氢的化学位移

6.5.2 低溴代联苯醚的单独增溶

图 6-28 表示不同表面活性剂浓度下低溴代联苯醚的溶解度(S_w^*)。S_w^* 值随着表面活性剂浓度的增加而线性增加,这和增溶机理是一致的。如图 6-28(d)所示,在 Brij58 和 Brij35 中,BDEs 和 PAHs 的 $\lg K_m$ 值和 $\lg K_{ow}$ 有很好的关联,表明这些低溴代联苯醚更倾向于向胶束内分配。

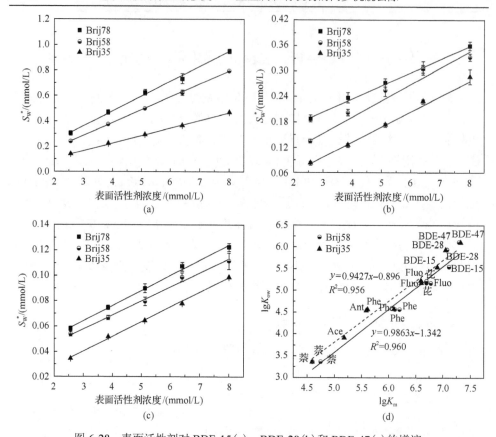

图 6-28　表面活性剂对 BDE-15(a)、BDE-28(b) 和 BDE-47(c) 的增溶

图(d)表示在 Brij58 和 Brij35 中污染物的 $\lg K_m$ 和 $\lg K_{ow}$ 之间的关系。BDEs 和 PAHs 的 $\lg K_m$ 取自之前文献报道的数值(Panda and Kabirud, 2013; Prak and Pritchard, 2002; Yang et al., 2015b; Zhu and Feng, 2003)。由于缺乏 PAHs 在 Brij78 中增溶的相关参数,笔者没有做相关的回归分析

6.5.3　低溴代联苯醚的混合增溶

由图 6-29 可知,混合增溶后低溴代联苯醚的 MSR 值均增加了。研究中利用核磁共振氢谱来探索污染物在胶束中的平均位置(Akram and Bhat, 2016; Saveyn et al., 2009)。除了溶质和胶束的相互作用外,胶束结构的变化也可能导致化学位移变化。因此,笔者利用动态光散射(DLS)测定增溶前后的胶束水力半径。由图 6-30 可知,增溶前后的胶束水力半径类似(Dutt, 2003; Ribeiro et al., 2012)。根据 DLS 结果,笔者认为增溶后胶束的形状也不发生变化,原因是胶束形状的变化一般都伴随着胶束尺寸的显著变化。例如,在增溶尼泊金丙酯后,TX-100 从椭圆体变成短棒状,而且胶束尺寸从 5.7nm 增加到 30nm(Patel et al., 2016)。Ishii 等(2008)发现增溶消炎痛的过程中 $C_{16}E_7$ 的形状从圆柱体变为球形,同时伴随着胶束尺寸的减小。

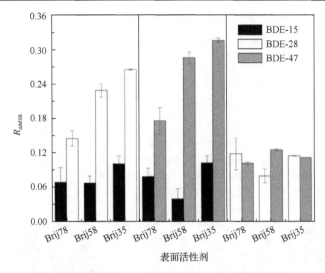

图 6-29　Brij 系列表面活性剂中 BDEs 的协同程度

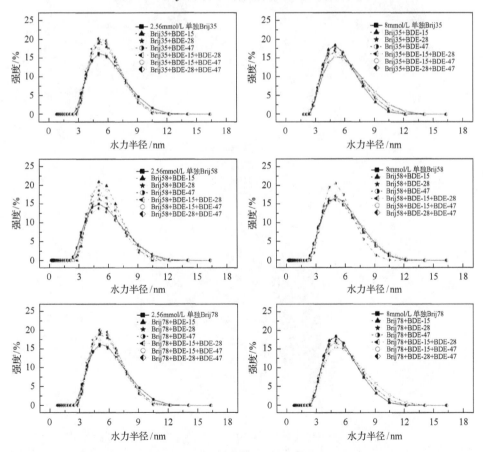

图 6-30　纯表面活性剂和增溶后表面活性剂的胶束水力半径

　　表 6-16 和图 6-31 表示纯表面活性剂和增溶后表面活性剂氢化学位移值。结果表明 BDE-15 同时在胶束亲水链和疏水核存在，BDE-28 和 BDE-47 可能主要在胶束疏水链存在。研究中，笔者同时使用了紫外-可见分光光度计调查 BDEs 的增溶点位。但是由于 BDEs 在表面活性剂中的溶解度低，笔者发现 BDEs 在 280～320nm 处的峰较弱（Raff, 2007），因此很难比较峰之间的差异（图 6-32）。

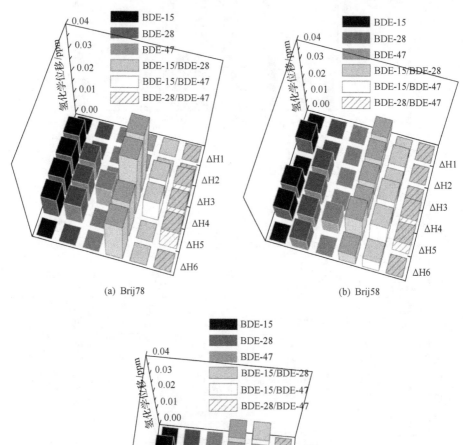

图 6-31　低溴代联苯醚存在时表面活性剂氢的化学位移变化

纯表面活性剂氢的化学位移见表 6-16

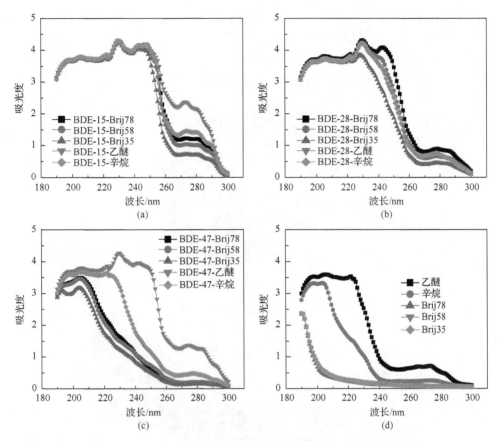

图 6-32　低溴代联苯醚在表面活性剂中和模型溶剂中的紫外谱图

根据核磁共振结果可知(图 6-31)，BDE-15 和 BDE-28 在疏水核中的分布比 BDE-47 更均匀，从而增加了两者在疏水核的竞争。因此，在每个表面活性剂体系中，BDE-15 和 BDE-47 之间的协同作用更强。由于 BDE-28 和 BDE-47 的疏水性大于 BDE-15(表 6-16)，它们在亲水链的增溶可能比较微弱。同时，由于两者疏水性更相近，它们可能会竞争疏水核。然而，在几种表面活性剂中，$R_{\Delta MSR}$ 为 10%～15%，表明 BDE-28 和 BDE-47 可能也会和亲水链醚基作用。由图 6-33 可知，PBDEs 同系物 C—Br 键的溴有正电势区域，这和之前的研究类似(Auffinger et al., 2004; Brinck et al., 1992)。这些正电势区域称为 σ-空洞(Clark et al., 2007)，可以和带负电的路易斯碱反应(Riley et al., 2008)。而且，所有表面活性剂上的氧原子均带有负表面区域，这说明 BDE-28 和 BDE-47 可能会和醚基形成卤键。研究报道(Li et al., 2010)，五溴联苯醚(BDE-99)可能会在 Brij58 和 Brij35 的亲水链中存在，这和本研究的推测一致。而且，BDE-28 和 BDE-47 上几个溴的正电势值均不一样，说明 BDEs 和表面活性剂之间可能会形成几种络合物。因此，BDE-28 和 BDE-47 的协

同增溶可能由以下作用共同决定：①BDE-28 和 BDE-47 竞争疏水核；②BDE-28
和 BDE-47 与亲水链形成卤键，进而降低胶束-水界面张力。另外，在 Brij35 中
BDE-15 和 BDE-47 的协同程度比在 Brij58 和 Brij78 中强（图 6-29），说明 BDEs
在疏水核和亲水链的分配会随着表面活性剂不同而改变。

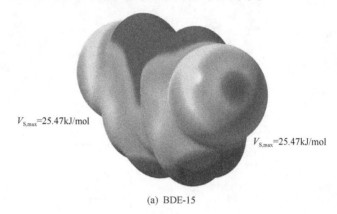

(a) BDE-15

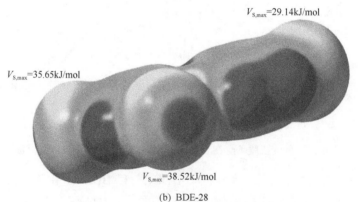

(b) BDE-28

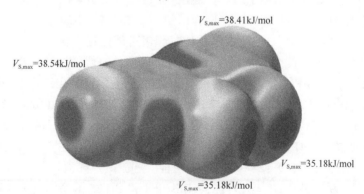

(c) BDE-47

(d) Brij58

图 6-33　BDEs 和表面活性剂分子的表面静电势图

$V_{\text{S,max}}$ 为溴原子最大正电势

6.5.4　PBDEs 和表面活性剂的绑定常数与 PBDEs 之间的相互作用

Moroi 等（Morisue et al., 1994; Moroi, 1980）提出了溶质单体和空胶束之间的一阶绑定常数（K_1）。K_1 适用于以下条件：溶质在胶束中的浓度远小于胶束本身的浓度，或者每个胶束中的溶质数小于 1（Matsuoka et al., 2002; Moroi et al., 1995; Moroi and Okabe, 2000）。在这种情况下，胶束的固有性质不发生变化。K_1 与总胶束浓度（S_t）、总表面活性剂浓度（C_t）、CMC 和 N_a 有关，可表示为

$$\frac{[S_t]-[S_{\text{CMC}}]}{[S_{\text{CMC}}]}=\frac{K_1}{N_a}(C_t-\text{CMC}) \tag{6-7}$$

K_1/N_a 可以通过（$[S_t]-[S_{\text{CMC}}]$）/$[S_{\text{CMC}}]$ 对 C_t–CMC 的斜率得到。同时，假设溶质在胶束中符合泊松分配，K_1 可以用来估算每个胶束中的溶质个数（S^M）：

$$S^M=K_1S_{\text{CMC}} \tag{6-8}$$

由表 6-19 可知，表面活性剂对单一和混合 BDEs 的增溶均符合泊松分配。虽然 BDE-15（2.39～13.10）、BDE-15/BDE-28（2.63～13.98）和 BDE-15/BDE-47（2.64～14.12）体系中的 S^M 值相对较大，但这些物质在胶束中的摩尔比较小。在每个胶束体系中，BDE-15 的 S^M 最大，BDE-47 的最小。而且，在 Brij58 和 Brij35 体系中，BDE-47 的 S^M 值在 0.47～1.10，说明 BDE-47 可以同时游离于 1～2 个胶束内，而且 BDE-47 在每个胶束内存在的时间为毫秒级别（Matsuoka et al., 2002）。根据 Tanford 方程（Tanford, 1980），Brij78、Brij58 和 Brij35 的胶束核体积分别为 53.80nm³、32.75nm³ 和 12.93nm³。而且 BDE-15、BDE-28 和 BDE-47 的体积分别为 0.1744nm³、0.1983nm³ 和 0.2148nm³（Xu et al., 2007a）。在单一污染物增溶时，如果笔者假设 Brij78 增溶 13.10 个 BDE-15 分子（表 6-18），那么胶束体积可能会增加 4.2%。混合增溶时，如果笔者假设 Brij58 增溶 8.25 个 BDE-15 和 3.6 个 BDE-28，那么胶束核体积可能会增加 6.6%。对于其他体系而言，胶束的增加程度甚至更小。除了这些计算，DLS 结果也表明增溶后胶束尺寸变化微弱。因此，这些结果说明增溶过程中胶束的性质不变。

表 6-18　25℃下 BDE-15、BDE-28 和 BDE-47 在 Brij 系列表面活性剂中的 $K_1 (10^6)/S^M$ 值

表面活性剂	BDE-15 $K_1 (10^6)/S^M$			BDE-28 $K_1 (10^6)/S^M$			BDE-47 $K_1 (10^6)/S^M$		
	BDE-15	BDE-15/ BDE-28	BDE-15/ BDE-47	BDE-28	BDE-28/ BDE-15	BDE-28/ BDE-47	BDE-47	BDE-47/ BDE-15	BDE-47/ BDE-28
Brij78	33.09/13.10	35.31/13.98	35.67/14.12	19.98/3.43	22.90/3.94	22.36/3.85	42.91/1.33	50.64/1.57	47.16/1.46
Brij58	19.52/7.73	20.82/8.25	20.29/8.03	17.00/2.92	20.92/3.60	18.31/3.15	27.54/0.85	35.39/1.10	30.92/0.96
Brij35	6.04/2.39	6.65/2.63	6.66/2.64	8.32/1.43	10.54/1.81	9.28/1.60	15.04/0.47	19.82/0.61	16.99/0.53

注：参数的误差范围为±5%。

表 6-19　25℃下 BDE-15、BDE-28 和 BDE-47 在不同表面活性剂体系中的 ΔG_{excess}^0 和 ω/RT 值

表面活性剂	ΔG_{excess}^0 /(kJ/mol)			$(\omega/RT)/10^{-3}$		
	BDE-15/ BDE-28	BDE-15/ BDE-47	BDE-28/ BDE-47	BDE-15/ BDE-28	BDE-15/ BDE-47	BDE-28/ BDE-47
Brij78	−2.058	0.264	0.022	−4.840	1.186	0.045
Brij58	−2.757	0.156	0.175	−5.261	0.598	0.396
Brij35	−2.635	−0.348	0.002	−4.402	−0.914	0.004

注：ΔG_{excess}^0 的误差范围±6%。

BDE-15/BDE-28 体系的 ω/RT 值比 BDE-15/BDE-47 体系更小，可能是由于 BDE-15 和 BDE-28 在胶束中的相互作用更充分(表 6-19)。BDE-28/BDE-47 混合物在所有表面活性剂中的 ω/RT 值都是正的，说明它们主要在胶束疏水核中。

6.5.5　复合污染土壤洗脱与模型预测

由表 6-20 可知，土壤的砂和黏土的质量分数分别为 42.4%和 41.7%。由于土壤的有机质含量只有 0.47%，因此土壤淋洗的效率可能较高。

表 6-20　土壤性质

样品	BET/(m²/g)	CEC/(mmol/kg)	有机质含量/%	pH	黏土含量/%	壤土含量/%	砂含量/%
土壤 A	33.8	67.9	0.47	5.87	41.7	15.9	42.4

由图 6-34 可知，BDE-15 和芘在 TX-100 中相互促进，可能是由于 BDE-15 和芘在栅栏层的增溶进而导致胶束核体积的增加。而且，表面活性剂对复合土壤的洗脱效率高于对单独污染物的洗脱效率，这进一步表明污染物之间的协同增溶可能会减少表面活性剂的修复成本(图 6-35)。

研究发现，协同增溶的程度可能部分取决于表面活性剂的性质。Brij78 有较大的胶束聚集数和低 HLB 值，可以为污染物提供更多的疏水性空间，从而增加污染物在疏水核中的竞争。Brij35 有较小的胶束聚集数，因此使得更多 BDEs 在亲水链存在，导致较强的协同增溶。一般来讲，胶束聚集数较大的表面活性剂可以作为土壤淋洗剂。例如，Brij78 适合于 BDE-15/BDE-28 及 BDE-15/BDE-47 复合

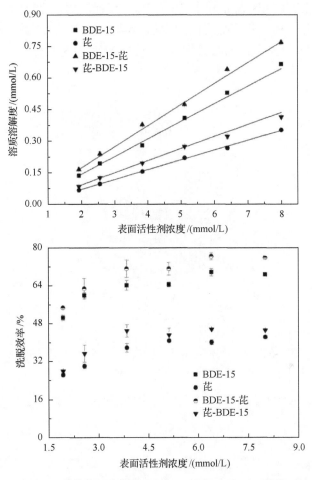

图 6-34 BDE-15 和芘的混合增溶及 TX-100 对 BDE-15、芘和 BDE-15-芘
混合污染土壤的洗脱

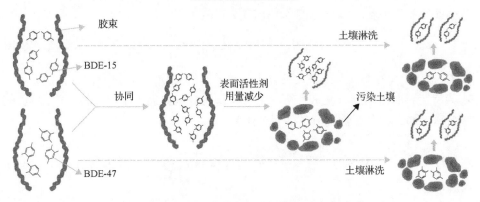

图 6-35 协同/竞争效应和土壤淋洗成本的关系

污染土壤，因为 BDEs 总量较大（图 6-36）。然而，BDE-28/BDE-47 混合物的总 MSR 值在 Brij58 和 Brij78 中相似。因此，笔者认为胶束聚集数较小的表面活性剂也可以作为修复药剂，因为污染物在此类表面活性剂内的竞争可能较弱。

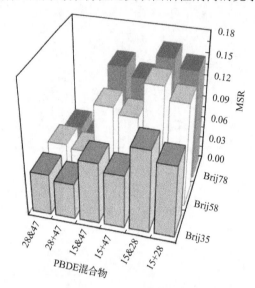

图 6-36　表面活性剂体系中总 BDEs 的理论和实际 MSR 值
"+" 和 "&" 分别代表理论值和实际值

图 6-37（a）表示对污染物 a 和 b 的混合增溶曲线：

$$Y_2 = \mathrm{MSR}_{a\&b} C_{\mathrm{Surf}} + C_2 \qquad (6\text{-}9)$$

式中，$\mathrm{MSR}_{a\&b}$ 为单位摩尔表面活性剂增溶的总污染物的量；Y_2 为在某一表面活性剂浓度下增溶的总污染物的量；C_{Surf} 为表面活性剂浓度。如果没有协同或抑制作用发生，而且表面活性剂胶束空间足够大，那么增溶混合物的曲线由两个单独增溶的曲线加和得到[如 a+b，图 6-37（a）]：

$$Y_1 = \mathrm{MSR}_{a+b} C_{\mathrm{Surf}} + C_1 \qquad (6\text{-}10)$$

式中，MSR_{a+b} 为单位摩尔表面活性剂增溶的总污染物的量（没有协同抑制效应）；Y_1 为特定表面活性剂浓度下增溶的总污染物的量。如果为了得到特定的污染物洗脱效率，那么表面活性剂节省的百分比为

$$\mathrm{save}\% = \frac{C_{\mathrm{Surf}1} - C_{\mathrm{Surf}2}}{C_{\mathrm{Surf}1}} \times 100\% = \left(1 - \frac{C_{\mathrm{Surf}2}}{C_{\mathrm{Surf}1}}\right) \times 100\% \qquad (6\text{-}11)$$

而且，当 Y_1 等于 Y_2 时，$C_{\mathrm{Surf}2}$ 可以描述为

$$C_{\text{Surf}2} = \frac{\text{MSR}_{a+b}C_{\text{Surf}1} + C_1 - C_2}{\text{MSR}_{a\&b}} \tag{6-12}$$

因此，合并方程(6-9)和方程(6-10)，可以计算表面活性剂节省的百分比：

$$\text{save}\% = 1 - \frac{\text{MSR}_{a+b}C_{\text{Surf}1} + C_1 - C_2}{\text{MSR}_{a\&b}C_{\text{Surf}1}} \times 100\% \tag{6-13}$$

图 6-37(b)表示混合增溶过程中节省的表面活性剂。在笔者的研究体系中，最多可以节省 17%的表面活性剂，说明混合增溶对土壤淋洗过程的重要性。对于选择表面活性剂而言，应该考虑几点情况。第一，假设表面活性剂 A 和 B 分别有较大和较小的胶束聚集数[图 6-37(c)]。当在 B 胶束中污染物的协同作用更强时，B 的用量可以等于甚至小于 A 的用量。第二，假设 a 和 b 在表面活性剂 A 中相互抑制，在 B 中相互促进[图 6-37(d)]，那么笔者更可能选择 B 作为修复药剂。

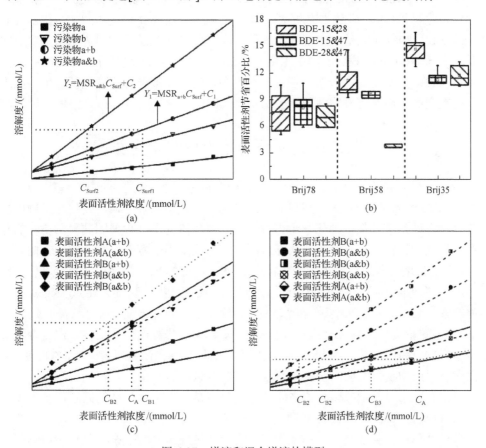

图 6-37　增溶和混合增溶的模型

(a)污染物 a 和 b 的单独增溶曲线，以及有或无协同竞争作用下的混合增溶曲线；(b)混合增溶过程中表面活性剂节省百分比；(c)和(d)为选择表面活性剂时需要考虑的两种条件

第7章 重金属–多氯联苯复合污染土壤同步洗脱技术

电子垃圾污染土壤中多种重金属和毒害有机物共存，而化学氧化法仅对有机物有效，微生物对 PCBs、PBDEs 等 POPs 的降解效果很差。此外，生物修复对电子垃圾拆解区重度污染土壤的修复很难达到理想的效果，一般仅适用于拆解区周边大面积低浓度污染土壤的修复。淋洗修复由于操作简便、可控性好、修复速率快和处理条件温和等优点，在小面积污染场地土壤修复中受到很大重视。研究表明，无机酸及有机螯合剂（如 EDTA、EDDS 等）可促进重金属从土壤中脱除（Yuan et al., 2007a; Koopmans et al., 2008; Cao et al., 2013），增溶物质（如表面活性剂、环糊精衍生物等）可促进疏水有机物（HOCs）的脱除（Roy et al., 1997; McCray and Brusseau, 1998）。但是，由于重金属和 HOCs 的性质的差异，对脱除药剂功能的要求不同，有关同时脱除土壤中重金属和 HOCs 的报道很少（彭立君等，2008; Yuan et al, 2010）。从理论上分析，通过螯合剂和增溶物质混合，实现电子垃圾污染土壤中重金属和毒害有机物的同步脱除是可行的。

7.1 电子垃圾拆解场地土壤复合污染概述

复合污染是指多元素或多种化学品（即多种污染物）对同一介质（土壤、水、大气、生物）的同时污染（陈怀满和郑春荣，2002）。在自然界中，所发生的污染可能是以某一种元素或某一种化学品为主，但在多数情况下，也伴随其他污染物的存在。无机污染物和有机污染物共存时的复合污染是当前复合污染研究的方向和重点。目前报道较多的是同时存在重金属和有机物（如农药、石油烃、芳香烃和螯合剂等）的复合污染，吴志能等（2016）以 CNKI 系列全文数据库和 ISI Web of Knowledge 为检索工具，以"复合污染"和"修复"为检索主题的关键词，选定发表于 2001～2015 年的论文，土壤重金属–有机污染物复合污染修复的研究最多，占复合污染土壤修复研究论文总数的 58%；其次是重金属复合污染修复研究，占总数的 36%；而有机污染物复合污染的研究相对较少，仅占总数的 6%。

复合污染中元素或化合物之间的相互作用是一个十分复杂的问题，其中以无机-有机复合污染尤为突出。多种污染物同时存在于同一环境中，由于污染物的种类多样性和结构复杂性，其相互作用的途径和机理也非常复杂，复合污染物产生的效应不是简单等同于单一污染组分的效应之和（李冰和李玉双，2017）。进入土壤的有机污染物可以通过物理吸附、化学吸附、氢键结合和配价键结合等形式吸附在土壤颗粒表面，其吸附容量往往与土壤中有机胶体和无机胶体的阳离子吸附容量有关，也与土壤胶体的阳离子组成有关。土壤中有机物质的碳链结构形成疏水环境，使疏水性有机物吸附在土壤表面，因而在土壤中的有机污染物主要吸附在土壤中的有机质上。重金属在土壤中的吸附行为则受多个因素的影响，主要包括阳离子交换容量、土壤组成成分、有机质含量、重金属离子性质等。重金属通常会影响有机污染物在土壤上的吸附，因为重金属通过与有机物的羧基、羟基、胺基等官能团产生络合作用而吸附于土壤颗粒，而极性有机污染物会由于静电作用和氢键作用而被吸附在土壤表面，从而与重金属产生竞争吸附(Schnoor et al., 1995; 杨强, 2004)。土壤中的重金属与有机污染物之间也能够发生配位反应生成有机配合体，而这种配合体可能会改变土壤-水界面上的分配系数，导致重金属在土壤中的表观吸附量升高或降低。

电子垃圾经过拆解、焚烧之后，其中的污染物进入土壤和水体中，通常这些污染物都不会是单一的，而是体系更复杂的复合污染物。在我国，电子垃圾所带来的污染已经成为重要的环境问题，一些电子垃圾拆解地土壤中的毒害有机物和重金属含量远高于对照区(Leung et al., 2007; Guo et al., 2009; 徐莉等, 2009; Zhang et al., 2012; 刘庆龙等, 2012; Law et al., 2014)，而这两类污染中，重金属的污染显得尤为突出。例如，广东贵屿镇某电路板回收处置作坊表土中 Cu 和 Pb 平均含量分别为 8360mg/kg 和 110000mg/kg (Leung et al., 2006)；在广东清远龙塘、石角地区，电子废弃物焚烧土壤中的 Cu、Pb 的含量最高达 14138.7mg/kg 和 13288.6mg/kg，11 个样点的 Cu、Pb、Cd 平均含量分别达到 4850.6mg/kg、1714.5mg/kg 和 10.5mg/kg，远远超过了国家《土壤环境质量农用地土壤污染风险管控标准(试行)》(GB 15618—2018)规定的风险筛选值和风险管控值(不含 Cu)；而在附近的电子废物焚烧烟气沉降区，土壤中的 Cu、Pb 和 Cd 的含量最大值分别为 437.6mg/kg、209.9mg/kg 和 2.44mg/kg，平均含量也高达 202.6mg/kg、106.4mg/kg 和 1.57mg/kg(罗勇等, 2008a, 2008b)。

PCBs 是电子垃圾拆解、焚烧地区土壤中主要的有机污染物之一。张微(2013)发现台州废弃电子垃圾拆解区土壤样品中 PCBs 总含量为 0.19～35.92mg/kg，其中废弃拆解区土壤受 PCBs 污染最为严重，总 PCBs 平均值达 30.63mg/kg，远超出正常背景值(0.42mg/kg)；吴江平等(2011)调查了广东省清远市龙塘镇某电子垃圾拆卸场附近水塘沉积物中的 PCBs 含量，研究表明沉积物中总 PCBs 含量达到 24.5～38.6mg/kg(干重)，证实当地土壤环境已受到 PCBs 严重污染。

电子垃圾拆解场地的污染物类别多且复杂，毒性高、污染程度严重，污染直径范围大。且污染场地中除了重金属和传统有机污染物外，还存在多类新型有机污染物和外源性有机质，特性复杂且污染程度同样严重，修复难度相当大。重金属和 PCBs 是电子垃圾拆解区典型的污染物，作为无机污染物和持久性有机污染物的代表物质，它们具有高毒性、难降解(或不降解)和易积累等特点，一直受到广泛的关注。

对于电子垃圾拆解场地污染土壤而言，由于其污染物浓度相对较高，通常使用化学淋洗的方法来对其进行修复。化学淋洗技术修复污染土壤是通过络合作用和酸溶作用，使重金属(Cu、Pb、Cd 等)从固相的土壤中转移到液相淋洗液中，再通过增溶作用使得吸附在土壤上的疏水性有机污染物(PCBs、PBDEs 等)从土壤上解吸下来而分配到水相中(李玉双等, 2011)。

常用的重金属螯合剂有 EDTA、柠檬酸、酒石酸等，常用的表面活性剂有吐温 80、TX-100、SDBS、SDS、CTMAB、β-环糊精等。然而目前常用的淋洗剂处理对象单一，往往只能针对疏水性有机物或者重金属其中一种(类)污染物起去除作用，难以实现重金属和疏水性有机物的同步洗脱，所以需要进一步开发可以高效同步洗脱重金属和疏水性有机物的淋洗剂。

7.2　单一淋洗剂的同步洗脱性能比较

有一些结构较为特殊的表面活性剂，如两性表面活性剂中的甜菜碱类表面活性剂和咪唑啉类表面活性剂，生物表面活性剂中的皂素、鼠李糖脂、表面活性素等，它们的结构较为复杂，既有表面活性的功能，在分子中又都存在羧基，可以与重金属形成络合物(Herman et al., 1995; Mulligan et al., 1999a, 1999b; Juwarkar et al., 2007; Bendaha et al., 2016)。它们既可以有效去除土壤中的污染物，又容易被降解，并不会破坏土壤的结构和理化性质。理论上这类表面活性剂可以实现重金属与疏水性有机物的同步洗脱, 如 Song 等(2008)利用皂素洗脱复合污染土壤中的菲和 Cd; Yang 等(2010)利用氨基酸改性 β-环糊精洗脱复合污染土壤中的蒽和 Cd。

为了达到同时去除土壤中重金属与 PCBs 的目的，笔者对几种常用的螯合剂和表面活性剂在复合污染情况下的洗脱性能进行了对比，并重点考察了几种两性表面活性剂对重金属与 PCBs 的同步洗脱效果。为了达到最理想的实验效果，选用了清洁土壤加入目标污染物以模拟实际受污染的土壤(清洁土壤的理化性质见表 3-1)，模拟污染土壤中污染物含量及重金属形态分布见表 7-1。

表 7-1　模拟污染土壤中污染物含量及重金属形态分布 (单位：mg/kg)

污染物	总量	酸可提取态	可还原态	可氧化态	残渣态
Cu	5021.63±11.26	4015.21±21.39	398.43±0.87	39.52±0.02	568.47±0.12
Pb	2092.39±4.57	1262.06±2.23	478.62±0.97	32.17±0.03	319.54±1.85
Cd	52.86±1.17	47.66±0.04	1.83±0.39	0.09±0.01	3.28±0.14
PCBs	11.79±1.03				

7.2.1　单一螯合剂对重金属和多氯联苯的洗脱效果

针对重金属污染洗脱研究使用较多的螯合剂为 EDTA、DTPA、EDDS、柠檬酸和皂素等(Tandy et al., 2004; Dermont et al., 2008; Lestan et al., 2008; 李玉双等, 2011; 高国龙等, 2013; 许中坚等, 2014; 孙涛等, 2015), 探讨在重金属和 PCBs 复合污染的情况下, 不同螯合剂对复合污染土壤中重金属和 PCBs 的洗脱效果。使用 20g/L 螯合剂、水土比为 20∶1 进行批量平衡振荡, 在 25℃、150r/min 下振荡 24h 后测得各螯合剂对复合污染土壤中重金属和 PCBs 的洗脱效果如图 7-1 所示。

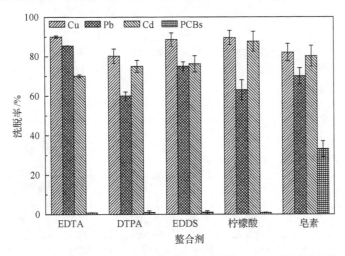

图 7-1　不同螯合剂对复合污染土壤中重金属和 PCBs 的洗脱效果

EDTA、DTPA、EDDS、柠檬酸和皂素对土壤中重金属的洗脱效果都较好, 但只有皂素对 PCBs 有一定的洗脱效果。淋洗剂对不同重金属的洗脱中, 对 Cu 的洗脱效果最好, 洗脱率均大于 80%; Cd 的洗脱效果次之, 洗脱率均大于 70%。

EDTA、DTPA、EDDS 等人工螯合剂近几年广泛应用于重金属污染土壤的淋洗。其作用机理主要是通过与土壤中的重金属 Cu、Pb、Cd 进行螯合, 将吸附在土壤颗粒及胶体表面的重金属离子解络下来, 然后再利用自身强的螯合作用和重金属离子形成强的螯合体, 从土壤中分离出来。但人工螯合剂进入土壤后较难被降解, 容易造成土壤的二次污染, 因此现在更多使用替代产品。柠檬酸是一种由植物分泌于根围中, 在土壤/根的交互中占有重要作用的物质, 它们可与各种重金属螯合, 形成中等稳定性的配合物, 螯合能力不如人工螯合剂。但它们是天然产物, 相对较为便宜, 生物可降解性强, 对环境的影响比 EDTA 等人工螯合剂更加友好, 因此它比 EDTA 等人工螯合剂更有优势。皂素, 又称皂角苷、皂苷, 是一种生物表面活性剂, 常用作乳化剂、发泡剂及防腐剂, 结果表明皂素对重金属 Cu、Pb、Cd 的洗脱效果较好, 并且同时能对 PCBs 产生一定的洗脱效果。

7.2.2 单一表面活性剂对重金属和多氯联苯的洗脱效果

针对疏水性有机物污染洗脱的研究中使用较多的表面活性剂为：TX-100、吐温 80、SDBS、β-环糊精和皂素等(Ahn et al., 2008; 李玉双等, 2011; 叶茂等, 2012; Mao et al., 2015; Trellu et al., 2016; Liang et al., 2017; 李爽等, 2017)，探讨在重金属和 PCBs 复合污染的情况下，不同的表面活性剂对复合污染土壤中重金属和 PCBs 的洗脱效果。使用 10g/L 表面活性剂、水土比为 20∶1 进行批量平衡振荡，在 25℃、150r/min 下振荡 24h 后测得各表面活性剂对复合污染土壤中重金属和 PCBs 的洗脱效果如图 7-2 所示。

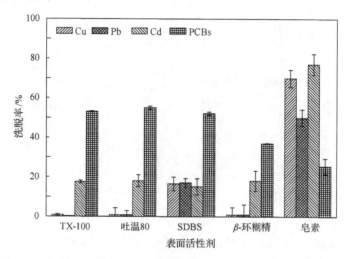

图 7-2　不同表面活性剂对复合污染土壤中重金属和 PCBs 的洗脱效果

TX-100、吐温 80、SDBS、β-环糊精和皂素对 PCBs 都有一定的洗脱效果，在浓度为 10g/L 时，TX-100、吐温 80、SDBS、β-环糊精和皂素对 PCBs 的洗脱率可分别达到 53.12%、54.99%、52.10%、36.99%、25.35%，其中吐温 80 的洗脱效果最好，皂素最差。但是，皂素同时对 Cu、Pb、Cd 三种重金属有较好的洗脱效果，对重金属的洗脱率远高于其他表面活性剂。几种表面活性剂对 Cd 的洗脱率均超过 10%，但 TX-100、吐温 80 和 β-环糊精对 Cu、Pb 的洗脱率都仅为 1%左右。

综合图 7-1 和图 7-2 可知，除皂素外，单一的螯合剂或单一的表面活性剂都很难实现重金属和 PCBs 的同时洗脱；皂素对重金属有较好的洗脱效果，但对 PCBs 的洗脱效果一般，在 20g/L 的浓度下 PCBs 洗脱率仅为 33%。皂素作为一种生物表面活性剂，含有较多的络合官能团及螯合基团，如—COOH、—OH、—C=O 等，这些基团通过与重金属离子发生螯合和络合反应将重金属离子解吸下来(Hong et al., 2002)。相比而言，20g/L 的皂素对重金属和 PCBs 的洗脱率高于 10g/L 时的洗脱率，许中坚等(2014)认为皂素的质量分数为 1%时，土壤颗粒吸附的是单分子皂素，此时的浓度还无法改变固液界面的性质，重金属很难脱离土壤颗粒，从而导致洗脱率较低；随着皂素浓度增大到超过其临界胶束浓度，形成的胶团把重金属包围在多个皂素分子之间，使其与土壤颗粒很难再结合，重金属会随着这种胶团转移到土壤液相中，使重金属的洗脱率增加。

7.2.3　两性淋洗剂对重金属和多氯联苯同步洗脱效果

螯合性表面活性剂是一种新型的功能型表面活性剂，是由有机螯合剂衍生而得的产物，分子中含有一个长链的烷(酰)基和几个相邻的离子亲水基。早期的产品多是由 EDTA 与脂肪醇、脂肪胺制备的混合酯或混合酰胺产物。EDTA 衍生物类表面活性剂是将 EDTA 分子中的一个羧甲基被一个长碳链的疏水基所取代后的衍生产物。EDTA 在与金属发生络合的反应中，只有三个羧基和两个 N 原子参与了反应，第四个羧甲基对螯合作用影响甚微，因此，将此多余的羧甲基取代或在其上引入一个长碳链疏水基，则此分子就兼具了表面活性与螯合能力双重功能(梁政勇等, 2004a, 2004b)。但鉴于 EDTA 衍生物与 EDTA 一样可能带来二次污染，一些基于柠檬酸、甜菜碱等衍生物的绿色替代品也就应运而生(王学川等, 2008; 赵贤俊, 2008; 郑延成等, 2010; 曲广淼等, 2011)。

由柠檬酸和脂肪醇衍生的螯合性表面活性剂不但具有优异的螯合能力和表面活性，对人体和环境安全，而且两种原料均属于绿色化学品。柠檬酸酯类表面活性剂具有良好的乳化、润湿、增溶及分散能力，作为一种无毒、无污染、无刺激且生物降解性好的"绿色化工产品"，可以用作润滑剂、增塑剂、乳化剂、浸润剂、柔软剂、洗涤剂及调理剂等，柠檬酸高级脂肪醇酯是一类国际上比较流行的新型非离子表面活性剂(张天胜和胥金辉, 2005)，具有耐盐性能，如可用于高盐环境下的石油采收。但由于柠檬酸的酯化反应消耗了至少一个羧基，造成柠檬酸的螯合能力被削弱，如相比于双酯和三酯，单酯的抗盐效果会好很多(邹超等, 2011)。因此，柠檬酸酯类表面活性剂的螯合能力比柠檬酸要弱，这将不利于其对土壤中重金属的洗脱去除。

甜菜碱的学名为三甲基甘氨酸，是一种生物碱，可从天然植物的根、茎、叶及果实中提取，其结构如图 7-3(a)所示。天然甜菜碱中的甲基可以被其他取代基取代，得到诸多烷基芳香甜菜碱或烷基酰胺丙基甜菜碱等甜菜碱型两性表面活性剂。烷基类甜菜碱(如十二烷基二甲基甜菜碱)对皮肤刺激性低，生物降解性好，具有优良的去污杀菌、柔软性、抗静电性、耐硬水性和防锈性，有优良的发泡能力，适用于配制香波、泡沫浴、敏感皮肤制剂、儿童清洁剂等。烷基酰胺甜菜碱(如椰油酰胺丙基甜菜碱)性能比烷基甜菜碱有明显提高：有优良的溶解性、配伍性、发泡性、显著的增稠性、低刺激性和杀菌性，配伍使用能显著提高洗涤类产品的柔软性、调理性和低温稳定性，具有良好的抗硬水性、抗静电性及生物降解性，广泛用于配制中高级香波、沐浴液、洗手液、泡沫洁面剂等和家居洗涤剂，是制备温和婴儿香波、婴儿泡沫浴、婴儿护肤产品的主要成分，在护发和护肤配方中是一种优良的柔软调理剂，还可用作洗涤剂、润湿剂、增稠剂、抗静电剂及杀菌剂等(何元君和张铸勇, 1996; 郑延成等, 2010)。

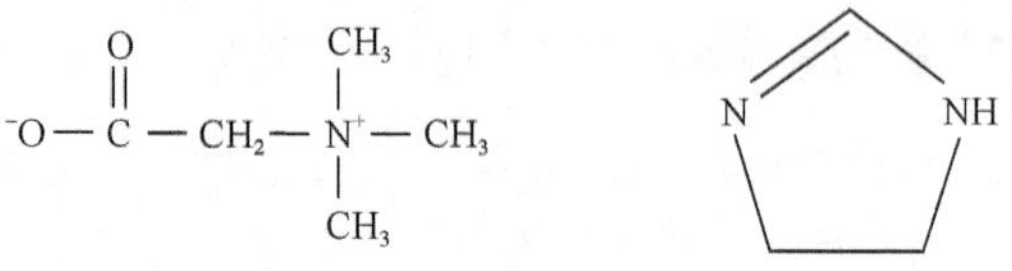

(a) 甜菜碱　　　　　　(b) 2-咪唑啉

图 7-3　甜菜碱和咪唑啉分子结构图

　　咪唑啉学名为间二氮杂环戊烯，又称二氢咪唑，根据双键的位置有 2-咪唑啉、3-咪唑啉和 4-咪唑啉三种异构体，其中 2-咪唑啉及其衍生物因特殊的结构特征及优异的反应活性而备受关注并被广泛应用(魏俊萍等, 2013)。2-咪唑啉结构如图 7-3(b)所示，具有 1 个含氮五元杂环，杂环上碳、氮原子可连接具有不同活性基团(如酰胺官能团、胺基官能团、羟基)的亲水支链和含有不同碳链的烷基疏水支链，形成表面活性剂。咪唑啉型表面活性剂是一类性能优异的表面活性剂，其分子中同时含有阴、阳两种离子基，是改良型和平衡型的两性表面活性剂，其性质温和，有良好的去污、起泡和乳化性能，尤其以极低的毒性、对皮肤和眼睛的刺激性极低，发泡性很好，优异的乳化性能及良好的生物降解性，广泛用于婴儿用香波和低刺激性香波中，也用于化妆品和清洁剂生产中(刘军海和李志洲, 2006; 马涛和汤达祯, 2007; 郑彤等, 2011)。

　　鉴于同时具有表面活性剂和螯合功能的皂素能同时洗脱复合污染土壤中的重金属和 PCBs，笔者进一步考察了十二烷基二甲基甜菜碱、椰油酰胺丙基甜菜碱、月桂基两性咪唑啉、椰油基两性咪唑啉等具有螯合基团的 4 种两性表面活性剂对该复合污染土壤中重金属和 PCBs 的洗脱效果，并同时与对重金属有较好洗脱效果的环境友好型天然螯合剂柠檬酸及对 PCBs 有较好洗脱效果的绿色无毒表面活性剂吐温 80 的洗脱效果进行比较，结果如图 7-4 所示。

　　当淋洗剂的浓度均为 5g/L 时，蒸馏水(A)对于 Cu、Pb 和 PCBs 的洗脱几乎没有效果，在污染土壤中，污染物以复杂的形态附着在土壤颗粒上，用水很难将其洗脱出来；浓度为 5g/L 时的十二烷基二甲基甜菜碱、椰油酰胺丙基甜菜碱、月桂基两性咪唑啉、椰油两性咪唑啉、皂素等 5 种结构特殊的表面活性剂(B~F)对 Cu、Pb、Cd 和 PCBs 的洗脱率比较接近，除了对 Cd 的洗脱率较高外，对 Cu、Pb 和 PCBs 的洗脱率都较低；浓度为 5g/L 的吐温 80(G)对重金属的洗脱效果极差，但对 PCBs 的洗脱则有较好的效果，接近 30%；浓度为 5g/L 的柠檬酸(H)对于三

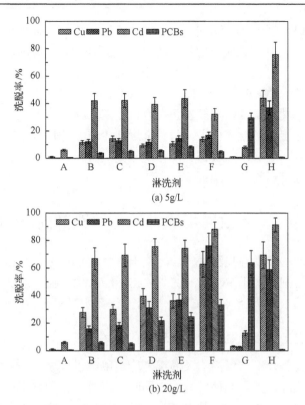

图 7-4　不同淋洗剂对复合污染土壤中重金属和 PCBs 的洗脱效果

A. 蒸馏水；B. 十二烷基二甲基甜菜碱；C. 椰油酰胺丙基甜菜碱；D. 月桂基两性咪唑啉；
E. 椰油两性咪唑啉；F. 皂素；G. 吐温 80；H. 柠檬酸

种重金属的洗脱效果较好，尤其是对 Cd 的洗脱率达到了 76%，这是因为柠檬酸分子上有多个羧基，对重金属有很好的酸溶作用和络合作用(Tang et al., 2007)，但是其对 PCBs 则几乎没有洗脱效果。

　　当淋洗剂的浓度均为 20g/L 时，十二烷基二甲基甜菜碱、椰油酰胺丙基甜菜碱、月桂基两性咪唑啉、椰油两性咪唑啉四种两性表面活性剂(B～E)对 Cu、Pb、Cd 和 PCBs 的洗脱率都比 5g/L 时有所提高，但是提高的幅度不大，相比之下，咪唑啉类表面活性剂(D、E)的洗脱效果比甜菜碱类表面活性剂(B、C)要好些；皂素(F)对 Cu、Pb、Cd 和 PCBs 的洗脱率相比 5g/L 时，则有很大的提高，20g/L 的皂素对 Cu、Pb、Cd 和 PCBs 的洗脱率分别达到了 63%、76%、88%和 33%，尤其是对于重金属的洗脱，接近于同浓度下柠檬酸(H)的洗脱率；但相比之下，该浓度下皂素对于 PCBs 有一定的洗脱效果，而柠檬酸对于 PCBs 还是几乎没有洗脱效果；吐温 80 在 20g/L 时对 PCBs 的洗脱率达到 64%，但对重金属 Cu、Pb 洗脱效果较差，对于 Cd 有一定的洗脱率，这与吐温 80 分子中含有少量的羟基有关。

　　结果表明，在低浓度时，皂素与 4 种两性表面活性剂一样对 Cu、Pb、Cd 和

PCBs 的洗脱效果欠佳，但当皂素的浓度增加到 20g/L 时，体现出了其综合去除能力，对于 4 种污染物都具有一定的洗脱率，尤其是对重金属的洗脱效果较佳。对于皂素这种特性，可以从三方面的原因来解释：首先，它的结构中具有较多可以起到络合作用的—COOH、—OH、—C═O 等，从而可洗出重金属；其次，皂素本身的表面活性功能，可以降低表面张力和胶束浓度，导致 PCBs 的洗出；最后，皂素可以吸附在土壤颗粒表面上，与重金属和 PCBs 作用，使污染物脱离土壤颗粒，更易洗脱 (Hong et al., 2002)。所以皂素是一种可以同步洗脱复合污染土壤中重金属和疏水性有机物的淋洗剂。

7.3　高效同步洗脱复合淋洗剂的研制

尽管皂素能够实现同步洗脱复合污染土壤中的 Cu、Pb、Cd 和 PCBs，但其洗脱效率不高，特别是对于 PCBs 的洗脱，在 20g/L 时洗脱率也仅有 30%。为了同时高效去除土壤中的重金属与 PCBs，有必要进一步寻求高效的同步洗脱淋洗剂。

7.3.1　复合淋洗剂同步洗脱技术研究现状

理论上通过螯合剂与增溶物质的混合能实现电子垃圾污染土壤中重金属与多氯联苯的同步脱除。然而当两种淋洗剂同时使用时，它们分别在土壤与溶液中形成的体系将对彼此产生影响，从而间接地对污染物的洗脱能力产生影响。例如，刘婷 (2013) 研究吐温 80 和 EDTA-2Na 对菲-Cd(II)、菲-芘-Cd(II)-Pb(II) 复合污染土壤的洗脱作用时发现：当吐温 80 浓度一定时，EDTA-2Na 浓度的增加会对菲、芘的洗脱产生一定的抑制作用；当 EDTA-2Na 浓度一定时，吐温 80 浓度的增加也会对 Cd(II)、Pb(II) 的洗脱产生一定的抑制作用。

近年来，对于重金属和疏水性有机物复合污染土壤的洗脱研究较多关注重金属和 PAHs 的复合污染。例如，Khodadoust 等 (2005) 利用 EDTA (或柠檬酸) 和吐温 80 先后分步洗脱了土壤中的 Pb、Zn 和菲，但未尝试两者混合的同步洗脱性能；Zhao 等 (2013) 使用 EDTA 和吐温 80 复合淋洗剂实现了对复合污染土壤中 Cu、Pb、菲和芘的同步洗脱；Ye 等 (2014) 使用 50g/L 羧甲基-β-环糊精和 5g/L 羧甲基壳聚糖，对 PAHs、Pb、Cd、Cr、Ni 和 F 的单次洗脱率分别为 77.2%、67.1%、54.7%、53.4%、41.4% 和 83.3%，连续淋洗 3 次的洗脱率则可达 94.3%、93.2%、85.8%、93.4%、83.2% 和 97.3%；Zhao 等 (2016) 使用 4000mg/L 吐温 80 和 0.04mol/L 柠檬酸对复合污染土壤中菲和 Cu 的同步洗脱率分别为 91.6% 和 78.1%；Ye 等 (2017) 通过添加茶皂素提高豆油-水体系对污染土壤中 PAHs、Cd 和 Ni 的洗脱效率，发现使用 15mL/L 豆油和 7.5g/L 茶皂素连续淋洗两次对 PAHs、Cd 和 Ni 的洗脱率分别为 96.3%、94.1% 和 89.4%，其中对三环和四环 PAHs 的洗脱率高达 98.2% 和 96.4%；

Zhao 和 Wang (2017) 使用 3250mg/L TX-100 和 0.1mol/L 柠檬酸同步洗脱了复合污染土壤中的菲和 Ni，洗脱率分别为 93.1% 和 80.7%。此外，也有文献报道了有机氯农药和重金属复合污染土壤的同步洗脱，Wan 等 (2015) 使用 1% 鼠李糖脂和 0.1mol/L 柠檬酸同步洗脱复合污染土壤中的林丹、Cd 和 Pb，最高洗脱率分别为 85.4%、76.4% 和 28.1%。

　　近年来，国内外对于同步洗脱去除复合污染土壤中重金属和多氯联苯的研究呈增多的趋势。Shin 等 (2004) 较早使用曲拉通 (TX-114、TX-100) 和 I⁻实现同步洗脱 PCBs 和 Cd；Cao 等 (2013b) 利用皂素和 EDDS 的混合液同步洗脱了土壤中的 PCBs、Pb 与 Cu，使用 10mmol/L EDDS 和 3g/L 皂素对 PCB、Pb 和 Cu (初始浓度分别为 22.9mg/kg、184.4mg/kg 和 122.3mg/kg) 的最高洗脱率分别为 45.7%、99.8% 和 85.7%；Ye 等 (2015) 使用 5.0mL/L 豆油和 5.0g/L 茶皂素单次淋洗对电子垃圾污染土壤中的 PBDEs、PCBs、PAHs、Pb 和 Ni 的洗脱率分别为 71.2%、74.2%、67.1%、71.7% 和 74.7%，而连续淋洗 2 次的累计洗脱率则分别提高至 96.4%、97.1%、95.1%、83.5% 和 87.1%；Chen 等 (2016) 使用 15g/L 甲基-β-环糊精和 10g/L 茶皂素同步洗脱电子垃圾污染土壤中的疏水性有机物 (含 PBDEs、PCBs、PAHs) 和重金属 (含 Pb、Cu、Ni)，单次 120min 淋洗能洗脱 46.4% 的疏水性有机物和 50.2% 的重金属，3 轮 120min 淋洗的累计洗脱率分别为 86.3% 和 88.4%；在超声强化作用下，单次 60min 洗脱率提高至 62.5% 和 66.3%，在 2 轮 60min 的超声强化作用下的洗脱率则分别达 93.5% 和 91.2%，增加淋洗次数和超声辅助能显著提高污染物的洗脱率。

　　综合文献资料中重金属和疏水性有机物复合污染土壤的淋洗效率，皂素对于重金属有较高的淋洗去除率，但对于有机物 (特别是 PCBs) 的一次淋洗去除率均不高，一般低于 80%，因此，有必要寻求高效的复合淋洗剂，以期实现对重金属和疏水性有机物的高效同步去除。

7.3.2　柠檬酸-吐温 80 二元复合淋洗剂

　　1. 淋洗剂添加顺序对洗脱效果的影响

　　基于 6.2.1 和 6.2.2 节中单一螯合剂和单一表面活性剂对复合污染土壤中重金属和 PCBs 的洗脱效果。选择对土壤中重金属的淋洗效果及环境效应较好的天然螯合剂柠檬酸，与几种对污染土壤中 PCBs 增溶效果较好的物质：吐温 80、TX-100、SDBS、β-环糊精进行组合，采用多步骤依次加入淋洗剂的方法，寻求同步从土壤中脱除重金属 (Cu、Pb、Cd) 与 PCBs 的复合淋洗剂及其最佳洗脱工艺，淋洗试剂的添加顺序如表 7-2 所示，添加浓度均为 10g/L。淋洗剂添加顺序的实验结果如图 7-5 所示。

表 7-2　淋洗剂添加顺序

实验序号	第一步	第二步	组合标记
1	TX-100	柠檬酸	TX-100/柠檬酸
2	SDBS	柠檬酸	SDBS/柠檬酸
3	吐温 80	柠檬酸	吐温 80/柠檬酸
4	β-环糊精	柠檬酸	β-环糊精/柠檬酸
5	柠檬酸	TX-100	柠檬酸/TX-100
6	柠檬酸	SDBS	柠檬酸/SDBS
7	柠檬酸	吐温 80	柠檬酸/吐温 80
8	柠檬酸	β-环糊精	柠檬酸/β-环糊精

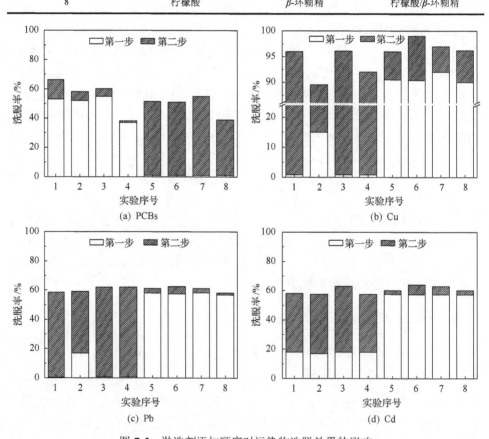

图 7-5　淋洗剂添加顺序对污染物洗脱效果的影响

　　由图 7-5(a)可知，在 1～4 种淋洗顺序实验中，表面活性剂对 PCBs 具有明显的洗脱能力，其中以 TX-100/柠檬酸和吐温 80/柠檬酸的洗脱率最高，可以达到 60%以上，而 β-环糊精与柠檬酸的组合对 PCBs 的洗脱率最低。在第二步加入柠檬酸时，PCBs 的洗脱率没有产生明显的增加趋势。其原因是 PCBs 是一种疏水亲油性的物质，而表面活性剂在水中形成的胶束有疏水性的空间，通过疏水性分配的作用促使 PCBs 从土壤转移到胶束中，随之脱离土壤，从而产生高的洗脱率(施周和何小路, 2004)。柠檬酸自身不能形成胶束，与 PCBs 的相互作用很弱，不能将 PCBs 溶解在柠檬酸溶液中而带出土壤。

同理，在第 5~8 种顺序淋洗实验中，第一步柠檬酸的加入并没有将大量的 PCBs 带出土壤。再加入与第 1~4 洗脱顺序同等体积的表面活性剂时，PCBs 的洗脱率明显增加。但是可以发现，5~8 种洗脱顺序的总 PCBs 洗脱率低于相应的第 1~4 种洗脱顺序的洗脱率。第一步使用表面活性剂，大量的 PCBs 被洗脱下来，后加入的柠檬酸对 PCBs 的洗脱率较低，总 PCBs 洗脱率有少量的提升效果。而第一步使用柠檬酸对 PCBs 的洗脱效果较差，总 PCBs 的洗脱率相对较低。这是因为在第一步使用表面活性剂之后，在土壤表面残留一定量的表面活性剂，再加入柠檬酸能促进剩余的 PCBs 的洗脱(刘婷, 2013)。

同样地，对于图 7-5(b)、图 7-5(c) 和图 7-5(d) 所对应的 Cu、Pb 和 Cd 三种重金属的 8 种洗脱顺序，也存在着相似的结果。对 Cu 洗脱效果较好的有：TX-100/柠檬酸、吐温 80/柠檬酸、柠檬酸/TX-100、柠檬酸/SDBS、柠檬酸/吐温 80、柠檬酸/β-环糊精，洗脱率$\geqslant$95%。其中 TX-100(或吐温 80) 与柠檬酸组合对重金属 Cu 的洗脱效果与添加顺序关系不大。对于 Pb 而言，淋洗剂添加顺序对洗脱效果影响不大，其中较好的组合为：吐温 80/柠檬酸、柠檬酸/SDBS。而对于 Cd 而言，表面活性剂对于 Cd 具有一定的洗脱效果，其中 SDBS 洗脱效果稍差，加入柠檬酸之后洗脱效果明显增加。而第一步加入柠檬酸时，能去除大量的 Cd，再加入表面活性剂时洗脱效果增加。这与 PCBs 洗脱效果的原理相似。

综合以上研究结果发现，表面活性剂对 PCBs 的洗脱效果较好，对重金属的洗脱效果较差，而螯合剂对 PCBs 几乎没有洗脱能力，对重金属的洗脱效果好。对比几种淋洗剂的组合方式发现，吐温 80 与柠檬酸的组合对重金属和 PCBs 的洗脱效果较好，且相互没有抑制作用，这与 Maturi 和 Reddy(2008b) 将吐温 80 与柠檬酸按照一定的顺序淋洗去除复合污染土壤中的重金属 Cu、Pb、Zn 和多环芳烃菲的研究结果相似。同时，吐温 80 的 CMC 值相对其他几种表面活性剂较小(表 7-3)，容易形成胶束，增溶能力强且在环境中容易被降解，具有环境亲和性，在食品和药品工业中常被用作乳化剂。因此，笔者选用吐温 80 与柠檬酸两种淋洗剂进行进一步的研究，考察两者的添加顺序对重金属和 PCBs 洗脱效果的影响，结果如图 7-6 所示。

表 7-3　所用淋洗剂的物理化学参数

淋洗剂	类型	分子式	CMC/(mmol/L)	纯度
TX-100	非离子表面活性剂	$C_{14}H_{28}O(C_2H_4O)_n$ (n=9.5)	0.32	99%
SDBS	阴离子表面活性剂	$C_{18}H_{29}NaO_3S$	2.87	99%
吐温 80	非离子表面活性剂	$C_{24}H_{44}O_6$	0.033	AR
β-环糊精	生物表面活性剂	$C_{42}H_{70}O_{35}$	—	96%
柠檬酸	天然螯合剂	$C_6H_8O_7$	—	99.5%

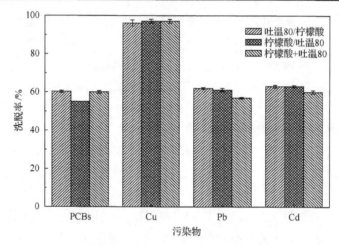

图 7-6　淋洗剂组合方式洗脱效果的影响

吐温 80/柠檬酸表示先吐温 80 后柠檬酸分两步，柠檬酸/吐温 80 表示先柠檬酸后吐温 80 分两步，
柠檬酸+吐温 80 表示吐温 80 和柠檬酸同时

从 PCBs 和重金属 Cu、Pb 和 Cd 的总体淋洗洗脱效果来看，吐温 80/柠檬酸、柠檬酸/吐温 80、柠檬酸+吐温 80 三种组合方式的洗脱效果没有明显的差别。对于 PCBs 和 Cu 而言，柠檬酸和吐温 80 同时添加的同步洗脱率略高于分步添加时的洗脱率，而 Pb 和 Cd 则相反，柠檬酸和吐温 80 同时添加的同步洗脱率略低于分步添加时的洗脱率。因此，从洗脱剂添加顺序方面来说，组合同步添加洗脱剂可在节省 50%淋洗时间的同时实现较高的 PCBs、Cu、Pb 和 Cd 的洗脱率。考虑综合洗脱效果，同时减少反应所需要的工时，后续研究选用柠檬酸与吐温 80 组合复配来淋洗修复重度重金属和 PCBs 复合污染的土壤。

2. 复合淋洗剂对不同 PCBs 的洗脱效果

研究所使用的 Aroclor 1254 商用 PCBs 中，四氯联苯(tetra-CBs)、五氯联苯(penta-CBs)、六氯联苯(hexa-CBs)含量分别为：4.86%、71.44%、21.97%，以五氯联苯、六氯联苯为主，此外还含有少量的三氯联苯(Tri-CBs)和七氯联苯(Hepta-CBs)。在检测过程中，由于三氯联苯、七氯联苯含量较少，很难被检测出。

在柠檬酸与吐温 80 各为 10g/L，调节 pH 为 6，连续振荡淋洗 12h 的条件下，对淋洗前后土壤中四氯联苯、五氯联苯、六氯联苯的出峰面积进行比对 (图 7-7)，发现淋洗剂对于四氯联苯的洗脱效果较好，能达到 83.21% 的洗脱率，而对于五氯联苯的洗脱效果较差，为 60.58%，六氯联苯洗脱率也在 56.32% 左右。因此，总 PCBs 的洗脱率为 60.01%。这是因为淋洗剂形成的胶束和 PCBs 的结合与 PCBs 的氯代个数有关，氯代个数越高，洗脱率越低。

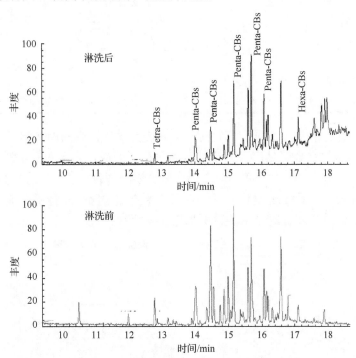

图 7-7　复合淋洗剂淋洗前后 PCBs 的气相色谱图对比

3. 复合淋洗剂对重金属不同形态的洗脱效果

土壤经过柠檬酸和吐温 80 复合淋洗剂淋洗后，重金属 Cu、Pb、Cd 的形态变化如表 7-4 所示。淋洗后三种重金属各个形态都发生了明显的降低。而未被洗脱的重金属中，最主要的存在形态是残渣态。非残渣态重金属 (酸可提取态、可还原态、可氧化态) 具有较高的活性和生物可利用性，因此探讨非残渣态重金属的去除效果对于评价淋洗效果更有意义。

从表 7-4 中可知，采用柠檬酸和吐温 80 对 Cu、Pb、Cd 总量的洗脱率分别为 96.00%、61.72%、63.01%。同时，淋洗剂对重金属酸可提取态、可还原态和可氧化态的洗脱率相对较高。酸可提取态是重金属与土壤表面所吸附的碳酸盐矿物

表 7-4　淋洗后土壤中重金属各形态残留量及洗脱率

	重金属	总量	酸可提取态	可还原态	可氧化态	残渣态
初始量/(mg/kg)	Cu	5000.34	4430.04	342.33	28.64	200.00
	Pb	1961.70	1260.22	518.16	29.72	520.00
	Cd	51.23	41.02	1.60	0.08	3.40
残留量/(mg/kg)	Cu	200.00	38.34	12.46	9.80	140.00
	Pb	750.86	120.00	123.00	27.00	485.00
	Cd	18.95	14.32	1.30	0.05	3.00
洗脱率/%	Cu	96.00	99.13	96.36	65.78	30.00
	Pb	61.72	90.48	76.26	9.15	6.73
	Cd	63.01	65.09	18.75	37.50	11.76

形成的共沉淀性的重金属形态，它对于环境较为敏感，容易随环境变化而迁移转化。可还原态的重金属是由吸附或共沉淀阴离子而成，它可随着土壤环境的 pH 或者氧化还原条件的变化而改变，在加入复合淋洗剂时，柠檬酸的羧基容易电离，形成弱酸环境，导致 pH 电位降低，使可还原态被去除。三种重金属的每个形态的洗脱量占该重金属洗脱总量的比例如图 7-8 所示。

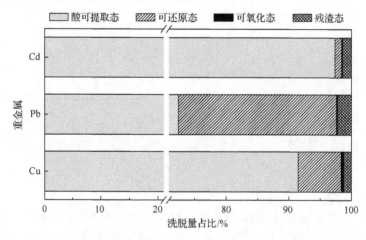

图 7-8　各重金属形态的洗脱量占该重金属洗脱总量的比例

　　总体而言，非残渣态重金属环境可移动性高，复合淋洗剂能对其产生较高的洗脱率。Cu、Pb、Cd 三种重金属洗脱量最高的均为酸可提取态，占洗脱总量的比例超过 70%；而可氧化态和残渣态的洗脱量极低，仅占洗脱总量的 2% 左右。这表明复合淋洗剂主要是通过对土壤中酸可提取态和可还原态的淋洗而去除重金属的，重金属的酸可提取态和可还原态含量越大，其浸出浓度越大。

4. 复合淋洗剂洗脱条件优化

1) 淋洗剂浓度配比对洗脱效果的影响

利用筛选出的非离子表面活性剂吐温 80 与天然螯合剂柠檬酸制备复合淋洗剂，按照表面活性剂浓度为 0g/L、2g/L、5g/L、10g/L、20g/L，螯合剂浓度 0g/L、2g/L、5g/L、10g/L、20g/L 组成不同配比的淋洗剂组合。将 20mL 不同配比的淋洗剂加入 1g 土壤中进行振荡淋洗 24h。对 PCBs、Cu、Pb、Cd 的淋洗效果见图 7-9。

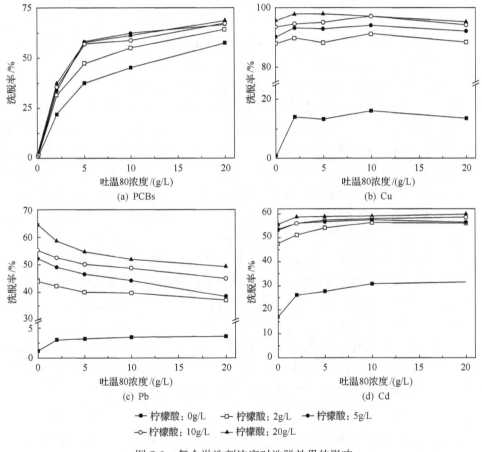

图 7-9　复合淋洗剂浓度对洗脱效果的影响

实验结果表明：PCBs 的洗脱率与吐温 80 的浓度呈正相关，在不加柠檬酸、吐温 80 浓度为 10g/L 时其洗脱率为 45.20%。当柠檬酸为 2g/L 时，PCBs 的洗脱率进一步提高，且随着吐温 80 浓度的升高而增加，直到 10g/L 后增幅趋缓。在吐温 80 为 10g/L，柠檬酸为 10g/L 时，PCBs 的洗脱率达到 58.79%。这说明复合淋洗剂对污染土壤中 PCBs 的增溶效果比单一表面活性剂更好。在一定浓度内，洗脱率随复合淋洗剂柠檬酸与吐温 80 浓度的分别增大而显著提高。

同时，在加入吐温 80 前，重金属的洗脱效果随着柠檬酸浓度的增加而增加，在加入吐温 80 后，Cu 的洗脱效果没有受到明显的影响，到 10g/L 时洗脱率从 95.71%增至 97.24%。Cd 的洗脱率随着吐温 80 浓度的增加略有提高，到 10g/L 时达到平衡，洗脱率由 53.43%增加到 58.04%。但是，吐温 80 的加入对 Pb 的洗脱效果产生了一定程度的抑制作用。分析认为柠檬酸可以利用螯合作用将吸附在土壤颗粒及胶体表面的重金属离子解吸下来，然后利用自身较强的螯合作用和重金属离子形成强的螯合体，从而将其从土壤中分离出来。淋洗剂对不同重金属的洗脱效果影响不同，这可能是因为非离子表面活性剂吐温 80 的添加在一定程度上抑制了螯合剂在土壤中的吸附，重金属之间产生竞争吸附作用，使其对 Cd 的洗脱产生了协同作用，而 Pb 的淋洗产生了一定的拮抗作用。

重金属与 PCBs 这两类不同性质的物质共存于土壤时会产生吸附行为、化学过程和微生物学过程三方面的交互作用。吸附行为的交互作用是指对吸附点位的竞争，这些点位包括生物体特定组织器官活性部位的结合位点和生态介质中的吸附位点。土壤和重金属之间的吸附行为主要发生在腐殖质部分。而在此时，在重金属与 PCBs 共存的条件下，土壤中的有机污染物、有机质的存在会影响重金属在土壤中的吸附，但是重金属的存在通常不会影响有机污染物特别是分子形态存在的有机物在土壤中的吸附，因此，复合淋洗剂对 PCBs 的洗脱具有增强的效果，而对几种重金属的影响各不相同。土壤与污染物之间的化学过程交互作用主要包括络合离解、氧化还原、沉淀溶解及酸碱反应等。PCBs 与重金属共存，其直接的结果就是可能形成重金属有机络合物，这些络合物将明显改变污染物在土壤中的物理化学行为。另外，某些重金属还能与有机污染物作用导致其有机化，如甲基汞等，从而影响淋洗效果。

综合复合淋洗剂对土壤中 PCBs 和 Cu、Pb、Cd 的洗脱效果，考虑淋洗剂成本因素，建议使用 10g/L 吐温 80 和 10g/L 柠檬酸的复合淋洗剂，其对 PCBs、Cu、Pb、Cd 的洗脱率分别能达到 58.04%、97.24%、48.67%、58.79%。

2) 淋洗时间对洗脱效果的影响

为了考察洗脱效果随着淋洗时间的变化情况，使用 10g/L 吐温 80 和 10g/L 柠檬酸复合淋洗剂，将 20mL 复合淋洗剂加入 1g 土壤中进行振荡淋洗，设置振荡时间梯度为 0h、1h、2h、3h、5h、8h、10h、12h、24h、48h、60h、72h，分别取样测定洗脱效果。淋洗时间对复合淋洗剂洗脱效果的影响见图 7-10。

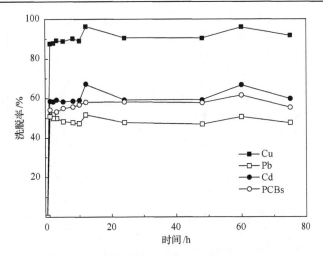

图 7-10　复合淋洗剂淋洗时间对洗脱效果的影响

　　结果表明：在振荡开始后 1h，复合淋洗剂对 PCBs 的洗脱即达到较高的洗脱率，为 54.11%，在 1～12h 洗脱率一直处于上升阶段，最终在 58% 左右小幅波动。对 PCBs 进行洗脱时，初期由于表面活性剂吐温 80 的亲水亲油性，其在水相的一侧形成了大量的胶束，对 PCBs 进行摄取，使 PCBs 从土壤固相中进入溶液液相中的传质速率增加，洗脱率提高。当洗脱时间达到 12h 时，吐温 80 所形成的胶束达到饱和，而胶束所能容纳的有机物 PCBs 也逐渐达到了最大值，因此洗脱率曲线逐渐平缓，洗脱基本达到平衡。

　　同时，复合淋洗剂对重金属的洗脱在振荡 1h 后，即达到较高的洗脱率，往后到 12h 呈现较明显的凸起，这时重金属 Cu、Pb、Cd 的洗脱率分别达到 96.30%、51.74%、67.23%。当淋洗时间超过 12h 时，重金属的洗脱率又有些许的下降。在重金属的淋洗修复过程中，重金属的洗脱效果与柠檬酸在土壤中的吸附量呈现正相关，在柠檬酸在土壤中吸附饱和的情况下，重金属与柠檬酸的接触时间决定了其洗脱效率，重金属的洗脱效率会随着时间的推移而增加。同时，被土壤吸附的柠檬酸与土壤中的微生物接触，当时间较长时，其被微生物生长代谢所利用，柠檬酸浓度的降低可导致重金属的洗脱率呈现一定程度的下降，于是在淋洗 12h 时重金属 Cu、Pb、Cd 同时出现最高的洗脱率。

　　综上得出，在淋洗 12h 时重金属 Cu、Pb、Cd 的洗脱率能达到最高值，分别为 96.30%、51.74%、67.23%，而此时 PCBs 的洗脱率为 58.05%。

3）复合淋洗剂 pH 对洗脱效果的影响

　　为了考察不同 pH 环境下复合淋洗剂对土壤中污染物的洗脱效果的影响，用 0.1mol/L HCl 和 1mol/L NaOH 溶液调节淋洗液的 pH，将 pH 为 2、3、4、5、6、7 的淋洗液加入 1g 土壤中，振荡淋洗 12h 的洗脱效果如图 7-11 所示。

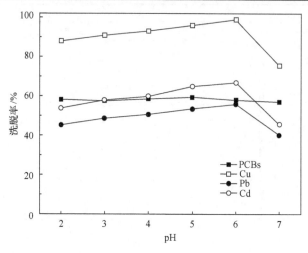

图 7-11　复合淋洗剂 pH 对洗脱效果的影响

　　结果表明：在设定的 6 个 pH 条件下，复合淋洗剂对污染土壤中 PCBs 的洗脱率没有明显的差异。用 SPSS 软件分别对 pH 为 2、3、4、5、6、7 时的洗脱率进行显著性分析，得到 6 个不同 pH 的组间显著性概率 $p=0.413>0.05$，表明淋洗液 pH 对复合淋洗剂洗脱污染土壤中 PCBs 的影响很小。究其原因：①PCBs 是持久性污染物，物理化学性质非常稳定，pH 的变化不会影响其本身结构，也不会影响淋洗液对它的洗脱过程；②CMC 是表面活性剂在去污和增溶方面的一个重要的参数（Abdul et al., 1990），同时表面活性剂在土壤上的吸附也是影响洗脱效果的一个重要因素，对于复合淋洗剂中的吐温 80 而言，溶液 pH 为 2～7 时的变化对 CMC 和其在土壤上的吸附量的影响并不大，所以复合淋洗剂对土壤中的 PCBs 的洗脱效果受 pH 的影响也不明显。

　　同时，当柠檬酸 pH 从 2 增加到 6 的过程中，Cu、Pb 和 Cd 的洗脱率随着 pH 的增大表现出缓慢升高的趋势。当柠檬酸的 pH 从 6 增加到 7 时，三种金属的洗脱率都表现出了大幅的下降，其中 Cu 的下降幅度最大。从总体来看，在整个 pH 从 2 到 7 变化的过程中，三种重金属的洗脱率呈现先上升后下降的趋势，当 pH 处于 5～6 时，三种重金属的洗脱率处于最高水平，pH=6 时 Cu、Pb、Cd 的洗脱率分别为 98.77%、55.92%、66.82%。这与 Gao 等（2003）对污染土壤中 Cu 和 Cd 在有机酸作用下的解吸行为的研究结果、胡群群等（2011）对土壤中 Cd 在柠檬酸作用下的解吸行为的研究结果，以及丁永祯等（2006）对红壤中 Cd 在有机酸作用下的解吸行为的研究结果一致。这是因为 pH 对有机酸解吸污染土中重金属的影响是通过影响土壤表面电荷性质、有机配体及液相中重金属离子的存在形态、有机酸对铁铝氧化物及其水化氧化物的溶解作用等多种因素综合作用的结果，在不同 pH 条件下各因素的表现程度不同。在 pH 上升过程中，会对土壤表面电荷的变化、金属离子的水解作用、质子对铁锰氧化物的溶解作用及液相中柠檬酸的形态产生不同的影响,这些因素的综合作用最终导致三种金属的洗脱率先略微上升后下降。

从上述分析可知,洗脱液 pH=6 时,其对土壤中 Cu、Pb、Cd 和 PCBs 四种污染物的洗脱效果较好,分别达到 98.77%、55.92%、66.82%和 58.01%。

7.3.3　皂素-吐温 80 二元复合淋洗剂

基于 7.2.3 节两性淋洗剂对重金属和 PCBs 同步洗脱效果,皂素是 Cu、Pb、Cd 和 PCBs 的综合洗脱效果较好的淋洗剂。但由于皂素对 PCBs 的洗脱率并不是很高,20g/L 的皂素对 PCBs 的洗脱率也仅有 30%,所以假设通过皂素和对 PCBs 有较好去除效果的非离子表面活性剂吐温 80 按照一定的浓度配比混合,既保留对重金属的较高洗脱率,又实现 PCBs 洗脱率的提高,以期实现重金属和 PCBs 的同步高效洗脱。

1. 单一淋洗剂的洗脱效果

在进行洗脱剂的混合复配之前,先研究单一使用皂素和吐温 80 对模拟污染土壤的洗脱效果,以期为后续的复合淋洗剂的洗脱比较参考。当单独使用一种洗脱剂时,皂素和吐温 80 对重金属和 PCBs 的洗脱效果随浓度梯度增加的变化规律如图 7-12 所示。

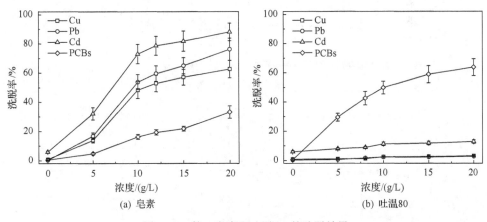

图 7-12　单一皂素和吐温 80 的洗脱效果

单独使用皂素时,其对复合污染土壤的洗脱效果如图 7-12(a)所示。结果表明,随着淋洗液中皂素浓度的增加,其对 Cu、Pb、Cd 和 PCBs 的洗脱率都逐渐增加,且洗脱率 Cd>Pb>Cu>PCBs,造成这样的差别主要是由于不同重金属在土壤中存在形态分布不同,而土壤中的有机质、黏粒和氧化物等对 Cu 和 Pb 有较强的化学吸附,因此 Pb 和 Cu 的洗脱率会比 Cd 的低(Mulligan et al., 2001; Lawniczak et al.,

2013)。当皂素的浓度从 5g/L 增加到 20g/L 时，Cu、Pb、Cd 和 PCBs 的洗脱率分别从 13.88%、16.79%、32.12%和 4.76%增加到 62.63%、76.11%、88.03%和 33.12%。

单独使用吐温 80 时，其对复合污染土壤的洗脱效果如图 7-12(b)所示。结果表明，吐温 80 的浓度变化对其对重金属的洗脱几乎没有影响，而随着淋洗液中吐温 80 浓度的增加，其对 PCBs 的洗脱率不断增加，且当浓度大于 10g/L 时，洗脱率的增长速率减缓，这是由于当吐温 80 浓度过高时，疏水基在土壤有机质中的分配作用，致使其偏向于吸附在土壤颗粒表面(Lee et al., 2002; 杨成建等, 2007)。当吐温 80 的浓度从 5g/L 增加到 20g/L 时，PCBs 的洗脱率从 29.53%增加到 63.76%。

2. 复合淋洗剂浓度配比对洗脱效果的影响

对皂素和吐温 80 按照不同浓度混合后对模拟污染土壤进行振荡淋洗，考察两者浓度对洗脱效果的影响，并考虑淋洗剂成本，筛选出较优效果的浓度。假设认为单独使用其中一种淋洗剂时对应浓度的洗脱率之和为理论值，混合后对应的洗脱率为实际值。不同浓度的皂素和吐温 80 混合淋洗液对含有重金属和 PCBs 的复合污染土壤的洗脱效果如图 7-13 所示，其中实心代表实际值，空心代表理论值。

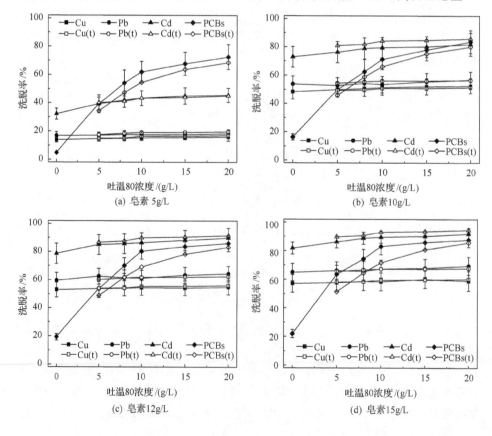

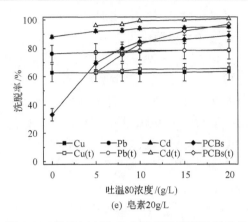

图 7-13　皂素与吐温 80 复合淋洗剂的洗脱效果

　　结果表明，当混合淋洗液中皂素的浓度固定为 5g/L 时，随着吐温 80 浓度的增加，Cu、Pb、Cd 的洗脱率并没有明显增加，而且理论值与实际值呈基本持平状态，说明吐温 80 的加入并不会影响混合淋洗液中皂素与土壤重金属的络合作用。而随着吐温 80 浓度的增加，PCBs 的洗脱率逐渐增加，且 PCBs 洗脱率的理论值小于实际值，这说明皂素与吐温 80 混合之后，对于 PCBs 的洗脱有相互促进作用，两种表面活性剂混合后比单一表面活性剂对 PCBs 的增溶效果更好。这是因为当单独使用吐温 80 时，由于表面活性剂与土壤颗粒的作用，部分吐温 80 吸附在土壤颗粒表面，不能充分对 PCBs 进行洗脱。当吐温 80 与皂素混合之后，皂素由于与重金属进行络合作用，从土壤颗粒上分离出来，而后又与吐温 80 在溶液中共同形成胶束，促使更多的吐温 80 脱离土壤颗粒，一方面降低了油-水界面张力使 PCBs 更易脱除；另一方面当 PCBs 分子进入吐温 80 与皂素所形成的胶束中时，通过胶束对 PCBs 的分配作用，提高了其在水相中的溶解度，从而导致 PCBs 的洗脱去除 (陈宝梁, 2004; Maturi and Reddy, 2008b; 黄卫红等, 2010)。

　　当混合淋洗剂中皂素的浓度固定为 10g/L、12g/L 和 15g/L 时，重金属的洗脱率随着皂素浓度的增加而不断增加，但不论皂素浓度是多少，吐温 80 的加入都几乎不会影响重金属 Cu、Pb、Cd 的洗脱率。Cu、Pb 的洗脱率理论值与实际值都是基本持平的，但对于 Cd 而言，其理论值大于实际值，这是因为当只有吐温 80 时，由于羟基的存在，吐温 80 能洗脱一小部分 Cd，但当吐温 80 与皂素混合后，则主要由皂素分子的羧基与 Cd 的络合作用致使 Cd 的洗出，且 Cd 的洗脱率基本与同浓度下单独使用皂素时 Cd 的洗脱率一致。对于 PCBs 的洗脱率而言，当吐温 80 浓度≤10g/L 时，PCBs 的洗脱率增长较快，增幅较大，且 PCBs 洗脱率的实际值与理论值之差越来越大，说明吐温 80 与皂素之间对 PCBs 的洗脱的相互促进作用越来越明显；而当吐温 80 浓度>10g/L 时，PCBs 洗脱率的实际值依然大于理论值，但是实际值与理论值之差越来越小，说明这个时候吐温 80 与皂素之间的相互促进作用逐渐减小，同时，PCBs 的洗脱率也逐渐趋于平衡。

当混合洗脱剂中皂素的浓度固定为 20g/L 时，其对于重金属的洗脱率与上述浓度时的情况相似，而对 PCBs 的洗脱率，当吐温 80 浓度≤10g/L 时，PCBs 的洗脱率增长较快，增幅较大，但 PCBs 洗脱率的实际值与理论值之差越来越小，吐温 80 与皂素之间对 PCBs 的洗脱的相互促进作用逐渐减弱；而当吐温 80 浓度＞10g/L 时，PCBs 洗脱率逐渐趋于平衡，且实际值小于理论值，说明在这个浓度下，皂素与吐温 80 对于 PCBs 的洗脱相互之间出现抑制作用，这是由于两种表面活性剂的浓度都过高，表面活性剂偏向于吸附在土壤颗粒表面，不利于其对于 PCBs 的洗脱(陈玉成等, 2003)。

总的来说，吐温 80 的浓度在 10g/L 时对污染物的洗脱出现分界点，吐温 80 浓度为 10g/L 时能够较高效地洗脱 PCBs，而由于皂素相对价格更贵，所以需要控制其使用量，因此综合考虑洗脱效果和成本，建议最优的配比是 12g/L 的皂素和 10g/L 的吐温 80，所得到的 Cu、Pb、Cd 和 PCBs 的洗脱率分别为 54.35%、61.13%、86.33%和 80.27%。

7.3.4　皂素–吐温 80-柠檬酸三元复合淋洗剂

为了进一步提高 Cu 和 Pb 的洗脱率，在 12g/L 皂素和 10g/L 吐温 80 的复合淋洗剂中再添加一种天然高效的螯合剂——柠檬酸，并考虑洗脱成本和效果因素，通过控制柠檬酸的添加量，选出最优的柠檬酸添加浓度值。

1. 柠檬酸浓度对三元复合淋洗剂洗脱效果的影响

不同浓度的柠檬酸与 12g/L 皂素和 10g/L 吐温 80 混合配成新的淋洗液对含有重金属和 PCBs 的复合污染土壤的洗脱效果如图 7-14 所示。

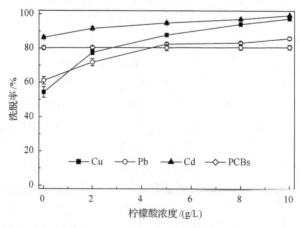

图 7-14　柠檬酸浓度对三元复合淋洗剂洗脱效果的影响

结果表明，随着柠檬酸的加入，三元混合洗脱剂对 PCBs 的洗脱效果并没有显著的影响，这是由于柠檬酸分子碳链短，且有多个羧基，是极亲水性的，没有表面活性。而对于 Cd 的洗脱率而言，其随着柠檬酸浓度的增加而增加，提升幅度不大，很快就趋于平衡，但洗脱率极高，当柠檬酸浓度增加到 10g/L 时，Cd 的洗脱率接近 100%。对于 Cu 和 Pb 的洗脱率而言，在没有柠檬酸存在的情况下，主要是由于皂素的络合作用，且 Pb 的洗脱率大于 Cu 的洗脱率，说明皂素对于 Pb 的洗脱效果比 Cu 更好；而加入柠檬酸后，由于柠檬酸具有一定的酸溶性和络合作用，且在有机酸与表面活性剂混合的情况下，更利于土壤重金属的释放（Wasay et al.，1998；胡群群等，2011），因而 Cu 和 Pb 的洗脱率都有所增加。而柠檬酸对于三种重金属的络合能力不同，其中对 Cd、Cu 的洗脱率增长更快，而 Pb 的洗脱率则由于其存在形态比较复杂，不容易通过络合和酸溶洗出，当柠檬酸浓度从 5g/L 增加到 10g/L 时，Pb 的洗脱率逐渐趋于平衡。

总体而言，当柠檬酸浓度＞5g/L 时，除了 Cu 的洗脱率增加幅度较大外，对于 Pb 和 Cd 的洗脱率提高很微小，对于 PCBs 洗脱率毫无影响，考虑到洗脱成本，三种洗脱剂混合最佳浓度配比是皂素、吐温 80 和柠檬酸的浓度分别为 12g/L、10g/L 和 5g/L，此条件下对 Cu、Pb、Cd 和 PCBs 的洗脱率分别为 87.86%、82.52%、94.83%和 80.51%，均超过了 80%，可实现 Cu、Pb、Cd 和 PCBs 的高效同步去除。

2. 三元复合淋洗剂洗脱条件优化

1）pH 对洗脱效果的影响

由于 pH＜3 时，土壤表面与皂素发生静电作用，皂素吸附到土壤表面，不利于淋洗（俞斌和夏会龙，2013）。所以选择 pH 为 3～7，通过比较不同 pH 对三元复合淋洗剂洗脱效果的影响，从而优选出实现最佳洗脱效果的 pH。在不同 pH 的情况下，12g/L 皂素、10g/L 吐温 80 和 5g/L 柠檬酸的复合淋洗剂对含有重金属和 PCBs 的复合污染土壤的洗脱效果如图 7-15 所示。

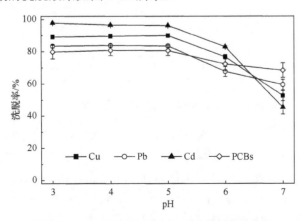

图 7-15　三元复合淋洗剂 pH 对洗脱效果的影响

结果表明，当 pH 从 3 增加到 5 时，该复合淋洗剂对 Cu、Pb、Cd 的洗脱率并没有明显的变化，在这个 pH 范围内，柠檬酸的酸溶效果更佳，更易于与重金属发生络合作用。而当 pH 从 5 增加到 7 时，Cu、Pb、Cd 的洗脱率明显下降，其洗脱率分别从 89.93%、83.50%、96.24%下降到 52.64%、59.41%、45.27%，这个变化是由于当溶液偏中性时，重金属发生水解，不利于其与皂素和柠檬酸发生络合作用，因此洗脱率有明显的下降。而同样地，当 pH 从 3 增加到 5 时，PCBs 的洗脱率也没有明显变化，但是当 pH 从 5 增加至 7 时，PCBs 的洗脱率略微下降，其洗脱率从 80.56%下降到 68.33%，这是由于在这个 pH 范围内，不利于土壤重金属的释放和重金属的络合作用，因此皂素偏向于吸附在土壤颗粒表面，不利于与吐温 80 形成胶束，从而使得 PCBs 的洗脱率下降。

总体而言，考虑到淋洗液 pH 太低，酸性过高会影响土壤的理化性质，因此当三元复合淋洗剂中皂素、吐温 80 和柠檬酸的浓度分别为 12g/L、10g/L 和 5g/L 时，较优的 pH 为 5，此时对 Cu、Pb、Cd 和 PCBs 的洗脱率分别为 89.93%、83.50%、96.24%和 80.56%。

2）淋洗时间对洗脱效果的影响

在 pH=5 的情况下，12g/L 的皂素、10g/L 的吐温 80 和 5g/L 的柠檬酸的复合淋洗剂对含有重金属和 PCBs 的复合污染土壤在不同淋洗时间下的洗脱效果如图 7-16 所示。

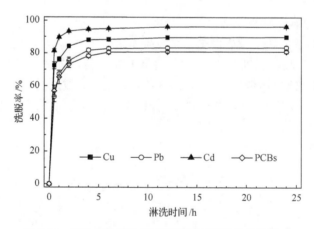

图 7-16　三元复合淋洗剂淋洗时间对洗脱效果的影响

结果表明，洗脱时间为 0.5h 时，对于 Cu、Pb、Cd 和 PCBs 的洗脱率已经达到较高的水平，分别为 72.41%、53.22%、81.45%和 56.87%，在短时间内，以在土壤颗粒上吸附能力较弱的酸可提取态和可还原态存在的重金属容易被洗出，Cu 和 Cd 主要是以这两种形态存在，所以洗脱率较高，而 Pb 形态较复杂，洗脱率较低。由于时间较短，两种表面活性剂还吸附于土壤颗粒表面，还没有充分形成胶束，因此 PCBs 的洗脱率不高。而随着淋洗时间增加，从 0.5h 到 2h，各污染物的洗脱率迅速增加，此时，酸可提取态和可还原态的重金属大部分被洗出，而皂素与重金属的络合作用更加明显，促使皂素与吐温 80 脱离土壤颗粒表面并形成胶束，促进 PCBs 的洗脱。从 2h 到 6h，各污染物洗脱率增加速率减缓，而从 6h 到 24h 则基本趋于平衡。这是因为可氧化态和残渣态重金属较难洗出，所以重金属的洗脱率提高不明显；而同时皂素的络合作用减弱，开始趋向于吸附在土壤颗粒表面，不利于其与吐温 80 形成胶束，从而使 PCBs 的洗脱率提高不明显。

总体而言，由于 6h 之后各污染物的洗脱率提高幅度很小，因此当三元复合淋洗剂中皂素、吐温 80 和柠檬酸的浓度分别为 12g/L、10g/L 和 5g/L，淋洗液 pH 为 5 时，最佳淋洗时间为 6h，此时对 Cu、Pb、Cd 和 PCBs 的洗脱率分别为 88.32%、82.75%、94.89%和 80.56%。

3. 三元复合淋洗剂洗脱后重金属形态变化

在得出三元复合淋洗剂及其较优洗脱条件后，考察洗脱后模拟污染土壤中所含不同重金属形态的变化情况。复合污染土壤洗脱前重金属的形态分布见表 7-1，洗脱后各种形态重金属的残留量及洗脱率如表 7-5 所示。结果显示，模拟污染土壤经所配的皂素、吐温 80 和柠檬酸复合淋洗剂洗脱之后，土壤中三种重金属的总含量均有不同程度的减少，其中 Cu 和 Pb 在洗脱后主要以残渣态的形式存在，而 Cd 的整体剩余量则极少。这与不同重金属和羧基的络合能力的不同，以及其存在形式的活性、迁移程度和复杂程度息息相关，络合能力越弱，存在形式越复杂，则其洗脱率越低(Qin et al., 2004)。皂素-吐温 80-柠檬酸三元复合淋洗剂对酸可提取态、可还原态、可氧化态重金属有很高的洗脱率，其中对酸可提取态重金属的洗脱率均超过 97%。

表 7-5　三元复合淋洗剂洗脱后土壤中重金属各形态残留量及洗脱率

	重金属	总量	酸可提取态	可还原态	可氧化态	残渣态
残留量/(mg/kg)	Cu	609.62±16.15	37.76±0.68	35.94±1.12	10.35±0.13	525.57±13.52
	Pb	365.75±2.35	18.57±0.97	17.43±0.46	8.39±0.09	318.36±5.69
	Cd	2.73±0.02	1.21±0.51	0.41±0.08	0.04±0.14	1.17±0.07
洗脱量/(mg/kg)	Cu	4412.01	3977.45	362.49	29.17	42.90
	Pb	1726.64	1243.49	461.19	23.78	1.18
	Cd	50.13	46.45	1.42	0.05	2.11
洗脱率/%	Cu	87.86	99.06	90.98	73.81	7.55
	Pb	82.52	98.53	96.36	73.92	0.37
	Cd	94.84	97.46	77.60	55.56	64.33

　　进一步分析各形态重金属洗脱量占总洗脱量的比例，结果如图 7-17 所示。在重金属的洗脱总量中，酸可提取态的 Cu 和 Cd 所占的洗脱比例均达到 90%以上，这说明这两种重金属在土壤中以这种形态存在的含量较多，且更易被洗出。相比较而言，Pb 的酸可提取态的洗脱比例则较低，这是由于 Pb 在土壤中所存在的形式较为复杂，且 Pb 的络合能力也低于前两种重金属，但是 Pb 的酸可提取态和可还原态的洗脱比例之和则超过 98%。相对来说，可以发现三种重金属的可氧化态和残渣态的洗脱量占比都很低，一方面是由于所用的混合淋洗液中的各成分不具有强氧化性，不能实现可氧化态的重金属的转化，另一方面重金属形态中的残渣态主要是重金属迁移至硅铝酸盐晶格中，较难释放出来，也难以用普通有机酸洗脱出来。总的来说，三种重金属的洗脱主要是通过酸可提取态和可还原态的重金属的去除而实现重金属总量的去除，Cu、Pb、Cd 酸可提取态和可还原态洗脱量分别占相应重金属洗脱总量的 98.37%、98.56%和 95.68%。

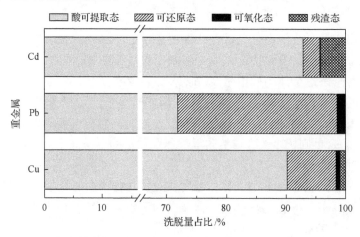

图 7-17　三元复合淋洗剂对各形态重金属的洗脱量占该重金属洗脱总量的比例

7.4　复合污染土壤模拟原位淋洗

　　在土壤化学淋洗修复的方法中，包括异位淋洗修复和原位淋洗修复。其中振荡淋洗属于异位淋洗修复，即将污染土壤取出，并用淋洗剂将污染土壤中的污染物分离开来的一种修复方法。由于振荡淋洗只能适用于少量污染土壤的快速处理，考虑到实际场地污染土壤的修复，可能会用到另外一种化学修复方法——原位淋洗修复。原位淋洗修复即指不对污染土壤进行较大的扰动，加入淋洗剂使其通过污染土壤，并对淋出液进行回收处理的一种方法。研究中一般采用土柱淋洗方法模拟原位淋洗修复，将污染土壤置于特制的土柱中，加入淋洗液进行从上而下的淋洗，并在下面排水口收集土柱淋出液。这种方法更为贴近实际场地的土壤修复，且能通过更大量的污染土壤的淋洗，从而得出更为真实、准确的淋洗效果（Ma and Rao, 1997; 陈世宝等, 2010; 梁金利等, 2012）。

7.4.1　模拟原位土柱实验装置

土柱淋洗实验装置由淋洗柱、蠕动泵和淋洗液储存及收集装置组成，如图 7-18 所示。其中，淋洗柱由玻璃制成，外径 45mm、内径 40mm、长 60cm，有效长度为 40cm。

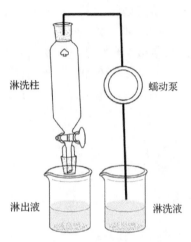

图 7-18　土柱装置示意图

土柱由下到上开始装填，总共分 5 层：第一层为 1cm 厚的脱脂棉，其作用是防止土壤泄漏至出水口造成堵塞；第二层为 5cm 厚的填满直径为 3mm 的玻璃珠的填料层，用于第一层脱脂棉的压实，且保持良好的通透性，使淋洗液顺利流过；第三层为模拟污染土壤，根据实验需要混入不同量的石英砂，并过 40～60 目筛，其高度为 5～10cm；第四层为 5cm 厚的填满直径为 3mm 的玻璃珠的填料层，其作用与第二层相似，使下层的模拟污染土壤被压实，防止土壤受冲洗而膨胀，同时，由于玻璃珠的引流作用，淋洗液的流向更为分散、均匀，从而使得下层土壤更好地吸收淋洗液；第五层为长度为 2～3cm 的鹅卵石，填充高度约为 6cm，其作用是进一步压实下层的填料。

7.4.2　土砂比对洗脱效果的影响

由于该模拟土壤的黏度较高，若直接淋洗，土柱可能会被堵塞，从而不利于污染土壤的淋洗（赵保卫等, 2010a）。因此需要加入一定量过 40～60 目筛的石英砂，并与模拟污染土壤混合均匀，使得该土砂混合物具有更低的黏度，且具有更好的液体通过性。不同的土砂比例，会直接影响土壤的孔隙体积和淋洗液的流动速率，而这两者也将会直接影响淋洗液与污染土壤的接触时间和接触程度，从而影响后续的淋洗效果，因此首先要找出最合适的土砂比例，以期达到最优的淋洗效果。土柱设计的淋洗土量为 50g，按振荡淋洗水土比 20∶1，默认加入 1000mL 复合淋洗液进行土柱淋洗。

将 50g 模拟污染土壤与石英砂分别按照质量比（土砂比）1∶0、1∶1、1∶2、1∶3、1∶4 和 1∶5 进行混合，均匀后分别填入土柱第三层中，装好土柱淋洗装置后，关闭下方出水口的阀门，将称好的一定量的去离子水加入柱子中，使其与模拟污染土壤充分接触并且达到饱和状态，然后全开阀门，开始计时。待水全部流干后停止计时，根据流出的液体体积，分别计算其流速；另外称量流出液体的质量，再用原有去离子水质量减去最终质量，根据密度计算出损失的水量体积，这个体积就作为孔隙体积。实验以不添加石英砂的模拟污染土壤作为空白对照，采取 3 个平行实验。在不同的模拟污染土壤与石英砂质量比下，其孔隙体积和流速的变化情况如图 7-19 所示。

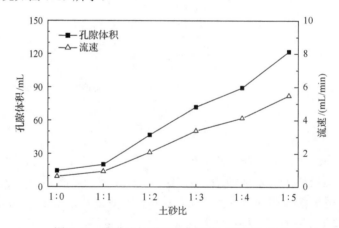

图 7-19 土砂比与流速和孔隙体积之间的关系

结果显示，在污染土壤质量不变的情况下，随着混入的石英砂量的增加，孔隙体积与流速随之增加，孔隙体积与流速之间成正比关系。模拟污染土壤在没有混入石英砂的情况下，由于其黏度较高、孔隙体积较小，对流动液体的截留程度较高，液体不容易通过，流速较小。加入石英砂后，土壤颗粒之间的缝隙增加，孔隙体积增大，因此流动液体更易通过，流速较大，同时，土壤颗粒与流动液体的接触面也更大。

模拟污染土壤的孔隙体积与淋洗液的流速会直接影响土壤与淋洗液的接触时间和接触面积，孔隙体积太小，土壤的紧密程度较高，淋洗液无法与污染物充分接触，洗脱率较低，且其容易被堵塞；而孔隙体积太大，土壤过于松动，淋洗液迅速通过土柱，在土柱中停留时间不足，土壤污染物不能充分被洗脱，影响淋洗效果。因此，需要通过比较石英砂的量对淋洗效果的影响，从而筛选出最优的孔隙体积。在不同的模拟污染土壤与石英砂质量比下，复合淋洗液对 Cu、Pb、Cd 和 PCBs 的淋洗效果如图 7-20 所示。结果发现，在污染土壤质量不变的情况下，随着混入的石英砂量的增加，四种污染物的洗脱率均呈现先增加后减少的趋势。

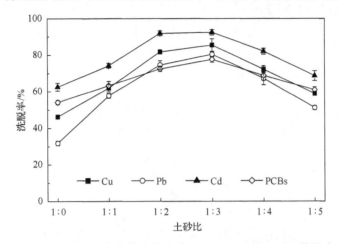

图 7-20　土砂比对复合淋洗剂洗脱 Cu、Pb、Cd 和 PCBs 的影响

当模拟污染土壤未混入石英砂时，土壤的孔隙体积较小，颗粒之间的缝隙较小，复合淋洗液通过时，对土壤有冲洗作用，并且使颗粒缝隙减小，从而致使部分土壤板结。一方面严重影响复合淋洗液的流动速率，另一方面截留的作用，造成土柱的堵塞，大量复合淋洗液无法通过，最终无法顺利通过 1000mL 复合淋洗剂，严重影响洗脱效果。Cu、Pb、Cd 和 PCBs 的洗脱率分别为 46.24%、31.83%、62.57%和 54.11%，这与前述使用批量振荡平衡法得到的洗脱率相差甚远。

在模拟污染土壤的量不变的情况下，随着模拟污染土壤中混入的石英砂的比例的增加，Cu、Pb、Cd 和 PCBs 的洗脱率均有提升，且当土砂比为 1∶2 和 1∶3 时，洗脱率达到峰值；而后随着模拟污染土壤中石英砂的含量的上升，当土砂比为 1∶3 时，Cu、Pb、Cd 和 PCBs 的洗脱率开始下降，当土砂比为 1∶5 时，Cu、Pb、Cd 和 PCBs 的洗脱率分别为 58.89%、51.13%、68.67%和 60.69%。这主要是由于当模拟污染土壤中混入过多的石英砂时，颗粒间的缝隙较大，淋洗液容易通过，与模拟污染土壤的接触时间很少，没有充分地洗出污染土壤中的污染物，导致最终的洗脱率下降。

比较土砂比为 1∶2 和 1∶3 这两种情况，Cu、Pb、Cd 和 PCBs 的洗脱率比较接近，而两者的流体流速分别为 2.078mL/min 和 3.372mL/min，从处理效率的角度考虑，当土砂比为 1∶3 时，流出 1000mL 的土柱淋洗液所需的时间更短，因此选择土砂比为 1:3 作为下一步研究的依据。当土砂比为 1:3 时，Cu、Pb、Cd 和 PCBs 的洗脱率分别为 85.46%、80.41%、92.43% 和 77.62%，接近于使用批量平衡振荡法所得到的洗脱率。

7.4.3　淋洗液用量对洗脱效果的影响

在土砂比为 1:3 的情况下，进一步探讨淋洗液用量对洗脱效果的影响，以期减少淋洗液用量，节约淋洗成本。淋洗液用量与土柱淋洗洗脱效果的变化关系如图 7-21 所示。

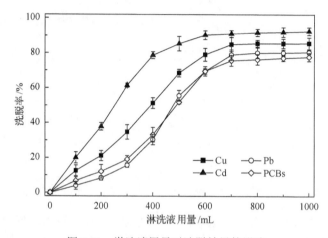

图 7-21　淋洗液用量对洗脱效果的影响

可以发现，随着淋洗液用量的增加，Cu、Pb、Cd 和 PCBs 的洗脱率均逐渐增加。模拟污染土壤与石英砂混合物中 Cd 是比较容易被洗脱的，当流过 600mL 淋洗液时，Cd 洗脱基本达到平衡，之后再添加淋洗液对其洗脱率影响不明显；Cu 则紧随其后，当流过 500mL 淋洗液时，Cu 的洗脱增速减缓，并且在使用 700mL 时达到平衡；Pb 和 PCBs 的洗脱率的变化趋势比较接近，在流过 600mL 淋洗液时洗脱率增速减缓，并且在流过 700mL 淋洗液时达到平衡。造成这样结果的原因主要是 Cu、Pb、Cd 与复合淋洗液中的皂素和柠檬酸的络合能力的不同，以及各重金属在土壤中存在的形式不同，Cd 和 Cu 在土壤中的主要存在形式是酸可提取态和可还原态，容易与柠檬酸和皂素分子上的羧基产生络合作用，因此占据淋洗顺序的前两位；而 Pb 与柠檬酸的络合能力要弱于与皂素的络合能力，由于皂素是表面活性剂，其与土壤颗粒之间的附着能力要强于柠檬酸，因此 Pb 的洗脱会排在 Cd 和 Cu 之后，且由于 Pb 在土壤中存在形态更为复杂，残渣态的成分更多，不容易通过络合和酸洗作用被洗出来。当土壤中大部分的酸可提取态和可还原态重金属被洗脱之后，其洗脱率则达到平衡。

PCBs 的洗脱率变化则和吐温 80 与皂素之间所形成的胶束浓度有关。在开始阶段由于加入的混合淋洗液较少,大部分被土壤所吸附,液相中形成的胶束不多;而随着淋洗液用量的增加,土壤对表面活性剂的吸附趋于饱和,液相中胶束的浓度逐渐增大,最终降低表面张力,使 PCBs 分子在液相中的溶解度增加,从而使 PCBs 从污染土壤中洗出。而后随着混合淋洗液用量继续增加,表面活性剂的浓度增大,造成其与土壤颗粒之间的附着倾向增强,胶束浓度减弱,对 PCBs 的洗出效果也减弱,直至平衡。

总而言之,由于 Cu、Pb、Cd 和 PCBs 在淋洗液用量达到 700mL 时洗脱率均已接近平衡值,此时 Cu、Pb、Cd 和 PCBs 的淋洗去除率分别为 84.87%、78.86%、90.93%和 75.62%,有较好的洗脱效果,为了节约淋液用量,节省淋洗成本,使用土柱淋洗法处理该模拟污染土壤时,每 50g 的模拟污染土壤使用 700mL 淋洗液即可达到较好的洗脱效果,即每克模拟污染土壤需 14mL 淋洗液。

7.4.4　流速对洗脱效果的影响

流速是影响土柱洗脱效果的主要因素,因为流速影响着淋洗液与土壤之间的接触时间,从而影响模拟污染土壤中重金属和 PCBs 的洗脱率。选用 700mL 的淋洗液,通过控制下方出水阀门,比较不同流速下淋洗效果的变化情况。流速与土柱洗脱效果的变化关系如图 7-22 所示。

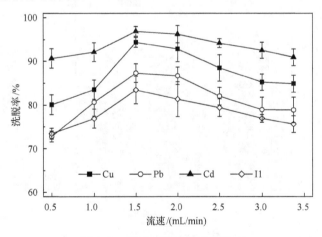

图 7-22　流速对洗脱效果的影响

当流速为 0.5mL/min 和 1.0mL/min 时,Cu、Pb、Cd 和 PCBs 的洗脱率较低。有两方面的原因:一方面,由于流速较慢,而进水恒定,进出水流速相差较大,造成土壤所受的压力较大,土壤颗粒相互之间受到挤压,减少了接触面,部分土壤未与淋洗液充分接触,从而造成洗脱效果较差;另一方面,由于流速较慢,表面活性剂被土壤颗粒吸附,形成的胶束数量减少,造成各污染物的洗脱效果下降。

当流速为 1.5mL/min 时，Cu、Pb、Cd 和 PCBs 的洗脱率有较大幅度的提升，其洗脱率分别可达到 94.36%、87.31%、96.88%和 83.46%，在这个流速下，模拟污染土壤与淋洗液能充分接触，污染物能更好地被洗脱去除；当流速为 2.0mL/min 时，各污染物的洗脱率比 1.5mL/min 时有小幅度的降低。随着流速继续增加，Cu、Pb、Cd 和 PCBs 的洗脱率都呈现逐渐降低的趋势。这是由于流速的增加，淋洗液与模拟污染土壤的接触时间减少，造成各污染物的洗脱率下降。

总的来说，在流速为 1.5mL/min 和 2.0mL/min 时，Cu、Pb、Cd 和 PCBs 的洗脱率较高，且二者的洗脱效果较为接近，考虑到在淋洗液总量固定为 700mL 的情况下，流速为 2mL/min 时比 1.5mL/min 所需的淋洗时间更短，可以增加土柱淋洗的效率，因此，在土砂比为 1∶3 时，采用 700mL 淋洗液以 2.0mL/min 的流速淋洗 50g 模拟污染土壤的效果最优，此时 Cu、Pb、Cd 和 PCBs 的洗脱率分别为 92.87%、86.68%、96.23%和 81.34%。

7.4.5 淋洗液分次添加对洗脱效果的影响

在固定淋洗液用量的情况下，分次(连续或间歇)添加到土柱中的次数也会对洗脱效果产生影响。添加次数与土柱洗脱效果的变化关系如图 7-23 所示。

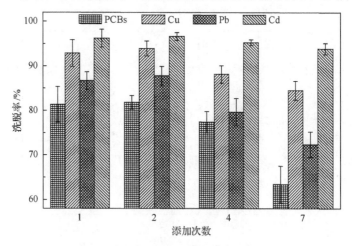

图 7-23 淋洗液添加次数对洗脱效果的影响

当一次或者分两次加入总量 700mL 的淋洗液时，Cu、Pb、Cd 和 PCBs 的洗脱率比较接近，而随着添加次数的增加，各污染物尤其是 Cu、Pb 和 PCBs 的洗脱率都有不同程度的下降。造成这种情况的原因与土壤对淋洗液的水力负荷有关。当一次或两次加入淋洗液时，由于淋洗液每次的流量较大，对土壤颗粒的水力负荷较大，土壤与淋洗液相互之间的压力较大，造成淋洗液通过土壤颗粒的时间较长，则模拟污染土壤与淋洗液的接触时间更长，洗脱效果更佳。而当分多次加入淋洗液时，每次加入的淋洗液量较小，水力负荷减小，土壤与淋洗液相互之间的压力减小，淋洗液更易通过土柱，造成模拟污染土壤与淋洗液不能充分接触，使各污染物的洗脱率下降。总的来说，由于一次或两次加入淋洗液，Cu、Pb、Cd 和 PCBs 的洗脱率区别不大，为了减少淋洗工序，淋洗液直接选用一次添加的连续操作方式即可。

综上，当采用 700mL 由 12g/L 皂素、10g/L 吐温 80 和 5g/L 柠檬酸配制成的复合淋洗液在 pH 为 5 时，对含有重金属(Cu、Pb、Cd)和 PCBs 的复合污染土壤进行淋洗，在土砂比为 1∶3、流速为 2.0mL/min 连续操作时，Cu、Pb、Cd 和 PCBs 的洗脱率分别为 92.87%、86.68%、96.23%和 81.34%。

7.5　淋洗修复后土壤的环境效应

污染物进入土壤中，对微生物的生理、生化性能及土壤理化性质产生影响，从而影响土壤生态系统结构和功能的稳定性。高等植物是生态系统中的基本组成部分。一个平衡、稳定的生态系统生产健康、优良的高等植物；反之，一个不稳定或受到外来污染的生态系统，对高等植物的生长可带来不利的影响。因此，利用高等植物的生长状况监测土壤污染程度，是从生态学角度衡量土壤健康状况、评价土壤质量的重要方法之一。目前已建立的高等植物毒理试验方法主要有 3 种，即根伸长试验、种子发芽试验和早期植物幼苗生长试验。最初，这类试验主要用于纯化学品的毒性检验，但随着土壤污染生态毒理学评价需求的日益增加，该方法的应用范围已扩展到废物倾倒点、土壤污染现场及土壤生物修复过程。通常情况下，对于重金属污染土壤的研究采用单子叶植物，如白菜、西红柿、萝卜等，而对于有机物污染多采用双子叶植物，如小麦、水稻等。Babich 等(1980)提出一种化学污染物对某一生态系统中微生物活性的影响，可以间接反映出这种化学品对该生态系统的影响。因此，在确立土壤环境容量和土壤质量标准时，不仅要考虑对人体健康、高等植物和动物及周边环境(大气、地表水和地下水)的影响，还应该考虑污染物对土壤微生物的影响。

因此，针对被淋洗过的模拟电子垃圾污染场地土壤，探究了在模拟污染土壤与淋洗修复后土壤中 Cu、Pb、Cd 和 PCBs 的胁迫下，种子萌发情况和土壤微生物数量的变化，以期能为实际修复重金属、PCBs 等污染土壤提供理论依据。

7.5.1　种子萌发情况

淋洗修复后土壤中形成以污染物 Cu、Pb、Cd、PCBs 及淋洗剂柠檬酸、吐温 80 等共存化学体系。为了了解淋洗后土壤、淋洗剂分别对种子发芽率的影响，分别按照表 7-6 的方式设置对照实验。

表 7-6　培养皿中土壤配置方式

实验组别	分组说明
A	空白对照：未人工污染的清洁土壤
B	复合污染土壤：清洁土壤经人工添加 Cu、Pb、Cd、PCBs 后获得
C	淋洗后土壤：复合污染土壤经过柠檬酸-吐温 80 复合淋洗剂淋洗后得到
D	吐温 80 浸染土壤：清洁土壤经吐温 80 浸染后得到
E	柠檬酸浸染土壤：清洁土经柠檬酸浸染后得到
F	PCBs 污染土壤：清洁土壤经 PCBs 浸染后得到
G	重金属污染土壤：清洁土经 Cu、Pb、Cd 浸染后得到

称取 50g 风干的实验土壤于 90mm 直径的玻璃培养皿中，用去离子水调节土壤含水量至最大持水量的 60%，并将其置于恒温培养箱中 25℃下平衡 48h 后，用医用镊子将白菜、水稻种子分别均匀播种于土壤中(放置种子时，保持种子胚根末端和生长方向呈直线)，盖好玻璃培养皿，置于恒温培养箱中 25℃下暗处培养。每个处理为 20 粒种子，设 3 个重复。按照《农作物种子检验规程 发芽试验》(GB/T 3543.4—1995)，种子在处理 7 天后测定其发芽率。试验第 7 天终止时，用镊子轻轻将萌发种子取出，用滤纸吸干后，计算萌发率，再用游标卡尺测定各处理组 10 株的胚芽长和胚根长，取平均值。胚根长的测定从胚轴与胚根之间的过渡点开始。不同处理的种子萌发情况如图 7-24 所示。

由图 7-24(a)可知，利用吐温 80 与柠檬酸洗脱后土壤(C 组)中种植的种子发芽率高于修复前的污染土壤(B 组)，白菜与水稻种子的发芽率由 10%、20%提高到 50%、65%，说明淋洗后土壤表层的生物活性明显增强。在淋洗修复后的土壤中仍含有未被去除的 Cu、Pb、Cd、PCBs 及剩余的复合淋洗剂，这些残余的物质会对种子的发芽产生一定的抑制作用。为了区别哪一种物质对种子发芽抑制率起主要作用，对比了 D、E、F、G 四组实验。可得出淋洗剂吐温 80 与柠檬酸对种子的发芽率抑制较小，这验证了它们作为环境友好型淋洗剂的特点。而 F、G 添加了污染物的实验组中种子的发芽率普遍较低，这说明重金属与 PCBs 的存在对种子发芽会有较大的影响。

由图 7-24(b)和图 7-24(c)可以看出不同的作物种类，污染物的交互作用基本一致。对比 B、C 两组实验可以看出经过修复后的 C 组胚芽、胚根长明显比高浓度污染土壤 B 组的长，这与种子发芽率实验结果一致，说明采用吐温 80 与柠檬酸组合成的复合淋洗修复起到了较好的效果。同时从 D、E、F、G 组可以看出，不同污染物质存在于土壤中的生态毒理差异表现明显。F、G 组对种子胚根与胚芽的生长抑制强烈，特别是 G 组中白菜与水稻在重金属污染的胁迫下，生物毒害效应强于 F 组的高浓度 PCBs 污染胁迫。

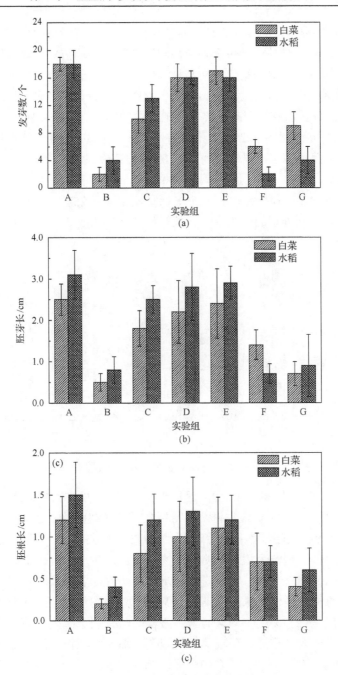

图 7-24　不同处理土壤的种子萌发情况

7.5.2　土壤微生物数量

土壤微生物活细胞数量是环境变化最为敏感的生物指标之一(孙波等, 1997)。

　　笔者在前期的污染调查中发现长期持续受电子垃圾拆解污染的焚烧迹地、拆解作坊附近及周边农田样品中微生物多样性的香农指数平均值低于离拆解中心区域较远的农田土样香农指数平均值,在某种程度上反映了无序电子垃圾拆解对当地土壤微生物群落的损伤(张金莲等, 2017)。土壤微生物数量研究采用传统的平板培养法,选用牛肉膏蛋白胨培养基分离培养土壤中的细菌(沈萍等, 1999)。称取 1.000g各处理组的土壤(含水率60%,老化 1 个月)于 30mL 灭菌聚乙烯塑料离心管中,加入 10mL 灭菌蒸馏水,混匀得到稀释 10 倍的菌液,从中取 1mL 加入 9mL 灭菌水中,得到稀释 100 倍的菌液;以此类推,得到不同稀释倍数的菌液并涂于倒有培养基的培养皿上。每个浓度设三个平行实验。置于 25℃下培养,待菌落长出后记录菌落数。不同处理的土壤中细菌数量如图 7-25 所示。

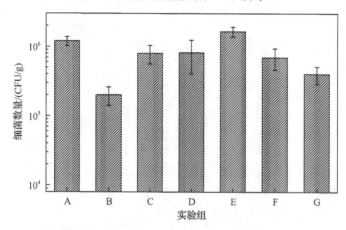

图 7-25　不同处理的土壤中细菌数量

　　结果表明,重金属和 PCBs 复合污染土壤(B 组)中的细菌数量最少,约为 2.0×10^5 CFU/g 土壤,污染土壤经过淋洗修复后(C 组)其细菌数量显著增加,约为修复前的 4 倍;PCBs 污染土壤(F 组)和重金属污染土壤(G 组)中的细菌数量高于复合污染土壤,但低于清洁土壤,说明污染物对细菌产生了抑制作用,且重金属的抑制作用比 PCBs 更加明显,可能是由于重金属活性形态含量较高,易于与微生物接触并产生毒性。经过柠檬酸浸染的土壤(E 组)中的细菌数量高于清洁土壤,这是由于柠檬酸是一种易生物降解的天然螯合剂,有利于微生物的生长。研究表明低分子量有机酸容易透过细菌较薄的细胞壁和细胞膜,作为能源物质被细菌利用(Schnürer et al., 1985),孔涛等(2016)发现随着柠檬酸酸处理浓度的升高,土壤细菌数量和呼吸强度持续升高,高浓度柠檬酸(100mmol/kg 干土)处理的土壤细菌数量比对照提高了 181.3%;张根柱(2011)也发现外源柠檬酸的加入可加速土壤中有机质的分解,同时引起微生物活性的增强,微生物生物量相应增加。但是经过吐温 80 浸染的土壤(D 组)中的细菌数量略低于清洁土壤,并与淋洗修复后的土壤持平，这是因为吐温 80 作为一种表面活性剂，对某些微生物有一定的抑制作用（夏咏梅，1988；胡春红等，2010）。淋洗修复后的土壤（C 组）与吐温 80 浸染的土壤（D 组）中的细菌数量基本持平，一方面淋洗修复后活性形态的重金属及 PCBs 大部分已被移除，污染物对细菌的抑制作用已经基本解除；另一方面淋洗修复后土壤中残留的表面活性剂吐温 80 对微生物有一定的抑制作用，使得淋洗修复后土壤中的细菌数量仍达不到清洁土壤的水平。

综合来讲，Cu、Pb、Cd 与 PCBs 复合污染土壤经过吐温 80-柠檬酸复合淋洗剂的洗脱后，土壤中的细菌数量显著增加，说明淋洗修复后土壤的环境毒性降低、具有良好的环境与生态效应。

第8章 洗脱废液中污染物的选择性去除技术

污染土壤淋洗处理产生的同时含有污染物、淋洗剂和土壤组分的洗脱废液的后处理难度极大,已成为制约该技术应用和推广的一个重要因素。电子垃圾拆解场地土壤中同时含有多种重金属和毒害有机污染物,洗脱废液的后处理相比于一般场地更为困难,直接作为废水来处理成本高且浪费资源,选择性去除污染物的同时回用淋洗液是很好的处理途径,因而很有必要研究开发针对电子垃圾污染土壤洗脱废液的经济有效的处理技术。

8.1 洗脱废液中多氯联苯的选择性去除技术

PCBs 是电子垃圾拆解、焚烧地区的土壤中主要的有机污染物之一。目前液相中 PCBs 的处理方法主要有:物理法、化学法、微生物法等。在一定条件下,PCBs 可用化学氧化还原法去除。化学氧化以臭氧氧化最为常见,还原法多以多相催化还原脱氯为主,适合工业处理的还原法有氢化法、氯解法等。研究表明,零价铁还原脱氯可以去除洗脱废液中的六氯苯,表面活性剂的存在会促进脱氯(Zheng et al., 2009),但零价铁的脱氯效果不但不彻底,而且还会引入较多的溶解态铁。近年来,高能球磨法、亲核取代-热分解法等物化方法得到一定的发展,但化学法操作比较复杂,投资较大,往往需要结合几种工艺才能达到较好的效果。而微生物法目前仍处于实验阶段,主要有好氧、厌氧、连续厌氧-好氧生物降解等,菌种的培养筛选、降解得不彻底等限制了微生物法的进一步应用。物理法主要是吸附,吸附法操作简单、处理能力好,适合于工业上难降解、难挥发的 PCBs 的处理。

在实际工程运用过程中,既要实现对洗脱废液中污染有机物的去除,又要考虑实际运行淋洗剂回用的经济问题。李玉双等(2013)公开了一种磺化硫杂环芳烃(TCAS)土壤淋洗剂的回收装置及其回收方法,其中运用了离子交换柱对其进行处理,在阴离子交换树脂 D202 的作用下,淋洗剂 TCAS 的回收率可以达到 96%以上。陆晓华和万金忠(2011)公开了一种再生有机污染土壤洗脱废液中淋洗剂的方法,该发明将有机污染土壤洗脱修复后的洗脱废液与活性炭混合,选择性吸附去除洗脱废液中的污染物,从而实现洗脱废液的再生与回用。但是,目前对含 PCBs 的土壤洗脱废液处理的研究很少,同时能实现 PCBs 高去除率和淋洗剂高回用率的研究也较少。

8.1.1　粉末活性炭对多氯联苯的吸附去除性能

1. 吸附效果

洗脱废液样品中的 PCBs 因吐温 80 形成的胶束的夹裹作用而被溶解，所形成的胶束团难以被普通孔径的吸附材料吸附。实验选用粉末活性炭(购于阿拉丁，粒度为 200 目)和纳米竹炭(购自上海海诺炭业有限公司，平均粒径 20nm、纯度 97%的竹质活性炭粉)为吸附材料。粉末活性炭是一种具有二维有序微晶区结构和不规则交联碳六角形空间晶格结构的非极性高效吸附剂，表面含有很多含氧官能团，可将废水中的非极性有机物和极性有机物吸附到活性炭表面，同时一部分有机物会进入活性炭内部微孔结构，形成螯合物，从而达到净化废水的目的(张海波，2011; Amstaetter et al., 2012; 易斌，2012)。纳米竹炭是以竹材为原料经高温炭化并经过纳米级超细研磨后获得的固体产物，颗粒直径小，比表面积大(吴仁人等，2013)。

图 8-1 为 25℃条件下，吸附时间为 6h，不同用量粉末活性炭和纳米竹炭对其吸附 PCBs 的影响。当粉末活性炭吸附剂量为 2g/L 时，去除率为 77.9%；当吸附剂量增加到 10g/L 时，去除率可以达到 96.53%。但是，粉末活性炭用量增加到一定程度后，所提供的孔道容积、活性位置、比表面积等总容量超过了污染物的总量，故 PCBs 的去除率增加缓慢(易斌，2012)。当纳米竹炭吸附剂量为 1g/L 时，去除率为 45.59%，增加吸附剂到 20g/L 时，去除率也可以达到 98.52%。纳米竹炭的增加趋势强于粉末活性炭，但在低剂量时，处理效果略差于粉末活性炭。

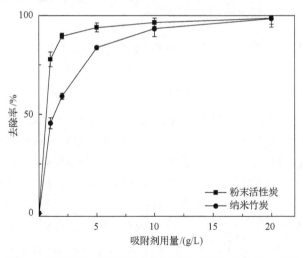

图 8-1　粉末活性炭和纳米竹炭用量对 PCBs 去除率的影响

图 8-2 为选择性扫描模式下粉末活性炭和纳米竹炭吸附后水样中 PCBs 含量的气相色谱-质谱联用仪(GC/MS)对比图，二者对混合体系中的 PCBs 的吸附有一定

的差别。粉末活性炭的选择性吸附比较强，吸附后的水样 PCBs 出峰较杂乱。而拥有巨大表面积的纳米竹炭对不同氯原子数的 PCBs 都有较好的吸附效果，选择性吸附作用较弱，吸附后的水样 PCBs 出峰较集中。

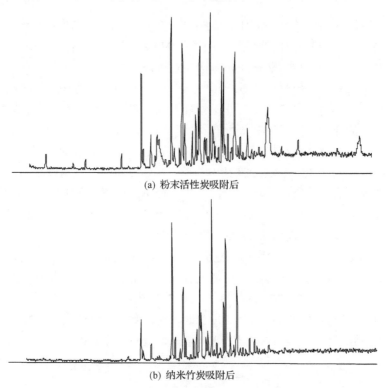

(a) 粉末活性炭吸附后

(b) 纳米竹炭吸附后

图 8-2　经粉末活性炭和纳米竹炭吸附后的水样的 GC-MS 图

2. 吸附动力学

粉末活性炭和纳米竹炭吸附 PCBs 的动力学关系如图 8-3 所示。吸附过程主要由液膜扩散、颗粒内扩散、吸附反应 3 个步骤组成(Garcia et al., 2004)。Kumar 等(2003, 2005)认为若 q 对 $t^{0.5}$ 作图成 2 条直线，则表示液膜扩散过程后存在颗粒内扩散；若 $\ln(1-F)$ 对 t 作图成直线，则液膜扩散是主要速率控制步骤。由图 8-3(c)可以看出，q 和 $t^{0.5}$ 有 2 段直线关系，说明除颗粒内扩散外还有液膜扩散的影响；图 8-3(d)显示 $\ln(1-F)$ 和 t 呈较好的直线关系，但不通过原点，说明液膜扩散是吸附初期的主要速率控制步骤。吸附质穿过液膜到达活性炭表面被吸附，初期液膜扩散为主要速率控制步骤。当到达炭表面的有机物分子增多到一定程度后，吸附质的颗粒内扩散就成为吸附速率的控制步骤(Sun et al., 2006)。拟一级动力学系数为负数，不能用来描述该吸附过程。拟二级动力学方程的拟合度都为 0.9999，说明拟二级动力学模型适合描述该过程(包含吸附的所有过程,即液膜扩散、颗粒内扩散和吸附反应)(Ho and Mckay, 1999),能真实地反映土壤洗脱液中的 PCBs 在粉末活性炭和纳米竹炭上的吸附机理。

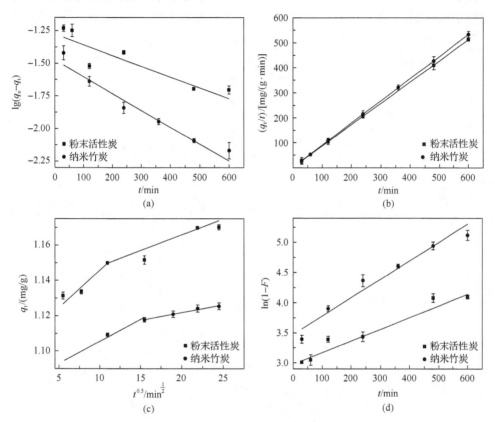

图 8-3　粉末活性炭和纳米竹炭吸附 PCBs 的动力学关系图
(a)拟一级动力学模型;(b)拟二级动力学模型;(c)颗粒内扩散模型;(d)液膜扩散模型

3. 吸附等温平衡

粉末活性炭和纳米竹炭吸附 PCBs 的等温线如图 8-4 所示,分别用 Linear、Langmuir 和 Freundlich 吸附等温模型进行拟合,拟合结果见表 8-1。从表 8-1 可以看到,Freundlich 系数为负数,不能用来描述粉末活性炭和纳米竹炭对 PCBs 的吸附过程。粉末活性炭的吸附等温线更符合 Langmuir 方程,其相关系数的平方达0.9980,说明该吸附过程主要是化学吸附(McDonough et al., 2008),粉末活性炭对PCBs 的吸附主要是由于活性炭分子中所带的含氧基团与 PCBs 的化学成键。氯原子为吸电子基团,与联苯结合后,使得苯环上的电子发生偏移。粉末活性炭上带有含氧基团,如羧基、酚羟基、内酯等官能团(García et al., 2004)。羰基对有机物吸附的影响最大,吸附质苯环为受电子体,羧基为给电子体,通过吸附质苯环上 π 电子和羧基之间的作用力,形成了给电子-受电子复合物。因此吸附质苯环上含有越多的吸电子基团,吸附量越大。纳米竹炭的吸附等温线更符合 Linear 方程,说明吸附过程主要是有机污染物在纳米竹炭与水溶液中的分配过程,以多层物理吸附为主。

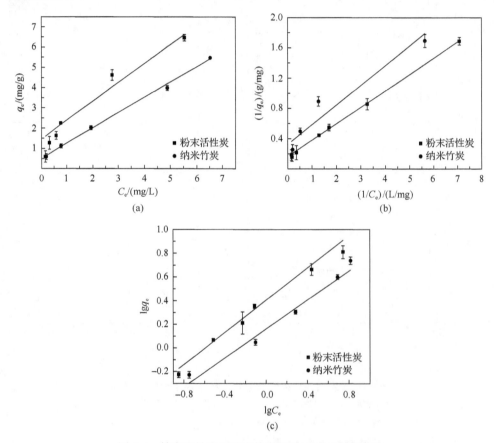

图 8-4　粉末活性炭和纳米竹炭吸附 PCBs 的等温线

(a) Linear 等温线;　(b) Langmuir 等温线;　(c) Freundlich 等温线

表 8-1　粉末活性炭和纳米竹炭吸附 PCBs 的吸附平衡参数

吸附剂	Linear			Langmuir			Freundlich		
	K_d/min^{-1}	a	R^2	q_{max}/(mg/g)	b	R^2	K/min^{-1}	$1/n$	R^2
粉末活性炭	1.0462	1.038	0.9575	0.1446	0.2191	0.9980	−0.369	0.644	0.9779
纳米竹炭	0.7462	0.4989	0.9979	0.3059	0.2559	0.8594	−0.178	0.614	0.9675

从 Langmuir 方程中定义一个无量纲分离因子 R_L,来预测该吸附反应是否为

有利过程(陈文娟,2013)，其定义式为

$$R_L=1/(1+bC_0) \tag{8-1}$$

当 $R_L>1$ 时为不利吸附；$R_L=1$ 时为线性吸附；$R_L=0$ 时为不可逆吸附；$0<R_L<1$ 时为有利吸附，且在此范围内，R_L 越大，越有利于污染物的去除。粉末活性炭的 R_L 为 0.2755，为有利吸附。

4. 应用分析

在成本和技术要求上，纳米竹炭更为苛刻，因此进一步着重研究粉末活性炭在土壤洗脱废液中 PCBs 去除中的应用。由图 8-5 吸附时间对粉末活性炭吸附 PCBs 的影响可以看出，粉末活性炭的吸附效果良好，粉末活性炭对 PCBs 的去除率随着活性炭加入量的增加而呈上升的趋势。在室温 25℃，pH 为中性的条件下，粉末活性炭的吸附在较短的时间内完成，当吸附剂量为 20g/L 时，0.5h 的吸附量达到了 1.184mg/g，当时间延长至 8h 时，吸附量为 1.189mg/g。由此可以看出，在其他条件一定时，时间的延长对粉末活性炭的吸附效果并没有出现较大的提升。

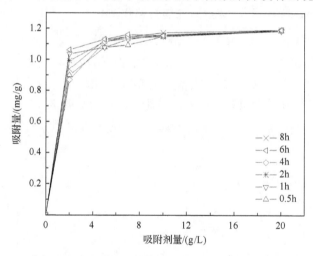

图 8-5　吸附时间对粉末活性炭吸附 PCBs 的影响

在实际运行过程中，PCBs 具体浓度的变化较大，本研究对不同初始浓度的 PCBs 进行了吸附处理。实验选用 2g/L 的粉末活性炭为吸附剂，分别对 PCBs 浓度为 1mg/L、2mg/L、5mg/L、8mg/L、10mg/L 和 12mg/L 的 10mL 洗脱废液进行处理，结果如图 8-6 所示。结果表明，在吸附剂量为 2g/L 的条件下，不同浓度 PCBs 的去除率相差并不大，当洗脱废液中 PCBs 浓度为 1mg/L 时，去除率为 79.43%，浓度增加到 5mg/L 时，去除率降低为 75.76%，浓度继续增大到 10mg/L，去除率为 73.87%。可以看出，粉末活性炭对不同浓度的 PCBs 有一定的去除效果，但是

仍残留少量的 PCBs 难以被去除。

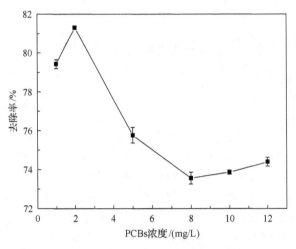

图 8-6　初始 PCBs 浓度对粉末活性炭吸附的影响

8.1.2　多氯联苯吸附去除过程中淋洗剂的回收

粉末活性炭的吸附性能好,对在液相中呈胶束状态的吐温 80 有较强的吸附作用。且 PCBs 体系的存在,可能对吐温 80 的回用造成一定的影响。粉末活性炭吸附 6h 后洗脱废液中吐温 80 的回收率见图 8-7,结果表明:经粉末活性炭吸附后的洗脱废液中吐温 80 的含量较低;粉末活性炭用量为 2g/L 时,吐温 80 的回收率只有 27.78%,随着粉末活性炭用量的增加,当吸附剂量达到 10g/L 时,回收率只有 17.68%。

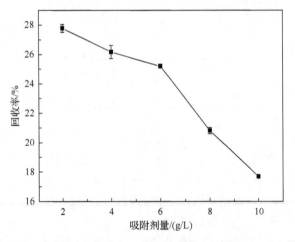

图 8-7　粉末活性炭吸附 6h 后洗脱废液中吐温 80 的回收率

　　吐温 80 的减少主要有两个原因，一是吐温 80 被粉末活性炭吸附，由于胶束的粒径较大，容易被表面积大、孔径多的活性炭吸附，这一部分的吐温 80 难以回收利用。二是 PCBs 与活性炭的吸附主要是化学成键作用，另一部分吐温 80 在这个成键过程中，被携带到粉末活性炭表面，若破坏了胶束，吐温 80 重新从固相转移到液相，因此这一部分的损失容易回收利用。实验采用高浓度的甲醇、乙醇、丙酮、二甲基甲酰胺、二甲基乙酰胺对胶束进行处理，破坏胶束后，由于 PCBs 成键作用而损失的吐温 80 重新回到液相。图 8-8 为粉末活性炭用量为 2g/L，吸附时间为 6h 时，不同浓度的有机试剂处理洗脱废液后的吐温 80 的回收率。结果表明，吐温 80 的回收率得到了一定的提高。例如，投加 2% 的甲醇时，回收率达到了 47.22%；投加 2% 的二甲基乙酰胺时，回收率达到了 66.47%。并且吸附前投加丙酮、二甲基甲酰胺、二甲基乙酰胺溶剂比投加甲醇、乙醇溶剂，吐温 80 的回收率总体约提高了 10%。随着投加量的增加，回收率逐渐下降。结果表明一部分吐温 80 由于成键作用被携带到活性炭表面而得到回收，对处理后的洗脱废液加入少量高浓度的吐温 80，可重新形成胶束，回用于土壤的洗脱。

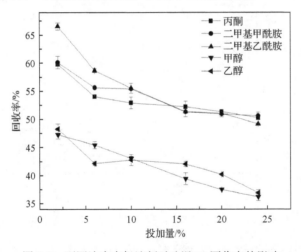

图 8-8　不同浓度有机溶剂对吐温 80 回收率的影响

　　笔者进一步研究了粉末活性炭用量为 2g/L，丙酮、二甲基甲酰胺、二甲基乙酰胺浓度都为 2% 时，不同吸附时间对吐温 80 回收率的影响，结果如图 8-9 所示。吸附时间在 3h 之内，吐温 80 的回收率分别达到 85.12%、88.56% 和 87.77%，随着时间的延长，回收率逐渐降低。

　　PCBs 不溶于水，理论上破坏胶束后有利于进一步促进其被粉末活性炭吸附。然而在吸附前将胶束打散，有机溶剂体系对 PCBs 体系产生了影响，需要对 PCBs 的去除率进行进一步探究。图 8-10 为吸附剂浓度为 2g/L，丙酮、二甲基甲酰胺、二甲基乙酰胺浓度都为 2% 的条件下 PCBs 的去除率随吸附时间的变化。结果显示，

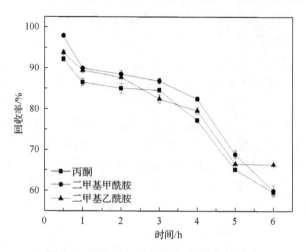

图 8-9　吸附时间对吐温 80 回收率的影响

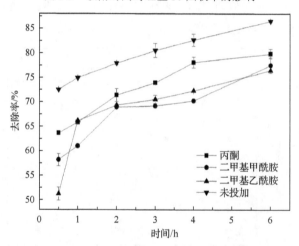

图 8-10　不同吸附时间对 PCBs 苯去除率的影响

吸附前投加有机溶剂使 PCBs 的去除率有一定幅度的下降。PCBs 难以溶于水却能与部分有机溶剂互溶，利用丙酮破坏胶束后释放出来的部分 PCBs 又转移到丙酮中，呈溶解状态的 PCBs 在后续的吸附步骤中不能被吸附，因此造成了 PCBs 的去除率下降。

　　结合实际综合考虑，选择粉末活性炭用量为 2g/L，添加丙酮的体积分数为 2%，吸附时间为 4h，处理后 PCBs 的去除率可达到 78.06%，吐温 80 的回收率可达到 73.30%，此为较优的运行参数，可保证选择性去除洗脱废液中 70% 以上的 PCBs，同时保留 70% 以上的淋洗剂吐温 80。处理后的洗脱废液经补充一定量的淋洗剂后可实现回用，节约处理成本并减少废水排放。

8.2　洗脱废液中多溴联苯醚的光降解去除技术

上述提及的活性炭吸附等方法仅仅是污染物转移的过程，并没有彻底去除污染物。在 20 世纪 90 年代初，一些研究者开始用光降解来处理表面活性剂中的有机污染物，研究发现光降解能够快速降解表面活性剂中的二氯酚、菲、三氯乙烯，并且还能够消除生成其他有毒污染物的副反应（Chu and Choy, 2000; Shi et al., 1997; Sigman et al., 1998）。随着该方法的兴起，光降解还被应用到处理洗脱废液中的 PCBs（Wang and Shi 2007; Yu et al. 2013）。与前面提到的方法比较，采用光催化法可以达到表面活性剂回用的目的，克服了萃取法及吸附法中实验溶剂用量大和吸附材料昂贵等缺点，并且还彻底地去除了有机污染物，有效地防止了二次污染，其基本过程如图 8-11 所示。所以，光降解处理电子垃圾拆解地污染土壤洗脱废液是一种绿色环保、前景广阔的环境修复技术。

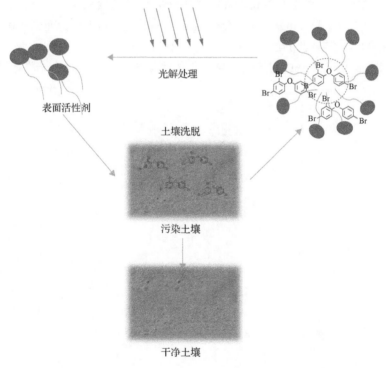

图 8-11　光降解去除洗脱废液中多溴联苯醚的示意图

8.2.1　多溴联苯醚和表面活性剂浓度对去除效果的影响

在光降解表面活性剂洗脱废液中有机污染物的过程中，有机污染物的去除效果与污染物的浓度、表面活性剂的浓度及表面活性剂的种类都有很大的关系。前人对此也做了大量的研究（施周等，2000；Shi et al.，1997；Chu，1999；Cao et al.，2013a），对于 BDE-28 来说缺少相关实验数据，需要深入研究。

1. 不同浓度的 BDE-28 在表面活性剂中的光降解

以 500mg/L 的 TX-100 溶液作为增溶剂，100 W 汞灯为光源，分别在 2mg/L、3mg/L、4mg/L、5mg/L、6mg/L 和 8mg/L 6 个不同初始浓度水平下进行了 BDE-28 的光降解实验。其光降解动力学如图 8-12 所示。结果表明，当 BDE-28 浓度在 2～3mg/L 时，BDE-28 的光降解相对速率随着底物浓度的增加而加快，光降解速率常数从 $0.166min^{-1}$ 上升到 $0.178min^{-1}$，半衰期从 4.18min 减少到 3.89min；而当其浓度在 3～8mg/L 时，其光降解相对速率随着底物浓度的增加而减慢，光解速率常数从 $0.178min^{-1}$ 下降到 $0.0901min^{-1}$，半衰期从 3.89min 增加到 7.70min。原因可能是随着 BDE-28 浓度的增加，溶液中分子数量也不断增加，相互碰撞发生光反应的概率也就越大，因此由 2mg/L 提高到 3mg/L 时随着底物浓度的增加，光降解速率加快；然而在 3～8mg/L 时，分子数量超过了一定的限度，而光密度不变，因此 BDE-28 分子之间相互竞争光子，每个 BDE-28 分子接收的光能减小，同时，BDE-28 光降解的一些中间产物也会与母体污染物竞争，导致了光降解速率变慢。

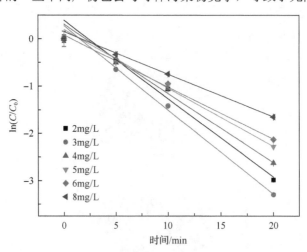

图 8-12　不同底物浓度条件下 BDE-28 的光降解动力学

2. BDE-28 在不同浓度的 TX-100 中的光降解

在实验过程中，用来溶解 BDE-28 的 TX-100 的浓度分别为 200mg/L、300mg/L、400mg/L、500mg/L、600mg/L 以及 700mg/L，在不同浓度 TX-100 溶液参与下 BDE-28 的光降解动力学如图 8-13 所示，从图中可以看到，TX-100 的浓度对

BDE-28 光降解的速率有显著的影响，在不同浓度的 TX-100 下，BDE-28 的光降解过程均符合准一级动力学。在 TX-100 浓度为 200～500mg/L 时，BDE-28 的光降解速率常数随着 TX-100 浓度的增加而逐渐变大，分别为 $0.0466min^{-1}$、$0.0927min^{-1}$、$0.115min^{-1}$ 和 $0.123min^{-1}$，其对应的半衰期分别为 14.90min、7.48min、6.03min 和 5.64min。当 TX-100 浓度高于 500 mg/L 时，BDE-28 的光降解速率常数随着 TX-100 浓度的增加而逐渐减小，分别为 $0.106min^{-1}$ 和 $0.0967min^{-1}$，半衰期分别为 6.54min 和 7.17min。在 TX-100 浓度为 500mg/L 时，BDE-28 的光降解速率最快。

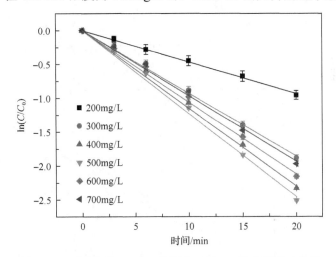

图 8-13　不同浓度 TX-100 溶液中 BDE-28 的光降解动力学

3. BDE-28 在不同的表面活性剂中的光降解

为了探讨 BDE-28 在不同的表面活性剂中的去除效果，分别选用阳离子表面活性剂(CTAB)、阴离子表面活性剂(SDBS)和非离子表面活性剂(TX-100)来探究 BDE-28 在不同的表面活性剂中的光降解效果。实验中分别将等量的 BDE-28 溶解到浓度为 1.5CMC、2CMC、2.5CMC、3CMC 的三种表面活性剂中并进行光降解。如图 8-14 所示，结果发现对于阴离子表面活性剂 CTAB 来说随着表面活性剂的浓度的增加，BDE-28 在其中的降解速率并无明显的变化，说明 CTAB 所起到的氢供体作用在 1.5CMC 时已经达到饱和，故其浓度的增加也没能改变 BDE-28 光降解速率。随着阴离子表面活性剂 SDBS 浓度的增加，BDE-28 光降解速率不断减小，主要是由于 SBDS 的临界胶束浓度比较高并且其在紫外光区域有较强的光吸收，导致其在溶液中和 BDE-28 形成光竞争作用，所以随着其浓度的增加，光降解速率减小。随着非离子表面活性剂 TX-100 的浓度的增加，BDE-28 光降解速率不断增加，主要是由于 TX-100 在溶液中可以有光敏化的作用，随着其浓度的增加也就导致了 BDE-28 在其中的光降解速率的增加。

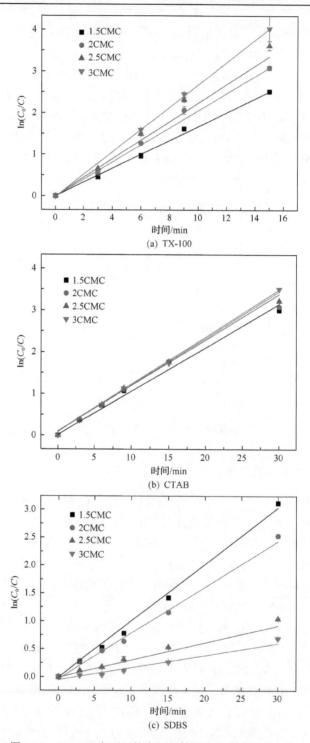

图 8-14　BDE-28 在不同的表面活性剂中的光降解动力学

8.2.2　环境因素对多溴联苯醚去除的影响

在对洗脱废液的光降解处理过程中，其处理效率可能会由于洗脱废液的一些条件的不同带来不一样的效果，如光源、温度、酸碱度、溶解氧等条件（王政华，2008；Chu et al.，2009）。因此以 TX-100 洗脱土壤中 BDE-28 为例研究了在不同光源、不同温度、不同 pH 及有无溶解氧（DO）情况下 BDE-28 的去除效果。

1. 不同光源条件下 BDE-28 的光降解反应

不同光源条件下 BDE-28 在 TX-100 溶液中的光降解动力学如图 8-15 所示，将 BDE-28 的光降解数据进行准一级动力学拟合，在四种不同光源下，BDE-28 的光降解均符合准一级动力学。结果表明，光源强度对 BDE-28 的光降解影响较大，光降解速率是 500W 汞灯＞300W 汞灯＞100W 汞灯＞350W 氙灯，光降解速率常数分别为 0.418min^{-1}、0.319min^{-1}、0.0866min^{-1} 和 0.00377min^{-1}，对应的光降解半衰期分别为 1.66min、2.17min、8.00min 和 184min。在汞灯和氙灯不同光源照射下，BDE-28 的光降解速率有明显的差异，说明 BDE-28 的光降解与光源种类及光源强度有较大的关系。BDE-28 在紫外条件下有特征吸收，高压汞灯在 190～400nm 辐射的不连续谱线主要集中在短波紫外区，因此能够快速地降解 BDE-28，且随着光源的增强，体系获得的能量增加，光降解速率加快。氙灯是模拟太阳光，发射光谱与太阳的发射光谱相似，能量相对较少，且紫外区内的短波含量较少，而 BDE-28 的吸收光带主要在紫外区，致使氙灯照射下 BDE-28 光降解要明显低于高压汞灯的照射，这说明了紫外光是影响 BDE-28 光降解的关键因素。

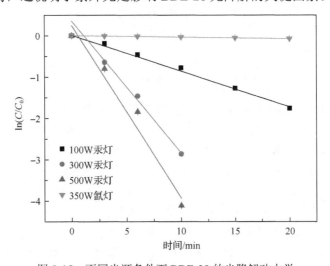

图 8-15　不同光源条件下 BDE-28 的光降解动力学

2. 不同温度条件下 BDE-28 的光降解反应

以 500mg/L 的 TX-100 溶液作为增溶剂,100W 汞灯为光源,在 3mg/L BDE-28 初始浓度水平下,用 NaOH、HCl 调节 pH 约等于 7,调节循环冷却装置将温度分别设置为 10℃、20℃、30℃ 和 40℃,进行 BDE-28 的光降解实验。光降解动力学如图 8-16 所示,温度对 BDE-28 的光降解有一定的影响,温度过高和过低都会影响 BDE-28 的光降解速率。当反应温度设置为 20℃ 时,BDE-28 的光降解最为迅速,其光降解速率常数为 $0.0866min^{-1}$,光降解半衰期为 8.00min。而当温度设置为 10℃、30℃ 和 40℃ 时,BDE-28 的光降解相较于 20℃ 时变慢了许多,其光解速率常数分别为 $0.0630min^{-1}$、$0.0693min^{-1}$ 和 $0.0661min^{-1}$,对应的半衰期分别为 11.0min、10.0min 和 10.5min。

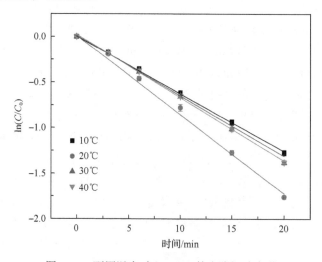

图 8-16　不同温度时 BDE-28 的光降解动力学

3. 不同 pH 条件下 BDE-28 的光降解反应

溶液的 pH 会影响有机物在水中的形态,同一种物质在不同的 pH 条件下会存在不同的分子形式,从而影响其光降解速率。以 TX-100 为溶剂,100W 汞灯为光源,在 3mg/L BDE-28 初始浓度水平下,用 NaOH、HCl 调节 pH,进行了 BDE-28 的光降解实验。光降解动力学如图 8-17 所示,将 BDE-28 的光降解数据进行准一级动力学方程拟合。由图 8-17 可知,pH 对 BDE-28 的光降解有较大的影响,在高 pH 和低 pH 条件下,BDE-28 均不稳定,容易发生光降解。在 pH 为 3～11 时,酸性和碱性都会促进 BDE-28 的光降解。BDE-28 的光降解速率在 pH=7 时最慢,其光降解速率常数为 $0.0650min^{-1}$,半衰期为 10.7min。在 pH=3 和 pH=5 的酸性溶液中,光降解速率随着 pH 的升高而减慢,光降解速率常数分别为 $0.106min^{-1}$ 和

0.120min^{-1}，对应的半衰期分别为 6.55min 和 5.77min。在 pH=9 和 pH=11 的碱性溶液中，光降解速率随着 pH 的升高而加快，光降解速率常数分别为 0.0737min^{-1} 和 0.101min^{-1}，对应的半衰期分别为 9.41min 和 6.88min。比较酸性溶液和碱性溶液中的光降解速率，可以发现，虽然酸性和碱性都促进了 BDE-28 的光降解，但是酸性溶液中的光降解程度明显高于碱性溶液中的光降解程度。这可能是因为溶解在 TX-100 溶液中的 BDE-28 在不同的 pH 条件下会存在不同程度的解离，从而产生不同的形态。在酸性条件下，溶液中 H$^+$浓度较高，而 H$^+$带正电，可能会影响 BDE-28 分子键的断裂过程，从而加快了反应的进行，促进 BDE-28 的光降解；同时，利用 HCl 调节 pH 时引入了大量的 Cl$^-$，这些 Cl$^-$在吸光后可能会形成激发态[Cl$^-$]*，然后引发逐步的自由基反应并生成 ^{1}O$_2$(单线态氧)和·OH 等活性物质，这些活性物质可以与 BDE-28 发生氧化反应从而促进 BDE-28 的光降解。在碱性条件下，随着 pH 的变大，BDE-28 的解离程度也增大，离子态的 BDE-28 更容易发生光降解，因此碱性条件下 BDE-28 的光降解加快。这与前人关于环丙沙星在不同的质子化形态下光降解路径不同的研究结果相同(Wei et al., 2013)。

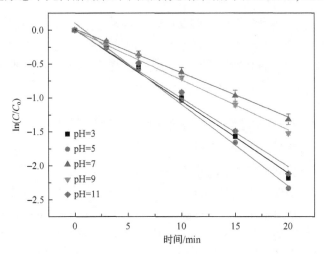

图 8-17　不同 pH 时 BDE-28 的光降解动力学

4. 溶解氧对 BDE-28 光降解的影响

前人的研究结果表明，DO 对化合物的光降解具有双重作用。一方面，DO 可以猝灭化合物的激发态分子，从而减慢其光降解速率；另一方面，水溶液中的 DO 可以转化为 ^{1}O$_2$ 和其他活性氧物质，从而氧化降解化合物(Zhu et al., 2014)。图 8-18 是体系中未通入 N$_2$ 以及通入 N$_2$ 后 BDE-28 的光降解动力学，在通入 N$_2$ 后，BDE-28 的光降解速率常数从 0.109min^{-1} 变为 0.138min^{-1}，半衰期从 6.30min 变为 4.95min。反应速率加快，表明 DO 可以猝灭 BDE-28 的激发态并抑制其光降解，因此在反应体系中通入 N$_2$ 后，BDE-28 的光降解加快。

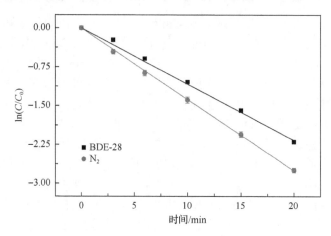

图 8-18　通入 N_2 前后 BDE-28 的光降解动力学

8.2.3　共存物质对表面活性剂中 BDE-28 光降解的影响

除了酸碱度、溶解氧等因素的影响之外，随污染物同时洗脱进入表面活性剂溶液的共存物质(有机质、无机阳离子和无机阴离子等)都会对洗脱废液中 BDE-28 的光降解去除有一定的影响，因此研究了这些物质对表面活性剂中 BDE-28 的光降解的影响(Chan and Chu, 2005)。

1. 有机质对表面活性剂中 BDE-28 的光降解的影响

1)电子穿梭体对 BDE-28 光降解的影响

为了研究有机质对反应体系的影响，选用蒽醌二磺酸盐(AQDS)这种典型的电子穿梭体模型物来代表实际环境中的有机质。在反应过程中加入的 AQDS 的浓度分别为 0μmol/L、0.06μmol/L、0.6μmol/L、3μmol/L 及 12μmol/L，其在不同 AQDS 浓度下的光降解动力学如图 8-19 所示。从图中可以看出，AQDS 的浓度对 BDE-28 的光降解有较大的影响，在不同的 AQDS 浓度下，BDE-28 的光降解过程均符合准一级动力学模型。当反应体系中未加入 AQDS 时，其光降解速率常数为 0.0549min^{-1}，半衰期为 12.6min；当 AQDS 浓度为 0.06μmol/L 时，光降解速率常数为 0.0558min^{-1}，半衰期为 12.4min，对 BDE-28 的光降解几乎没有影响；当 AQDS 浓度为 0.6μmol/L 时，光解速率常数为 0.0600min^{-1}，半衰期为 11.5min，对 BDE-28 的光降解有一定的促进作用；当 AQDS 浓度为 3μmol/L 和 12μmol/L 时，光解速率常数分别为 0.0488min^{-1} 和 0.0263min^{-1}，对应的半衰期分别为 14.2min 和 26.4min，对 BDE-28 的光降解表现出抑制作用，且随着 AQDS 浓度的升高，抑制作用越明显。这主要是由于 AQDS 作为一种典型的电子穿梭体，在低浓度时加速了电子在溶液中的传递，而在高浓度时，由于其与 BDE-28 之间的光竞争作用，其抑制了 BDE-28 的光降解。

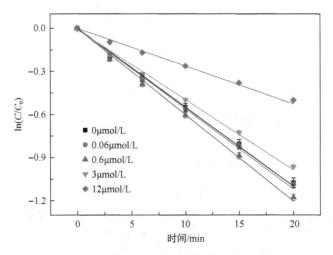

图 8-19　不同 AQDS 浓度下 BDE-28 的光降解动力学

2) 柠檬酸对 BDE-28 光降解的影响

柠檬酸作为一种典型的有机酸被用来研究其对表面活性剂中 BDE-28 的光降解的影响，通过加入不同浓度的柠檬酸进行了 BDE-28 的光降解实验。从图 8-20 可以看出，柠檬酸对 BDE-28 光降解的影响非常微弱，几乎可以忽略不计。在 BDE-28 光降解过程中氢供体的存在是保证脱溴反应的重要条件。然而加入的柠檬酸作为一种潜在的额外外加氢源却没能加快 BDE-28 的光降解过程，这可能是因为在表面活性剂 TX-100 的内部存在一个疏水的腔体，这是 BDE-28 存在的主要环境也是降解的主要场所，而柠檬酸作为一种具有 3 个强亲水羧基的有机物，虽然是一个氢供体，但是没有办法为处于表面活性剂内核和栅栏中的 BDE-28 供氢。

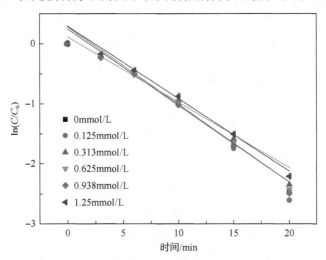

图 8-20　不同柠檬酸浓度时 BDE-28 的光降解动力学

2. 盐类对表面活性剂中 BDE-28 光降解的影响

在使用表面活性剂对土壤进行洗脱的过程中不仅会使一些有机质进入洗脱废液中，一些无机盐类也会进入含表面活性剂的洗脱废液中。在光化学反应的过程中，不管是阳离子还是阴离子都会对反应过程产生影响（Brand et al., 1998; Grebel et al., 2010）。本节将以最常见的自然界中广泛存在的铁离子和硝酸根离子为例来研究无机盐离子对表面活性剂中多溴联苯醚的光降解的影响。

1) 铁离子对表面活性剂中 BDE-28 的光降解的影响

图 8-21 给出了在同一浓度（10CMC）的 Brij 35 溶液中，不同浓度的 $FeCl_3$ 溶液对 BDE-28 光降解速率的影响。由图 8-21 可以看出，在低浓度的 $FeCl_3$ 溶液范围内，溶液中 $FeCl_3$ 的浓度为 0.01mmol/L 的 BDE-28 的光降解速率最快。主要是由于铁的加入与 Brij 35 溶液之间形成了络合物，加速了溶液中的电子的转移速率，也增加了溶液中羟基自由基的产生量，导致了溶液中 BDE-28 的光降解速率的加快。而没有加 $FeCl_3$ 的溶液和加 0.1mmol/L $FeCl_3$ 的溶液光降解速率相近，且都基本在 60min 内完全降解。在高浓度的氯化铁溶液范围内，随着氯化铁的浓度的增大，BDE-28 的光降解速率逐渐减慢，在 60min 内没有完全降解。这是由于当体系中的 Fe^{3+} 过量时，溶液体系的颜色加深，对紫外光的屏蔽效应会加强，并且过多的 Fe^{3+} 的加入会被还原成 Fe^{2+}，消耗溶液中的电子，进而抑制了溶液中 BDE-28 的还原反应。

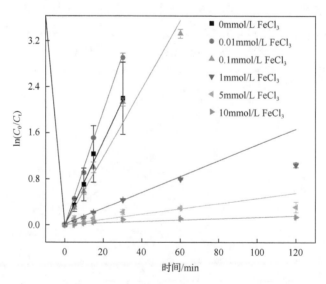

图 8-21　不同浓度的 $FeCl_3$ 时 10CMC 的 Brij 35 中 BDE-28 的光降解动力学

2) 硝酸根离子对表面活性剂中 BDE-28 的光降解的影响

由图 8-22 可以看出，BDE-28 在加有 NaNO₃ 的 TX-100 中的光降解能够很好地符合拟一级动力学模型 ($R^2 > 0.96$)。随着 NO₃⁻ 浓度从 0mmol/L 增加到 0.27mol/L，TX-100 溶液中 BDE-28 的光解速率常数从 $0.153min^{-1}$ 下降到 $0.038min^{-1}$，其半衰期也从 5.270min 增加到 14.880min。说明 NaNO₃ 对 BDE-28 的光降解有明显的抑制作用，并随着 NaNO₃ 浓度的升高，抑制作用逐渐增强。这主要是由于 NO₃⁻ 在紫外波段有很强的吸收，在光降解过程中与溶液中的 BDE-28 发生了光竞争作用，并且无机阴离子的加入会导致产生的活性自由基被猝灭，同样使得溶液中的 BDE-28 光降解速率减慢。

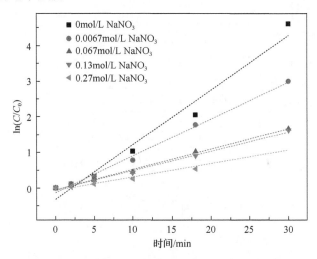

图 8-22　BDE-28 在不同浓度 NaNO₃ 的光降解动力学

8.2.4　多溴联苯醚在表面活性剂中的转化

在光降解去除洗脱废液中污染物的过程中，前人都非常关注污染物的转化及产物的毒性，这也是评判方法可行性的一个重要指标 (Qiao et al., 2014)，据此对表面活性剂中的 BDE-28 的光降解产物进行了分析，其产物如图 8-23 所示。在 BDE-28 的光降解产物中，分别检测到二溴联苯醚、一溴联苯醚以及联苯醚 (diphenyl ether, DE) 等脱溴产物，说明 BDE-28 的光降解主要是脱溴还原反应。并且 BDE-28 在不同的条件下及不同的表面活性剂中的光降解产物大致相同，均为脱溴过程。据此可推断出 BDE-28 在表面活性剂中可能的光降解途径，如图 8-24 所示，BDE-28 在光降解过程中最开始通过脱除邻位的或者对位的溴分别生成 4,4′-二溴联苯醚 (BDE-15) 和 2,4-二溴联苯醚 (BDE-8) 这两种二溴联苯醚，其中 BDE-15 含量明显多于 BDE-8，这说明处在邻位的溴要比处在对位的溴更容易脱除。在逐级脱溴

过程中生成的主要的一溴代的降解产物是 4-溴联苯醚(BDE-3)，同时检测到少量
联苯醚。这一结论与正己烷中 6 种多溴联苯醚同系物的光化学降解的研究一致
(Fang et al., 2008)。

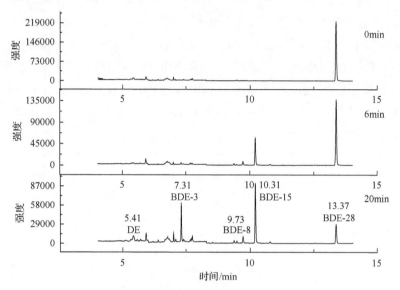

图 8-23　BDE-28 的光降解产物分析图

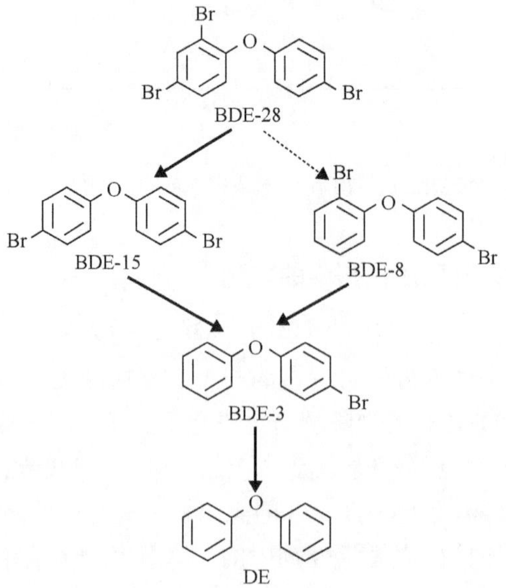

图 8-24　BDE-28 的光降解路径图

8.2.5　多溴联苯醚去除过程中表面活性剂的回收

在光降解过程中，洗脱废液中的多溴联苯醚被降解，使表面活性剂可以实现回收利用，然而对于不同的表面活性剂来说，在光降解过程中的损耗率不同，这也就导致了光降解过程中对于不同的表面活性剂具有不同的回收率。如图 8-25 所示，实验选用三种不同类型的表面活性剂，在 90min 的光解时间内，TX-100 被降解了接近 15%，SDBS 被降解了将近 10%，而 CTAB 仅仅发生了少量的降解。

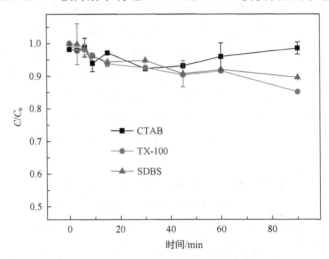

图 8-25　不同的表面活性剂在光降解过程中的回收率

洗脱废液光降解过程中几种表面活性剂的减少主要有两个方面，一方面是溶液在光照过程中所产生的活性氧自由基攻击表面活性剂碳链导致其降解，这一过程在所有的洗脱废液光照中都会发生，但是不同的表面活性剂的结构不同，如 TX-100 含有的 PEO 链相比于 CTAB 和 SDBS 的碳链更容易被氧化。另一方面是其中某些表面活性剂是具有紫外吸收的，这就导致了在紫外光照射过程中表面活性剂本身会吸收紫外光而发生降解。其中对于 CTAB、SDBS 和 TX-100 来说，CTAB 在紫外波段是没有光吸收的，而 SDBS 和 TX-100 是有光吸收的。两方面的综合原因导致了三种表面活性剂的回收效果是 CTAB＞SDBS＞TX-100。

结合实际综合考虑，在对 BDE-28 洗脱废液进行光处理的过程中，TX-100 溶液表现出较高的处理效率。并且在 500W 汞灯、无溶解氧、pH=5，溶液中含有 0.6μmol/L 的电子穿梭体 AQDS、无铁离子及 NO_3^- 的情况下表现出较高的去除效率。反应过程中 TX-100 只被降解了约 15%，为表面活性剂的回收利用提供了可能。

8.3　洗脱废液中重金属的选择性去除技术

重金属洗脱液废水中同时存在着游离态重金属离子和络合态重金属离子，在整个体系中存在两者之间的转化平衡。络合重金属废水的传统处理方法主要是物理化学法，处理工艺分两步操作：第一步破络合处理，在此阶段主要通过强氧化作用去除大部分有机络合剂，降低废水的化学需氧量(COD)，同时为重金属的去除做铺垫；第二步借助沉淀法去除重金属离子，同时进一步降低废水的 COD。破络合的主要方法有：强化混凝、吸附、微电解和高级氧化等；去除重金属离子的主要方法有化学沉淀、还原法、电化学法、物理吸附、膜分离和生化法等(贾鹏，2013)。然而，在洗脱废液中重金属的选择性去除中，一般不考虑 COD 的去除。为了实现淋洗剂和水的高效回用，应尽量避免破坏具有络合作用的淋洗剂。因此，高效选择性地去除淋洗废液中的游离态及络合态的重金属离子，成为实现淋洗剂回用的关键。

曾清如等(2003)研究表明 Na$_2$S 能沉淀分离 EDTA 溶液中的 Cu、Cd 和 Pb，去除率均达 99%以上；回收的 EDTA 连续使用 10 次，损失约 30%。胡疆(2015)也证明了投加 Na$_2$S 能 100%去除 EDTA 洗脱废液中的 Cu、Zn、Pb、Cd，经过 Na$_2$S处理后回收的 EDTA 溶液对土壤重金属仍有一定的去除能力。本小节基于本书第3 章的研究结果，考察了 Na$_2$S 在不同浓度下对重金属的吸附去除效果和对淋洗剂柠檬酸回收率的影响。

8.3.1　硫化钠对重金属的选择性去除

模拟洗脱废液中的重金属离子与柠檬酸所形成的螯合物难以通过一般吸附方法去除。硫化物沉淀法是一种形成难溶于水的物质的沉淀方法，它是利用金属离子与 S^{2-}能生成溶度积很小的硫化物，如 CuS、CdS 等都是黑色的沉淀，可以从溶液中去除重金属离子。将称量好的氯化铜、硫酸铅和氯化铬倒入柠檬酸溶液中，充分搅拌、溶解后得到自配模拟洗脱废液(其含有 0.1mol/L 的柠檬酸，溶液中 Cu、Pb 和 Cd 的总量分别为 200mg/L、50mg/L 和 2mg/L)，并用 1% NaOH 溶液调节pH 至 5，在室温 30℃、厌氧条件下，于 150r/min 的摇床中充分振荡 24h。

由图 8-26 可知，在 Na$_2$S 浓度为 1~6mmol/L，Cu^{2+}、Pb^{2+}和 Cd^{2+}的去除率均随 Na$_2$S 浓度的增大而逐渐上升，其中于 3.4mmol/L 时 Cu^{2+}几乎沉淀完全，去除

率达到 99.9%，而后随着 Na₂S 投加量的增加，其去除率趋于稳定，Pb²⁺ 和 Cd²⁺ 则于 4.4mmol/L 浓度时基本沉淀完全。从重金属离子的去除顺序来看，Cu²⁺、Pb²⁺、Cd²⁺ 依次从柠檬酸溶液中去除，这一现象与沉淀产物 CuS、PbS 和 CdS 的溶度积 K_{sp} 有关，这三种物质的溶度积分别为：$K_{sp}(\text{CuS})=6.3\times10^{-36}$、$K_{sp}(\text{PbS})=8.0\times10^{-28}$、$K_{sp}(\text{CdS})=8.0\times10^{-27}$，$K_{sp}$ 越小的物质越容易从溶液中分离出来。从图 8-26 中可知 Na₂S 是有效的重金属离子沉淀剂，并观察到在实验室操作下使洗脱废液中的重金属完全沉淀时的 Na₂S 投加量（4.4mmol/L）大于理论上可完全去除当量重金属的 Na₂S 投加量（3.4mmol/L），这可能与酸性条件下 S²⁻ 能与 H⁺ 反应生成 HS⁻ 和 H₂S 有关，消耗了体系中的部分 S²⁻。

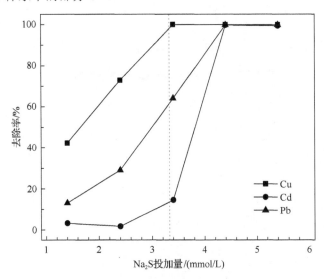

图 8-26　不同浓度 Na₂S 对重金属去除率的影响

8.3.2　硫化钠去除重金属后淋洗剂的回收

　　实际工程中为了降低淋洗剂的成本，通常需要考虑淋洗剂的回收利用。利用 Na₂S 选择性去除洗脱废液中的重金属后，洗脱废液的淋洗剂柠檬酸的回收率见图 8-27。结果表明，在 1～6mmol/L 内，柠檬酸的回收率随 Na₂S 浓度的增加并无太大的波动，回收率均保持在 95% 左右。由此可知 Na₂S 在水溶液中提供 HS⁻/S²⁻ 与 Cu²⁺、Pb²⁺ 和 Cd²⁺ 发生沉淀反应时并不会造成柠檬酸的大量损失。

　　综上所述，使用 4.4mmol/L 的 Na₂S 可有效去除洗脱废液中的 Cu、Pb 和 Cd，去除率均达 99.5% 以上，此条件下洗脱废液中柠檬酸的回收率可达 96%。

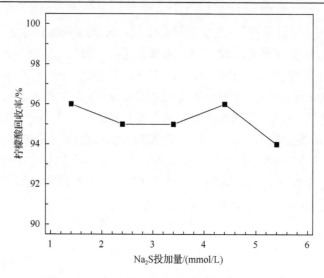

图 8-27　不同浓度 Na_2S 对柠檬酸回收率的影响

参 考 文 献

白乃彬. 1990. 定量构效关系在环境化学中的应用. 环境科学, 11(2): 62-67.

毕新慧, 储少岗, 徐晓白. 2001a. 多氯联苯在水稻田中的迁移行为. 环境科学学报, 21(4): 454-458.

毕新慧, 储少岗, 徐晓白. 2001b. 多氯联苯在土壤中的吸附行为. 中国环境科学, 20(3): 284-288.

蔡全英, 莫测辉, 吴启堂. 1999. 土壤中多氯代二噁英(PCDDs)的研究进展. 农村生态环境, 15(2): 41-45.

陈宝梁. 2004. 表面活性剂在土壤有机污染修复中的作用及机理. 杭州: 浙江大学.

陈怀满, 郑春荣. 2002. 复合污染与交互作用研究——农业环境保护中研究的热点与难点. 农业环境保护, 21(2): 192.

陈景文. 1999. 有机污染物定量结构-性质关系与定量结构-活性关系. 大连: 大连理工大学出版社.

陈立涛. 2007. 电子电器废弃物拆解污染农田土壤微生物生态研究. 杭州: 浙江大学.

陈仁坦, 刘植昌, 孟祥海, 等. 2013. 离子液体萃取重金属离子的研究进展. 化工进展, 32(11): 2757-2763, 2786.

陈世宝, 李娜, 王萌, 等. 2010. 利用磷进行铅污染土壤原位修复中需考虑的几个问题. 中国生态农业学报, 18(1): 203-209.

陈苏, 孙丽娜, 晁雷, 等. 2007. 不同浓度组合的镉、铅在不同污染负荷土壤中的吸附-解吸动力学行为. 应用基础与工程科学学报, 15(1): 32-44.

陈涛, 周纯, 牟义军, 等. 2011. 典型电子废物集中处置场地及周边土壤中多溴联苯醚的污染特征. 生态与农村环境学报, 27(3): 20-24.

陈文娟. 2013. 改性膨润土对水中有机污染物和重金属的吸附研究. 上海: 东华理工大学.

陈宣宇, 薛南冬, 张石磊, 等. 2014. 废旧电器拆解区河流沉积物中多溴联苯醚(PBDEs)的污染特征与生态风险. 环境科学, 35(10): 3731-3739.

陈晓婷, 王欣, 陈新. 2005. 几种螯合剂对污染土壤的重金属提取效率的研究. 江苏环境科技, 18(2): 9-13.

陈英旭, 林琦, 陆芳, 等. 2000. 有机酸对铅、镉植株危害的解毒作用研究. 环境科学学报, 20(4): 467-472.

陈玉成, 郭颖, 魏少平, 等. 2003. 螯合剂与表面活性剂复合去除城市污泥中Cd、Cr. 中国环境科学, 24(1): 100-104.

池汝安, 王淀佐. 1990. 离子型稀土选矿工艺和技术的进展. 湖南有色金属, 6(3): 29-33.

储少岗, 徐晓白, 童逸平. 1995. 多氯联苯在典型污染地区环境中的分布及其环境行为. 环境科学学报, 15(4): 423-432.

初亚飞, 丁军, 潘加坡, 等. 2017. 微波强化氧化-淋洗联合修复铬污染土壤研究. 科学技术创新, (25): 98-99.

崔龙哲, 李社峰. 2016. 污染土壤修复技术与应用. 北京: 化学工业出版社.

邓国庆, 杨幼明. 2016. 离子型稀土矿开采提取工艺发展述评. 稀土, 37(3): 129-133.

邓军. 2007. 表面活性剂和环糊精对土壤有机污染物的增溶作用及机理. 长沙: 湖南大学.

迭庆杞, 聂志强, 黄启飞, 等. 2014. 珠江三角洲地区土壤中二噁英污染水平及其分布特征研究. 环境污染与防治, 36(11): 67-71.

丁疆峰, 张金莲, 党志, 等. 2015. 多氯联苯在电子垃圾拆解地周边农田土壤中的分布及其对土壤微生物数量的影响. 科学技术与工程, 15(19): 48-53.

丁永祯, 李志安, 邹碧, 等. 2006. 红壤中镉在有机酸作用下的解吸行为. 应用生态学报, 17(9): 1688-1692.

傅建捷, 王亚韡, 周麟佳, 等. 2011. 我国典型电子垃圾拆解地持久性有毒化学污染物污染现状. 化学进展, 23(8): 1755-1768.

高国龙, 张望, 周连碧, 等. 2013. 重金属污染土壤化学淋洗技术进展. 有色金属工程, 3(1): 49-52.

高士祥. 1999. 环糊精和表面活性剂对有机污染物的增溶及在土壤修复中的应用研究. 南京: 南京大学.

高彦征, 贺纪正, 凌婉婷, 等. 2002. 几种有机酸对污染土中 Cu 解吸的影响. 中国环境科学, 22(3): 53-57.

巩宗强, 李培军, 台培东, 等. 2002. 污染土壤的淋洗法修复研究进展. 环境污染治理技术与设备, 3(7): 45-50.

郭晓方, 卫泽斌, 许田芬, 等. 2011. 不同 pH 值混合螯合剂对土壤重金属淋洗及植物提取的影响. 农业工程学报, 27(7): 96-100.

郭志顺, 塞川, 朱明吉, 等. 2014. 电子垃圾拆解场土壤和沉积物 PCDD/Fs 污染研究. 环境科学与技术, 37(120): 85-88.

关松荫. 1986. 土壤酶及其研究方法. 北京: 农业出版社.

郝迪, 亦如瀚, 吴俣, 等. 2015. 贵屿地区不同类型农业土壤多溴联苯醚的污染特征和暴露评估. 农业环境科学学报, 34(5): 882-890.

何小路. 2005. 表面活性剂对多氯联苯污染土壤的修复研究. 长沙: 湖南大学.

何元君, 张铸勇. 1996. 甜菜碱系两性表面活性剂的合成及应用. 日用化学工业, (3): 29-32.

侯隽, 樊丽, 周明远, 等. 2017. 电动及其联用技术修复复合污染土壤的研究现状. 环境工程, 35(7): 185-189.

胡春红, 王红星, 樊淑华, 等. 2010. 几种表面活性剂对金黄色葡萄球菌生长的影响. 华中师范大学学报(自然科学版), 44(2): 293-295.

胡疆. 2015. 利用淋洗剂组合去除土壤中重金属及淋洗液回收技术研究. 长沙: 湖南农业大学.

胡群群, 李志安, 黄宏星, 等. 2011. 柠檬酸促进土壤镉解吸的机理研究. 生态环境学报, 20(Z2): 1338-1342.

胡文翔, 应红梅, 周军. 2012. 污染场地调查评估与修复治理实践. 北京: 中国环境科学出版社.

华正韬, 李鑫钢, 隋红. 2013. 溶剂萃取法修复石油污染土壤. 现代化工, 33(8): 31-35.

环境保护部. 2014. 关于发布 2014 年污染场地修复技术目录(第一批)的公告. 环境保护部公告, 2014 年第 75 号.

黄卫红, 李勇, 杨岗钦, 等. 2010. 表面活性剂强化土壤中 PCBs 的解吸研究. 安徽农业科学, 38(6): 3023-3025, 3027.

黄益宗, 郝晓伟, 雷鸣, 等. 2013. 重金属污染土壤修复技术及其修复实践. 农业环境科学学报, 32(3): 409-417.

纪彩虹. 2011. 定量构效关系的原理、方法及其研究进展. 甘肃联合大学学报(自然科学版), 25(2): 58-62.

贾桂云. 2017. UV/H_2O_2 氧化-淋洗联合修复铬污染场地技术参数研究. 济南: 山东师范大学.

贾鹏. 2013. 含有机络合剂的重金属废水生化处理研究. 南京: 南京理工大学.

江萍, 赵平, 万洪富, 等. 2011. 珠江三角洲典型地区表层农田土壤中多氯联苯残留状况. 土壤, 43(6): 948-953.

姜萍萍, 党志, 卢桂宁, 等. 2011. 鼠李糖脂对假单胞菌 GP3A 降解菲的性能及细胞表面性质的影响. 环境科学学报, 31(3): 485-491.

蒋兵, 赵保卫, 赵兰萍, 等. 2007. 阴-非混合表面活性剂对菲和萘的增溶作用. 兰州交通大学学报(自然科学版), 26(1): 153-157.

蒋煜峰, 展惠英, 张德懿, 等. 2006a. 皂角苷络合洗脱污灌土壤中重金属的研究. 环境科学学报, 26(8): 1315-1319.

蒋煜峰, 展惠英, 袁建梅, 等. 2006b. 表面活性剂强化 EDTA 络合洗脱污灌土壤中重金属的试验研究. 农业环境科学学报, 25(1): 119-123.

焦杏春, 陈舒, 邓雅佳, 等. 2016. 我国典型电子废弃物拆解地农田土壤中的多溴联苯醚. 环境科学学报, 36(12): 4472-4481.

金军, 王英, 刘伟志, 等. 2008. 莱州湾地区土壤及底泥中多溴联苯醚水平及其分布. 环境科学学报, 28(7): 1463-1468.

荆治严, 李艳红, 冯小宾, 等. 1992. 沈阳市多氯联苯流失、污染及防治对策的研究. 环境科学丛刊, 13(5): 1-29.

可欣, 李培军, 巩宗强, 等. 2004. 重金属污染土壤修复技术中有关淋洗剂的研究进展. 生态学杂志, 23: 145-149.

孔涛, 刘民, 淑敏, 等. 2016. 低分子量有机酸对土壤微生物数量和酶活性的影响. 环境化学, 35(2): 348-354.

李冰, 李玉双. 2017. 土壤有机物-重金属复合污染的生物有效性研究进展. 湖北农业科学, 56(18): 3405-3409.

李光德, 张中文, 敬佩, 等. 2009. 茶皂素对潮土重金属污染的淋洗修复作用. 农业工程学报, 25(10): 231-235.

李合莲, 陈家军, 吴威, 等. 2011. 焦化厂土壤中多环芳烃分布特征及淋洗粒级分割点确定. 环境科学, 32(4): 1154-1158.

李爽, 胡晓钧, 李玉双, 等. 2017. 表面活性剂对多环芳烃的淋洗修复. 环境工程学报, 11(3): 1899-1905.

李瑛, 张桂银, 李洪军, 等. 2004. 根际土壤中 Cd、Pb 形态转化及其植物效应. 生态环境, 13(3): 316-319.

李英明, 江桂斌, 王亚韡, 等. 2008. 电子垃圾拆解地大气中二噁英、多氯联苯、多溴联苯醚的污染水平及相分配规律. 科学通报, 53(2): 165-171.

李永华, 姬艳芳, 杨林生, 等. 2007. 采选矿活动对铅锌矿区水体中重金属污染研究. 农业环境科学学报, 26(1): 103-107.

李宇庆, 陈玲, 仇雁翎, 等. 2004. 上海化学工业区土壤重金属元素形态分析. 生态环境, 13(2): 154-155.

李玉双, 胡晓钧, 孙铁珩, 等. 2011. 污染土壤淋洗修复技术研究进展. 生态学杂志, 30(3): 596-602.

李玉双, 胡晓钧, 宋雪英, 等. 2013. 一种磺化硫杂杯芳烃土壤淋洗剂的回收装置及其回收方法. 中国: CN 201110431741.1, 公开日: 2013-06-05.

廉景燕, 石烁, 郭敏, 等. 2009. 土壤特性对正己烷萃取石油污染土壤的影响. 化工进展, 28(S1): 530-532.

梁金利, 蔡焕兴, 段雪梅, 等. 2012. 有机酸土柱淋洗法修复重金属污染土壤. 环境工程学报, 6(9): 3339-3343.

梁丽丽, 郭书海, 李刚, 等. 2011. 柠檬酸/柠檬酸钠淋洗铬污染土壤效果及弱酸可提取态铬含量的变化. 农业环境科学学报, 30(5): 881-885.

梁政勇, 叶志文, 吕春绪. 2004a. 新型螯合性表面活性剂的合成. 精细与专用化学品, 12(2): 18-19, 23.

梁政勇, 叶志文, 吕春绪. 2004b. EDTA 衍生物类表面活性剂的合成进展. 精细化工中间体, 34(5): 13-15.

林娜娜, 单振华, 朱崇岭, 等. 2015. 清远某电子垃圾拆解区河流底泥中重金属和多氯联苯的复合污染. 环境化学, 34(9): 1685-1693.

林琦, 陈英旭, 陈怀满, 等. 2001. 有机酸对 Pb、Cd 的土壤化学行为和植株效应的影响. 应用生态学报, 12(4): 619-622.

刘劲松, 朱国华, 尹文华, 等. 2015. 某电子垃圾拆解园周边农田土壤中多环芳烃的污染特征及风险评估. 环境污染与防治, 37(5): 1-5.

刘军海, 李志洲. 2006. 咪唑啉型两性表面活性剂合成及应用研究进展. 中国洗涤用品工业, (6): 49-53.

刘庆龙, 焦杏春, 王晓春, 等. 2012. 贵屿电子废弃物拆解地及周边地区表层土壤中多溴联苯醚的分布趋势. 岩矿测试, 31(6): 1006-1014.

刘仕翔, 胡三荣, 罗泽娇. 2017. EDTA 和 CA 复配淋洗剂对重金属复合污染土壤的淋洗条件研究. 安全与环境工程, 24(3): 77-83.

刘婷. 2013. 表面活性剂和螯合剂洗脱多环芳烃/重金属单一及复合污染黄土研究. 兰州: 兰州交通大学.

刘云兴, 迟晓德. 2013. 中国电子垃圾危害与处理技术研究. 环境科学与管理, 38(5): 57-60.

隆茜, 张经. 2002. 陆架区沉积物中重金属研究的基本方法及其应用. 海洋湖沼通报, (3): 25-35.

路风辉, 陈满英, 陈燕舞, 等. 2015. 电子垃圾拆解区氯化石蜡和多氯联苯的分布特征——以广东清远龙塘镇为例. 环境化学, 34(7): 1297-1303.

陆晓华, 万金忠. 2011. 一种再生有机污染土壤洗脱液中洗脱剂的方法. 中国: CN201110099392.8, 公开日: 2011-10-12.

骆传婷. 2014. 不同土壤质地对铬迁移转化及修复的研究. 青岛: 中国海洋大学.

骆永明, 滕应, 李清波, 等. 2005a. 长江三角洲地区土壤环境质量与修复研究 I. 典型污染区农田土壤中多氯代二苯并二噁英/呋喃(PCDD/Fs)组成和污染的初步研究. 土壤学报, 42(4): 570-576.

骆永明, 滕应, 过园. 2005b. 土壤修复——新兴的土壤科学分支学科. 土壤, 37(3): 230-235.

骆永明. 2009. 污染土壤修复技术研究现状与趋势. 化学进展, 21(2-3): 558-565.

罗希, 林莉, 李青云, 等. 2017. 镉污染稻田土壤土柱淋洗修复研究. 长江科学院院报, 34(6): 24-28, 34.

罗仙平, 邱廷省, 严群, 等. 2002. 风化壳淋积型稀土矿的化学提取技术研究进展及发展方向. 南方冶金学院学报, 23(5): 2-6.

罗仙平, 翁存建, 徐晶, 等. 2014. 离子型稀土矿开发技术研究进展及发展方向. 金属矿山, (6): 83-90.

罗勇. 2007. 电子废物不当处置环境中多溴联苯醚和重金属污染研究. 广州: 中山大学.

罗勇, 罗孝俊, 杨中艺, 等. 2008a. 电子废物不当处置的重金属污染及其环境风险评价 II. 分布于人居环境(村镇)内的电子废物拆解作坊及其附近农田的土壤重金属污染. 生态毒理学报, 3(2): 123-129.

罗勇, 余晓华, 杨中艺, 等. 2008b. 电子废物不当处置的重金属污染及其环境风险评价 I. 电子废物焚烧迹地的重金属污染. 生态毒理学报, 3(1): 34-41.

马保华. 2003. Aroclor 1254 对小鼠生殖毒理的研究. 杨凌: 西北农林科技大学.

马莉, 张国庆, 曾彩明. 2008. 化学强化剂在电动修复技术中的应用研究进展. 化工进展, 27(1): 38-44.

马满英, 刘有势, 施周. 2007. 生物与化学表面活性剂对多氯联苯的协同增溶作用. 兰州交通大学学报(自然科学版), 26(1): 153-157.

马涛, 汤达祯. 2007. 咪唑啉型表面活性剂及其应用. 化工中间体, (3): 1-3.

农泽喜, 覃朝科, 卢宗柳, 等. 2017. FeCl₃ 对 Cd 污染农田土壤的淋洗试验研究. 科学技术与工程, 17(6): 317-321.

潘虹梅, 李凤全, 叶玮, 等. 2007. 电子废弃物拆解业对周边土壤环境的影响——以台州路桥下谷岙村为例. 浙江师范大学学报(自然科学版), 30(1): 103-108.

彭立君, 杨涛, 刘云国, 等. 2008. 淋洗修复重金属和多环芳烃复合污染土壤的研究进展. 化工环保, 28(5): 418-423.

曲广淼, 魏继军, 于涛, 等. 2011. 系列磺丁基甜菜碱的表征及表面活性. 应用化学, 28(6): 716-721.

任婉侠, 李培军, 何娜, 等. 2007. 异养微生物在金属生物淋滤技术中的应用. 生态学杂志, 26(11): 1835-1841.

沈萍, 范秀荣, 李广武. 1999. 微生物学实验. 3 版. 北京: 高等教育出版社.

施周, Ghosh M M. 2001. 表面活性剂溶液中多氯联苯溶解的特性. 中国环境科学, 21(5): 456-459.

施周, 何小路. 2004. 表面活性剂洗脱污染土壤中多氯联苯(PCBs)的研究与应用. 生态环境, 13(4): 666-669.

施周, 余健, 袁玉梅, 等. 2000. 表面活性剂溶液中四氯联苯光降解机理研究. 环境科学学报, (S1): 110-114.

孙波, 赵其国, 张桃林, 等. 1997. 土壤质量与持续环境III. 土壤质量评价的生物学指标. 土壤, 29(5): 225-234.

孙涛, 陆扣萍, 王海龙. 2015. 不同淋洗剂和淋洗条件下重金属污染土壤淋洗修复研究进展. 浙江农林大学学报, 32(1): 140-149.

谭雪莹, 李东, 李洋, 等. 2014. 铅污染土壤电动淋洗联合异位修复实验. 重庆工商大学学报(自然科学版), 31(11): 89-92, 97.

万斌, 郭良宏. 2011. 多溴联苯醚的环境毒理学研究进展. 环境化学, 30(1): 143-152.

王炳华, 李新纪. 1994. 多氯联苯(PCB's)——一类危险的环境污染物. 环境科学动态, (4): 16-18.

王飞越, 雁飞. 1994. 有机物的结构-活性定量关系及其在环境化学和环境毒理学中的应用. 环境科学进展, 2(1): 26-52.

王桂莲, 白乃彬. 1995. 环境污染物定量构效关系模型研究进展. 环境科学进展, (4): 39-45.

王洪才. 2014. 重金属污染土壤淋洗修复技术和固化/稳定化修复技术研究. 杭州: 浙江大学.

王惠文. 1999. 偏最小二乘回归方法及其应用. 北京: 国防工业出版社.

王利, 杨兴伦, 叶茂, 等. 2014. 正丙醇与羟丙基-β-环糊精复配对高浓度 DDT 污染土壤的增效洗脱修复研究. 土壤通报, 45(2): 469-475.

王连生. 1998. 有机污染化学进展. 北京: 化学工业出版社.

王连生. 2004. 有机污染化学. 北京: 高等教育出版社.

王连生, 韩朔睽. 1993. 有机物定量结构-活性相关. 北京: 中国环境科学出版社.

王连生, 赵元慧, 高鸿. 1992. 摩尔体积预测有机物水的溶解度和辛醇/水分配系数. 环境化学, 11(1): 55-70.

王维絜, 周俊丽, 裴淑玮, 等. 2014. 多溴联苯醚在环境中的污染现状研究进展. 环境化学, 33(7): 1084-1093.

王晓春, 焦杏春, 朱晓华, 等. 2014. 电子废弃物拆解地水体多溴联苯醚分布特征. 生态环境学报, 23(6): 1027-1033.

王学川, 丁建华, 袁绪政, 等. 2008. 甜菜碱型硅表面活性剂的合成和应用. 日用化学工业, 38(1): 45-49.

王学彤, 贾金盼, 李元成, 等. 2012a. 电子废物拆解区农业土壤中 PCNs 的污染水平、分布特征与来源解析. 环境科学, 33(1): 247-252.

王学彤, 李元成, 张媛, 等. 2012b. 电子废物拆解区农业土壤中多氯联苯的污染特征. 环境科学, 33(2): 587-591.

王政华. 2008. 表面活性剂和环糊精溶液中多氯联苯(PCBs)的光降解研究. 长沙: 湖南大学.

韦朝阳, 陈同斌. 2001. 重金属超富集植物及植物修复技术研究进展. 生态学报, 21(7): 1196-1202.

魏俊峰, 吴大清, 彭金莲, 等. 1999. 广州城市水体沉积物中重金属形态分布研究. 土壤与环境, 8(1): 10-14.

魏俊萍, 崔朋雷, 刘卉闵, 等. 2013. 超声辐射下合成 2-咪唑啉衍生物. 河北大学学报(自然科学版), 33(6): 620-624.

吴虹霁. 2007. 西南某地红壤中铯的吸附动力学研究. 成都: 成都理工大学.

吴俭. 2015. 酒石酸等 5 种有机酸对镉锌、镉镍污染土壤清洗效果与影响因素研究. 广州: 华南理工大学.

吴江平, 管运涛, 张荧, 等. 2011. 广东电子垃圾污染区水体底层鱼类对 PCBs 的富集效应. 中国环境科学, 31(4): 637-641.

吴仁人, 蔡美芳, 陶雪琴, 等. 2013. 纳米竹炭在无机盐与表面活性剂体系中的沉降特征. 环境科学与技术, 36(12): 1-5.

吴宇澄, 骆永明, 滕应, 等. 2006. 土壤中二噁英的污染现状及其控制与修复研究进展. 土壤, 38(5): 509-516.

吴志能, 谢苗苗, 王莹莹. 2016. 我国复合污染土壤修复研究进展. 农业环境科学学报, 35(12): 2250-2259.

夏咏梅. 1988. 抗菌性表面活性剂. 日用化学工业, (2): 17-22.

肖佩林, 陆胜勇, 王奇, 等. 2012. 杭州城区土壤中的二恶英分布特性. 浙江大学学报(工学版), 46(4): 590-598.

肖潇, 陈德翼, 梅俊, 等. 2012. 贵屿某电子垃圾拆解点附近大气颗粒物中氯代/溴代二噁英、四溴双酚 A 污染水平研究. 环境科学学报, 32(5): 1142-1148.

许超, 夏北城, 林颖. 2009. 柠檬酸对中低污染土壤中重金属的淋洗动力学. 生态环境学报, 18(2): 507-510.

许端平, 李晓波, 孙璐. 2015. 有机酸对土壤中 Pb 和 Cd 淋洗动力学特征及去除机理. 安全与环境学报, 15(3): 261-266.

许端平, 李晓波, 王宇, 等. 2016. FeCl$_3$-柠檬酸对土壤中 Pb 和 Cd 淋洗动力学特征. 环境工程学报, 10(11): 6753-6760.

徐莉, 骆永明, 滕应, 等. 2009. 长江三角洲地区土壤环境质量与修复研究 V. 废旧电子产品拆解场周边农田土壤含氯有机污染物残留特征. 土壤学报, 46(6): 1013-1018.

徐圣友, 叶琳琳, 朱燕, 等. 2008. 巢湖沉积物中重金属的 BCR 形态分析. 环境科学与技术, 31(9): 20-23, 28.

许中坚, 许丹丹, 郭素华, 等. 2014. 柠檬酸与皂素对重金属污染土壤的联合淋洗作用. 农业环境科学学报, 33(8): 1519-1525.

宣亮, 王玉军, 刘海龙, 等. 2016, 两种离子液体对 Cd^{2+}在四种土壤上吸附的影响. 农业环境科学学报, 35(6): 1056-1063.

薛腊梅, 刘志超, 尹颖, 等. 2013. 微波强化 EDDS 淋洗修复重金属污染土壤研究. 农业环境科学学报, 32(8): 1552-1557.

闫峰, 刘合满, 梁东丽, 等. 2008. 不同土壤对 Cr 吸附的动力学特征. 农业工程学报, 24(6): 21-25.

杨成建, 曾清如, 张静, 等. 2007. 非离子表面活性剂在土壤/沉积物中的吸附模型研究. 农业环境科学学报, 26(4): 1396-1401.

杨宏伟, 王明仕, 徐爱菊, 等. 2001. 黄河(清水河段)沉积物中锰、钴、镍的化学形态研究. 环境科学研究, 14(5): 20-22.

杨宏伟, 焦小宝, 王晓丽. 2002. 黄河(清水河段)沉积物中重金属的存在形式. 环境科学与技术, 25(3): 24-26.

杨慧娟. 2015. 三种生物表面活性剂去除土壤中农药残留的研究. 上海: 东华大学.

杨兰芳, 曾巧, 李海波, 等. 2011. 紫外分光光度法测定土壤过氧化氢酶活性. 土壤通报, 42(1): 207-210.

杨强. 2004. 有机污染物-重金属复合污染土壤植物修复技术研究. 杭州: 浙江大学.

杨卫国, 陈家军, 杨建. 2008. 表面活性剂冲洗修复多氯联苯污染土壤多相流研究. 环境工程学报, 2(8): 1132-1137.

杨彦, 温馨, 彭明国, 等. 2017. 电子垃圾拆解区多溴联苯污染特征及健康风险. 中国环境科学, 37(12): 4781-4789.

杨勇, 殷晓东, 王海东, 等. 2013. 一种化学还原与化学淋洗相结合修复重金属污染土壤的方法. 中国: CN201310589728.8, 公开日: 2014-3-5.

杨中艺, 郑晶, 陈社军, 等. 2008. 广东电子废物处理处置地区环境介质污染研究进展. 生态毒理学报, 3(6): 533-544.

姚振楠. 2017. PAHs 污染土壤的淋洗修复技术研究. 上海: 华东理工大学.

叶茂, 杨兴伦, 魏海江, 等. 2012. 持久性有机污染场地土壤淋洗法修复研究进展. 土壤学报, 49(4): 803-814.

叶茂, 孙明明, 王利, 等. 2013. 花生油与羟丙基 β 环糊精对有机氯农药污染场地土壤异位增效淋洗修复研究. 土壤, 45(5): 918-927.

易斌. 2012. 活性炭吸附-Fenton 氧化处理高盐有机废水的研究. 长沙: 湖南大学.

易龙生, 王文燕, 陶冶, 等. 2013. 有机酸对污染土壤重金属的淋洗效果研究. 农业环境科学学报, 32(4): 701-707.

尹华, 唐少宇, 彭辉, 等. 2017. 电子垃圾污染生物修复技术及原理. 北京: 科学出版社.

俞斌, 夏会龙. 2013. 添加茶籽粕和 EDTA 对土壤中镍和锌形态变化及植物有效性的影响. 应用生态学报, 24(6): 1615-1620.

于颖, 周启星. 2005. 污染土壤化学修复技术研究与进展. 环境污染治理技术与设备, 6(7): 1-7.

曾甫, 姚建, 唐阵武, 等. 2013. 典型废旧塑料处置地土壤中多溴联苯醚污染特征. 环境科学研究, 26(4): 432-438.

曾清如, 廖柏寒, 杨仁斌, 等. 2003. EDTA 溶液萃取污染土壤中的重金属及其回收技术. 中国环境科学, 23(6): 597-601.

张根柱. 2011. 外源柠檬酸对堘土壤养分、酶活性及微生物活性的影响. 杨凌: 西北农林科技大学.

张海波. 2011. 粉末活性炭对水中 PCBs 的吸附性能及主要影响因素研究. 哈尔滨: 哈尔滨工业大学.

张杰西. 2014. 表面活性剂-螯合剂对多环芳烃/重金属复合污染土壤的柱淋洗研究. 兰州: 兰州交通大学.

张金莲, 丁疆峰, 卢桂宁, 等. 2015. 广东清远电子垃圾拆解区农田土壤重金属污染评价. 环境科学, 36(7): 2633-2640.

张金莲, 丁疆峰, 林浩忠, 等. 2017. 电子垃圾不当处置的重金属和多氯联苯污染及其生态毒理效应. 农业环境科学学报, 36(5): 891-899.

张明顺, 童晶晶, 贾蒙蒙, 等. 2016. 电子废物资源化技术与管理. 北京: 中国环境出版社.

张琼, 陈颖雯, 时元元, 等. 2015. 粗放型电子垃圾回收场地土壤污染现状及修复技术展望. 环境卫生工程, 23(4): 25-28.

张天胜, 胥金辉. 2005. 柠檬酸酯的合成及其在日化工业中的应用. 日用化学工业, 35(4): 242-244, 255.

张微. 2013. 台州某废弃电子垃圾拆解区土壤中 PCBs 和重金属污染及生态风险评估. 杭州: 浙江工业大学.

张晓, 黄锦速, 赵贤淑. 2016. 汕头 2 套自动气象站数据差异性及原因分析. 现代农业科技, 45(18): 169-171, 175.

张杏丽, 周启星. 2013. 土壤环境多氯二苯并二噁英/呋喃(PCDD/Fs)污染及其修复研究进展. 生态学杂志, 32(4): 1054-1064.

章玮, 徐秋桐. 2016. 中国电子垃圾环境污染及其防控的研究进展. 安徽农学通报, 22(12): 86-89.

赵保卫, 车海丽, 王海峰, 等. 2010a. 阴/非表面活性剂对菲污染砂土柱淋洗研究. 农业环境科学学报, 29(3): 458-464.

赵保卫, 王海峰, 车海丽, 等. 2010b. 十二烷基硫酸钠和 Triton X-100 淋洗菲污染砂土研究. 环境科学, 31(7): 1641-1637.

赵博文. 2015. 嗜酸性氧化硫硫杆菌及黑曲霉发酵液淋洗修复重金属污染土壤和底泥的研究. 南京: 南京农业大学.

赵高峰, 王子健. 2009. 电子垃圾拆解地表层土壤中的多卤代芳烃及其潜在污染源. 环境科学, 30(6): 1850-1854.

赵科理, 傅伟军, 叶正钱, 等. 2016. 电子垃圾拆解区土壤重金属空间异质性及分布特征. 环境科学, 37(8): 3151-3159.

赵贤俊. 2008. 螯合性表面活性剂的制备工艺与应用性能(VI)——由柠檬酸衍生的螯合性表面活性剂. 日用化学工业, 38(3): 193-197.

郑群雄, 徐小强, 马军, 等. 2011. 废旧电容器封存点土壤中多氯联苯的残留特征. 岩矿测试, 30(6): 699-704.

郑彤, 华慢, 黄建邦. 2011. 无盐咪唑啉两性表面活性剂的合成及性能研究. 日用化学品科学, 34(2): 27-29, 43.

郑延成, 黄倩, 王龙涛. 2010. 磺基甜菜碱表面活性剂的合成及其性质研究. 长江大学学报(自然科学版), 7(3): 30-33.

中国废弃电器电子产品处理研究报告编写组. 2017. 中国废弃电器电子产品处理研究报告(2015 年). 北京: 企业管理出版社.

中国科学院南京土壤研究所. 1985. 土壤微生物研究法. 北京: 科学出版社.

钟金魁, 赵保卫, 朱琨, 等. 2011. 化学强化洗脱修复铜、菲及其复合污染黄土. 环境科学, 32(10): 3106-3112.

钟金魁, 赵保卫, 朱琨. 2013. Triton X-100 在黄土上的吸附行为及影响因素. 环境科学, 34(3): 1114-1119.

钟晓兰, 周生路, 黄明丽, 等. 2009. 土壤重金属的形态分布特征及其影响因素. 生态环境学报, 18(4): 1266-1273.

钟为章, 周冰, 牛建瑞, 等. 2016. 铬污染场地土壤化学修复淋洗剂筛选及条件优化研究. 煤炭与化工, 39(11): 16-20.

周东美, 郝秀珍, 薛艳, 等. 2004. 污染土壤的修复技术研究进展. 生态环境, 13(2): 234-242.

周婕成, 毕春娟, 陈振楼, 等. 2010. 上海崇明岛农田土壤中多氯联苯的残留特征. 中国环境科学, 30(1): 116-120.

周鸣. 2008. 生物淋滤技术去除矿区土壤中的铜、锌、铅研究. 长沙: 湖南大学.

周启星, 林茂宏. 2013. 我国主要电子垃圾处理地环境污染与人体健康影响. 安全与环境学报, 13(5): 122-128.

周晓文, 温德新, 罗仙平. 2012. 南方离子型稀土矿提取技术研究现状及展望. 有色金属科学与工程, 3(6): 81-85.

朱利中, 冯少良. 2002. 混合表面活性剂对多环芳烃的增溶作用及机理. 环境科学学报, 22(5): 774-778.

朱智成, 陈社军, 丁南, 等. 2014. 珠三角电子垃圾和城市地区家庭灰尘中多氯联苯的来源及暴露风险. 环境科学, 35(8): 3066-3072.

邹超, 郑延成, 梅平. 2011. 柠檬酸型络合表面活性剂的合成及其溶液性质. 精细石油化工, 28(1): 26-29.

邹建卫, 蒋勇军, 胡桂香, 等. 2005. 多氯联苯的定量结构-性质(活性)关系. 物理化学学报, 21(3): 267-272.

邹亚玲. 2006. 多氯联苯 Aroclor 1254 对苯并(a)芘诱导 DNA 损伤的影响及其代谢酶机制研究. 武汉: 华中科技大学.

邹泽李. 2009. 工业废弃地重金属污染土壤化学淋洗修复研究及工程示范. 广州: 中山大学.

Abdul A S, Gibson T L, Rai D N. 1990. Selection of surfactants for the removal of petroleum products from shallow sandy aquifers. Ground Water, 28(6): 920-926.

Agarwal A, Liu Y. 2015. Remediation technologies for oil-contaminated sediments. Marine Pollution Bulletin, 101(2): 483-490.

Ahn C K, Kima Y M, Woo S H. 2008. Soil washing using various nonionic surfactants and their recovery by selective adsorption with activated carbon. Journal of Hazardous Materials, 154: 153-160.

Akram M, Bhat I A. 2016. Effect of salt counterions on the physicochemical characteristics of novel green surfactant, ethane-1,2-diyl bis(N, N-dimethyl-N-tetradecylammoniumacetoxy) dichloride. Colloids and Surfaces A: Physicochemical and Engineering Aspects, 493: 32-40.

Alaee M, Wenning R J. 2002. The significance of brominated flame retardants in the environment: current understanding, issues and challenges. Chemosphere, 46: 579-582.

Ali H, Khan E, Sajad M A. 2013. Phytoremediation of heavy metals—concepts and applications. Chemosphere, 91(7): 869-881.

Alonso B, Harris R K, Kenwright A M. 2002. Micellar solubilization: structural and conformational changes investigated by ^{1}H and ^{13}C liquid-state NMR. Journal of Colloid and Interface Science, 251: 366-375.

Amde M, Liu J F, Pang L. 2015. Environmental application, fate, effects, and concerns of ionic liquids: a review. Environmental Science and Technology, 49(21): 12611-12627.

Amro M M. 2004. Factors affecting chemical remediation of oil contaminated water wetted soil. Chemical Engineering and Technology, 27(8): 890-894.

Amstaetter K, Eek E, Cornelissen G. 2012. Sorption of PAHs and PCBs to activated carbon: coal versus biomass-based quality. Chemosphere, 87(5): 573-578.

An J, Yin L, Shang Y, et al. 2011. The combined effects of BDE47 and BaP on oxidatively generated DNA damage in L02 cells and the possible molecular mechanism. Mutation Research/Genetic Toxicology and Environmental Mutagenesis, 721: 192-198.

An Y J, Carraway E R, Schlautman M A. 2002. Solubilization of polycyclic aromatic hydrocarbons by perfluorinated surfactant micelles. Water Research, 36: 300-308.

Auffinger P, Hays F A, Westhof E, et al. 2004. Halogen bonds in biological molecules. Proceedings of the National Academy of Sciences of the United States of America, 101: 16789-16794.

Awasthi A K, Zeng X L, Li J H. 2016. Environmental pollution of electronic waste recycling in India: a critical review. Environmental Pollution, 211: 259-270.

Babich H, Stotzky G, Ehrlich H L. 1980. Environmental factors that influence the toxicity of heavy metal and gaseous pollutants to microorganisms. Critical Reviews in Microbiology, 8(2): 99-145.

Baldé C P, Forti V, Gray V, et al. 2017. The global e-waste monitor-2017. United Nations University (UNU), International Telecommunication Union (ITU) and International Solid Waste Association (ISWA), Bonn/Geneva/Vienna.

Bassi R, Prasher S, Simpson B K, et al. 2000. Extraction of metals from a contaminated sandy soil using citric acid. Environmental Progress, 2000, 19(4): 275-282.

Bendaha M E A, Meddah B, Belaouni H A, et al. 2016. Removal of zinc and cadmium ions from contaminated soils with rhamnolipid biosurfactant produced by Pseudomonas aeruginosa S7PS5. Journal of Fundamental and Applied Sciences, 8(3), 1146-1165.

Bernardez L A, Ghoshal S. 2004. Selective solubilization of polycyclic aromatic hydrocarbons from multicomponent nonaqueous-phase liquids into nonionic surfactant micelles. Environmental Science and Technology, 38: 5878-5887.

Berselli S, Milone G, Canepa P, et al. 2004. Effects of cyclodextrins, humic substances, and rhamnolipids on the washing of a historically contaminated soil and on the aerobic bioremediation of the resulting effluents. Biotechnology and Bioengineering, 88 (1): 111-120.

Bettiol C, Stievano L, Bertelle M, et al. 2008. Evaluation of microwave-assisted acid extraction procedures for the determination of metal content and potential bioavailability in sediments. Applied Geochemistry, 23 (5): 1140-1151.

Bhowmik B, Mukhopadhyay M. 1988. Spectral and photophysical studies of thiazine dyes in Triton X-100. Colloid and Polymer Science, 266: 672-676.

Bi X, Simoneitb B R T, Wang Z, et al. 2010. The major components of particles emitted during recycling of waste printed circuit boards in a typical e-waste workshop of south China. Atmospheric Environment, 44 (35): 4440-4445.

Björklund J, Tollbäck P, Hiärne C, et al. 2004. Influence of the injection technique and the column system on gas chromatographic determination of polybrominated diphenyl ethers. Journal of Chromatography A, 1041: 201-210.

Blaha U, Appel E, Stanjek H. 2008. Determination of anthropogenic boundary depth in industrially polluted soil and semi-quantification of heavy metal loads using magnetic susceptibility. Environmental Pollution, 156 (2): 278-289.

Bogan B W, Trbovic V, Paterek J R. 2003. Inclusion of vegetable oils in Fenton's chemistry for remediation of PAH-contaminated soils. Chemosphere, 50: 15-21.

Brand N, Mailhot G, Bolte M. 1998. Degradation photoinduced by Fe (III): method of alkylphenol ethoxylates removal in water. Environmental science and technology, 32 (18): 2715-2720.

Brennecke J F, Maginn E J. 2001. Ionic liquids: innovative fluids for chemical processing. Aiche Journal, 47: 2384-2389.

Brinck T, Murray J S, Politzer P, 1992. Surface electrostatic potentials of halogenated methanes as indicators of directional intermolecular interactions. International Journal of Quantum Chemistry, 44: 57-64.

Brusseau M L, Wang X, Hu Q. 1994. Enhanced transport of low-polarity organic compounds through soil by cyclodextrin. Environmental Science and Technology, 28: 952-956.

Cao G, He R, Cai Z, et al. 2013a. Photolysis of bisphenol S in aqueous solutions and the effects of different surfactants. Reaction Kinetics, Mechanisms and Catalysis, 109 (1): 259-271.

Cao M, Hu Y, Sun Q, et al. 2013b. Enhanced desorption of PCB and trace metal elements (Pb and Cu) from contaminated soils by saponin and EDDS mixed solution. Environmental Pollution, 174 (3): 93-99.

Carroll B, O'Rourke B, Ward A. 1982. The kinetics of solubilization of single component non-polar oils by a non-ionic surfactant. Journal of Pharmacy and Pharmacology, 34: 287-292.

Chai Y Z, Davis J W, Saghir S A, et al. 2008. Effects of aging and sediment composition on hexachlorobenzene desorption resistance compared to oral bioavailability in rats. Chemosphere, 72: 432-441.

Chan A, Evans D F, Cussler E. 1976. Explaining solubilization kinetics. Aiche Journal, 22: 1006-1012.

Chan K H, Chu W. 2005. Effect of humic acid on the photolysis of the pesticide atrazine in a surfactant-aided soil-washing system in acidic condition. Water Research, 39 (10), 2154-2166.

Chen D H, Bi X H, Zhao J P, et al. 2009. Pollution characterization and diurnal variation of PBDEs in the atmosphere of an e-waste dismantling region. Environmental Pollution, 157 (3): 1051-1057.

Chen F, Yang B, Ma J, et al. 2016. Decontamination of electronic waste-polluted soil by ultrasound-assisted soil washing. Environmental Science and Pollution Research, 23 (20) :20331-20340.

Chen F, Luo Z B, Liu G J, et al. 2017. Remediation of electronic waste polluted soil using a combination of persulfate oxidation and chemical washing. Journal of Environmental Management, 204: 170-178.

Chen J W, Quan X, Yazhi Z, et al. 2001. Quantitative structure-property relationship studies on *n*-octanol/water partitioning coefficients of PCDD/Fs. Chemosphere, 44: 1369-1374.

Chen J W, Yang P, Chen S, et al. 2003. Quantitative structure–property relationships for vapor pressures of polybrominated diphenyl ethers. SAR and QSAR Environmental Research, 14: 97-111.

Chen S Y, Lin P L. 2010. Optimization of operating parameters for the metal bioleaching process of contaminated soil. Separation and Purification Technology, 71 (2):178-185.

Chen Y, Li J H, Liu L L, et al. 2012. Polybrominated diphenyl ethers fate in China: a review with an emphasis on environmental contamination levels, human exposure and regulation. Journal of Environmental Management, 113: 22-30.

Chigbo C, Batty L, Bartlett R. 2013. Interactions of copper and pyrene on phytoremediation potential of *Brassica juncea* in copper-pyrene co-contaminated soil. Chemosphere, 90 (10): 2542-2548.

Chu W. 1999. Photodechlorination mechanism of DDT in a UV/surfactant system. Environmental Science and Technology, 33 (3): 421-425.

Chu W, Choy W K. 2000. The study of lag phase and rate improvement of TCE decay in UV/surfactant systems. Chemosphere, 41 (8): 1199-1204.

Chu W, Rao Y F, Kwan C Y, et al. 2009. Photochemical degradation of 2,4,6-trichlorophenol in the Brij 35 micellar solution: pH control on product distribution. Industrial and Engineering Chemistry Research, 48 (23): 10211-10216.

Chun C L, Lee J J, Park J W. 2002. Solubilization of PAH mixtures by three different anionic surfactants. Environmental Pollution, 118: 307-313.

Clark T, Hennemann M, Murray J S, et al. 2007. Halogen bonding: the σ-hole. Journal of Molecular Modeling, 13: 291-296.

Correa P A, Lin L, Just C L, et al. 2010. The effects of individual PCB congeners on the soil bacterial community structure and the abundance of biphenyl dioxygenase genes. Environment International, 36 (8): 901-906.

Deng W J, Louie P K K, Liu W K, et al. 2006 . Atmospheric levels and cytotoxicity of PAHs and heavy metals in TSP and PM2.5 at an electronic waste recycling site in southeast China. Atmospheric Environment, 40 (36): 6945-6955.

Dermont G, Bergeron M, Mercier G, et al. 2008. Soil washing for metal removal: a review of physical/chemical technologies and field applications. Journal of Hazardous Materials, 152 (1): 1-31.

Dirilgen N, Atay N Z, Tunc H. 2009. Study of efficiencies of selected extractants: SDS, iodide, citric acid in soil remediation from lead. Journal of Soil Contamination, 19 (1):103-118.

Dirilgen N, Atay N Z, Tunc H. 2009. Study of efficiencies of selected extractants: SDS, iodide, citric acid in soil remediation from lead. Soil and Sediment Contamination, 19 (1):103-118.

Dishaw L V, Macaulay L J, Roberts S C, et al. 2014. Exposures, mechanisms, and impacts of endocrine-active flame retardants. Current Opinion in Pharmacology, 19: 125-133.

Duckworth O W, Holmström S J M, Peña J, et al. 2007. Biogeochemistry of iron oxidation in a circumneutral freshwater habitat. Chemical Geology, 260 (3-4): 149-158.

Dulfer W J, Bakker M W, Govers H A. 1995. Micellar solubility and micelle/water partitioning of polychlorinated biphenyls in solutions of sodium dodecyl sulfate. Environmental Science and Technology, 29 (4):985-992.

Dulfer W J, Govers H A. 1995. Solubility and micelle-water partitioning of polychlorinated biphenyls in solutions of bile salt micelles. Chemosphere, 30 (2): 293-306.

Dutt G. 2003. Rotational diffusion of hydrophobic probes in Brij-35 micelles: effect of temperature on micellar internal environment. The Journal of Physical Chemistry B, 107: 10546-10551.

Earle M J, Seddon K R. 2000. Ionic liquids. Green solvents for the future. Pure and Applied Chemistry, 72: 1391-1398.

Edwards D A, Luthy R G, Liu Z B. 1991. Solubilization of polycyclic aromatic hydrocarbons in micellar nonionic surfactant solutions. Environmental Science and Technology, 25: 127-133.

Eljarrat E, Marsh G, Labandeira A, et al. 2008. Effect of sewage sludges contaminated with polybrominated diphenylethers on agricultural soils. Chemosphere, 71(6): 1079-1086.

Elworthy P, Patel M. 1982. Demonstration of maximum solubilization in a polyoxyethylene alkyl ether series of non-ionic surfactants. Journal of Pharmacy and Pharmacology, 34: 543-546.

Erdelyi M. 2012. Halogen bonding in solution. Chemical Society Reviews, 41: 3547-3557.

Fan H, Eliason J K, Moliva A C D, et al. 2009. Halogen bonding in iodo-perfluoroalkane/pyridine mixtures. The Journal of Physical Chemistry A, 113: 14052-14059.

Fang L, Huang J, Yu G, et al. 2008. Photochemical degradation of six polybrominated diphenyl ether congeners under ultraviolet irradiation in hexane. Chemosphere, 71: 258-267.

Faucon J C, Bureau R, Faisant J, et al. 1999. Prediction of the fish acute toxicity from heterogeneous data coming from notification files. Chemosphere, 38: 3261-3276.

Ferreira M M C. 2001. Polycyclic aromatic hydrocarbons: a QSPR study. Chemosphere, 44: 125-146.

Florian D, Barnes R M, Knapp G. 1998. Comparison of microwave-assistedacid leaching techniques for the determination of heavy metals in sediments, soils, and sludges. Fresenius Journal of Analytical Chemistry, 362(7-8): 558-565.

Frisch M J, Trucks G W, Schlegel H B, et al. 2003. Gaussian 03, Revision B.1. Gaussian Inc., Pittsburgh PA.

Fu J J, Zhou Q F, Liu J M, et al. 2008. High levels of heavy metals in rice (Oryza sativa L.) from a typical e-waste recycling area in southeast China and its potential risk to human health. Chemosphere, 71(7): 1269-1275.

Gao J, Luo Y M, Li Q B, et al. 2006. Distribution patterns of polychlorinated biphenyls in soils collected from Zhejiang province, east China. Environmental Geochemistry & Health, 28(1-2): 79-86.

Gao S T, Hong J W, Yu Z Q, et al. 2011. Polybrominated diphenyl ethers in surface soils from e-waste recycling areas and industrial areas in south China: concentration levels, congener profile, and inventory. Environmental Toxicology and Chemistry, 30(12): 2688-2696.

Gao Y Z, He J Z, Ling W T, et al. 2003. Effects of organic acids on copper and cadmium desorption from contaminated soils. Environment International, 29: 613-618.

García T, Murillo R, Cazorla-Amorós D, et al. 2004. Role of the activated carbon surface chemistry in the adsorption of phenanthrene. Carbon, 42(8-9): 1683-1689.

Gaylor M O, Mears G L, Harvey E, et al. 2014. Polybrominated diphenyl ether accumulation in an agricultural soil ecosystem receiving wastewater sludge amendments. Environmental Science and Technology, 48(12): 7034-7043.

Gevao B, Sample K T, Jones K C. 2000. Bound pesticide residues in soils: a review. Environmental Pollution, 108: 3-14.

Gomez C, Bosecker K. 1999. Leaching heavy metals from contaminated soil by using Thiobacillus ferrooxidans or Thiobacillus thiooxidans. Gemicrobiology Journal, 16(3): 233-244.

Govers H A J, Krop H B. 1998. Partition constants of chlorinated dibenzofurans and dibenzo-p-dioxins. Chemosphere, 37: 2139-2152.

Graziano G, Lee B. 2001. Hydration of aromatic hydrocarbons. The Journal of Physical Chemistry B, 105: 10367-10372.

Grebel J E, Pignatello J J, Mitch W A. 2010. Effect of halide ions and carbonates on organic contaminant degradation by hydroxyl radical-based advanced oxidation processes in saline waters. Environmental Science and Technology, 44(17): 6822-6828.

Guha S, Jaffé P R, Peters C A. 1998. Solubilization of PAH mixtures by a nonionic surfactant. Environmental Science and Technology, 32: 930-935.

Guo Y, Huang C J, Zhang H, et al. 2009. Heavy metal contamination from electronic waste recycling at Guiyu, southeastern China. Journal of Environmental Quality, 38: 1617-1626.

Hait S K, Moulik S P. 2001. Determination of critical micelle concentration (CMC) of nonionic surfactants by donor-acceptor interaction with Iodine and correlation of CMC with hydrophile-lipophile balance and other parameters of the surfactants. Journal of Surfactants and Detergents, 4: 303-309.

Hale R C, La Guardia M J, Harvey E, et al. 2012. Polybrominated diphenyl ethers in US sewage sludges and biosolids: temporal and geographical trends and uptake by corn following land application. Environmental Science and Technology, 46(4): 2055-2063.

Hashimoto S, Watanabe K, Nose K, et al. 2004. Remediation of soil contaminated with dioxins by subcritical water extraction. Chemosphere, 54: 89-96.

Hauser L, Tandy S, Schulin R, et al. 2005. Column extraction of heavy metals from soils using the biodegradable chelating agent EDDS. Environmental Science and Technology, 39: 6819-6824.

Herman D C, Artiola J F, Miller R M. 1995. Removal of cadmium, lead, and zinc from soil by a rhamnolipid biosurfactant. Environmental Science and Technology, 29(9): 2280-2285.

Herzog B. 1991. Micelle shape and capacity of solubilization. Progress in Colloid and Interface Science: 325-326.

Ho Y S, Mckay G. 1999. Pseudo-second order model for sorption processes. Process Biochemistry, 34(5): 451-465.

Hong K J, Tokunaga S, Kajinchi T. 2002. Evaluation of remediation process with plant-derived biosurfactant for recovery of heavy metals from contaminated soils. Chemosphere, 49(4): 379-387.

Huang J, Yu G, Zhang Z L, et al. 2004. Application of TLSER method in predicting the aqueous solubility and *n*-octanol/water partition coefficient of PCBs, PCDDs and PCDFs. Journal of Environmental Sciences, 16: 21-29.

Huang J W, Chen J J, Berti W R, et al. 1997. Phytoremediation of lead-contaminated soils: role of synthetic chelates in lead phytoextraction. Envriment Science and Technology, 31(3): 800-805.

Hung W, Huang W Y, Lin C, et al. 2017. The use of ultrasound-assisted anaerobic compost tea washing to remove poly-chlorinated dibenzo-*p*-dioxins (PCDDs), dibenzo-furans (PCDFs) from highly contaminated field soils. Environmental Science and Pollution Research, 24(23): 18936-18945.

Ishii S, Ishikawa S, Mizuno N, et al. 2008. Indomethacin solubilization induced shape transition in C_nE_7 (n=14,16) nonionic micelles. Journal of Colloid and Interface Science, 317: 115-120.

Isosaari P, Tuhkanen T, Vartiainen T. 2001. Use of olive oil for soil extraction and ultraviolet degradation of polychlorinated dibenzo-*p*-dioxins and dibenzofurans. Environmental Science and Technology, 35: 1259-1265.

Jawitz J W, Dai D, Rao P S C, et al. 2003. Rate-limited solubilization of multicomponent nonaqueous-phase liquids by flushing with cosolvents and surfactants: modeling data from laboratory and field experiments. Environmental Science and Technology, 37: 1983-1991.

Jones D L. 1998. Organic acids in the rhizosphere-a critical review. Plant and Soil, 205(1): 25-44.

Jonsson S, Lind H, Lundstedt S, et al. 2010. Dioxin removal from contaminated soils by ethanol washing. Journal of Hazardous Materials, 179(1-3): 393-399.

Juhasz A, Smith E, Simth J, et al. 2003. Development of a two-phase cosolvent washing-fungal biosorption process for the remediation of DDT-contaminated soil. Water Air and Soil Pollution, 146: 111-126.

Juwarkar A A, Nair A, Dubey K V, et al. 2007. Biosurfactant technology for remediation of cadmium and lead contaminated soils. Chemosphere, 68(10): 1996-2002.

Kalachova K, Hradkova P, Lankova D, et al. 2012. Occurrence of brominated flame retardants in household and car dust from the Czech Republic. Science of the Total Environment, 441: 182-193.

Kasassi A, Rakimbei P, Karagiannidis A, et al. 2008. Soil contamination by heavy metals: measurements from a closed unlined landfill. Bioresource Technology, 99: 8578-8584.

Keskin S, Akman U, Hortagsu O. 2008. Soil remediation via an ionic liquid and supercritical CO_2. Chemical Engineering and Processing, 47(9-10): 1693-1704.

Khan F I, Husain T, Hejazi R. 2004. An overview and analysis of site remediation technologies. Journal of Environmental Management, 71(2): 95-122.

Khodadoust A P, Bachi R, Suidan M T, et al. 2000. Removal of PAHs from highly contaminated soils found at prior manufacture gas operations. Journal of Hazardous Materials, 80(1-3): 159-174.

Khodadoust A P, Chandrasekaran S, Dionysiou D D. 2006. Preliminary assessment of imidazolium-based room-temperature ionic liquids for extraction of organic contaminants from soils. Environmental Science and Technology, 40: 2339-2345.

Khodadoust A P, Reddy K R, Maturi K. 2005. Effect of different extraction agents on metal and organic contaminant removal from a field soil. Journal of Hazardous Materials, 117: 15-24.

Khodadoust A P, Suidan M T, Acheson C M, et al. 1999. Remediation of soils contaminated with wood preserving wastes: crosscurrent and countercurrent solvent washing. Journal of Hazardous Materials, 64(2):167-179.

Kiddee P, Naidu R, Wong M H. 2013. Metals and polybrominated diphenyl ethers leaching from electronic waste in simulated landfills. Journal of Hazardous Materials, 252: 243-249.

Kieatiwong S, Nguyen L V, Hebert V R, et al. 1990. Photolysis of chlorinated dioxins in organic solvents and on soils. Environmental Science and Technology, 24: 1575-1580.

Kim C, Ong S K. 2000. Effects of amorphous iron on extraction of lead-contaminated soil with EDTA. Practice Periodical of Hazardous, Toxic, and Radioactive Waste Management, 4(1):16-23.

Kim Y U, Wang M C. 2003. Effect of ultrasound on oil removal from soils. Ultrasonics, 41: 539-542.

Koopmans G F, Schenkeveld W D C, Song J, et al. 2008. Influence of EDDS on metal speciation in soil extracts: measurement and mechanistic multicomponent modeling. Environmental Science and Technology, 42: 1123-1130.

Kříž J, Masař B, Pospíšil H, et al. 1996. NMR and SANS study of poly(methyl methacrylate)-block-poly(acrylic acid) micelles and their solubilization interactions with organic *solubilizates in* D_2O. Macromolecules, 29: 7853-7858.

Kuhlman M I, Greenfield T M. 1999. Simplified soil washingprocess for a variety of soils. Journal of Hazardous Materials, 66: 31-45.

Kumar A, Kumar S, Kumar S. 2003. Adsorption of resorcinol and catechol on granular activated carbon: equilibrium and kinetics. Carbon, 41(15): 3015-3025.

Kumar K V, Ramamurthi V, Sivanesan S. 2005. Modeling the mechanism involved during the sorption of methylene blue onto fly ash. Journal of Colloid and Interface Science, 284(1): 14-21.

Kuo C Y, Wu C H, Lo S L. 2005. Removal of copper from industrial sludge by traditional and microwave acid extraction. Journal of Hazardous Materials, 120(1-3): 249-256.

Lan C, Lee J J, Park J W. 2002. Solubilization of PAH mixtures by three different anionic surfactants. Environmental Pollution, 118: 307-313.

Law R J, Covaci A, Harrad S, et al. 2014. Levels and trends of PBDEs and HBCDs in the global environment: status at the end of 2012. Environment International, 65: 147-158.

Lawniczak L, Marecik R, Chrzanowski L. 2013. Contributions of biosurfactants to natural or induced bioremediation. Applied Microbiology and Biotechnology, 97(6): 2327-2339.

Lee D H, Cody R D, Kim D J. 2002. Surfactant recycling by solvent extraction in surfactant-aided remediation. Separation and Purification Technology, 2002, 27: 77-82.

Lee J H. 2013. An overview of phytoremediation as a potentially promising technology for environmental pollution control. Biotechnology and Bioprocess Engineering, 18 (3): 431-439.

Lestan D, Luo C L, Li X D. 2008. The use of chelating agents in the remediation of metal-contaminated soils: a review. Environmental Pollution, 153 (1): 3-13.

Leung A, Cai Z W, Wong M H. 2006. Environmental contamination from electronic waste recycling at Guiyu, southeast China. Journal of Material Cycles and Waste Management, 8 (1): 21-33.

Leung A O W, Duzgoren-Aydin N S, Cheung K C, et al. 2008. Heavy metals concentrations of surface dust from e-waste recycling andits human health implications in southeast China. Environmental Science and Technology, 42 (7): 2674-2680.

Leung A O W, Luksemburg W J, Wong A S, et al. 2007. Spatial distribution of polybrominated diphenyl ethers and polychlorinated dibenzo-*p*-dioxins and dibenzofurans in soil and combusted residue at Guiyu, an electronic waste recycling site in southeast China. Environmental Science and Technology, 41 (8): 2730-2737.

Li A, Tai C, Zhao Z S, et al. 2007. Debromination of decabrominated diphenyl ether by resin-bound iron nanoparticles. Environmental Science and Technology, 41 (19): 6841-6846.

Li J H, Duan H B, Shi P X. 2011. Heavy metal contamination of surfacesoil in electronic waste dismantling area: site investigation and source-apportionment analysis. Waste Management and Research, 29 (7): 727-738.

Li J L, Chen B H. 2002. Solubilization of model polycyclic aromatic hydrocarbons by nonionic surfactants. Chemical Engineering Science, 57: 2825-2835.

Li W L, Ma W L, Jia H L, et al. 2016. Polybrominated diphenyl ethers (PBDEs) in surface soils across five Asian countries: levels, spatial distribution, and source contribution. Environmental Science and Technology, 50 (23): 12779-12788.

Li X, Du Y, Wu G, et al. 2012a. Solvent extraction for heavy crude oil removal from contaminated soils. Chemosphere, 88 (2): 245-249.

Li X, Huang J, Yu G, et al. 2010. Photodestruction of BDE-99 in micellar solutions of nonionic surfactants of Brij 35 and Brij 58. Chemosphere, 78: 752-759.

Li Y, Li J, Deng C. 2014. Occurrence, characteristics and leakage of polybrominated diphenyl ethers in leachate from municipal solid waste land fills in China. Environmental Pollution, 184: 94-100.

Li Y, Lin T, Chen Y, et al. 2012b. Polybrominated diphenyl ethers (PBDEs) in sediments of the coastal East China Sea: occurrence, distribution and mass inventory. Environmental Pollution, 171: 155-161.

Liang X, Zhang M, Guo C, et al. 2014. Competitive solubilization of low-molecular-weight polycyclic aromatic hydrocarbons mixtures in single and binary surfactant micelles. Chemical Engineering Journal, 244: 522-530.

Liang X J, Guo C L, Liao C J, et al. 2017. Drivers and applications of integrated clean-up technologies for surfactant-enhanced remediation of environments contaminated with polycyclic aromatic hydrocarbons (PAHs). Environmental Pollution, 225: 129-140.

Liao C J, Liang X J, Lu G N, et al. 2015. Effect of surfactant amendment to PAHs-contaminated soil for phytoremediation by maize (*Zea mays* L.). Ecotoxicology and Environmental Safety, 112: 1-6.

Lin W J, Guo C L, Zhang H, et al. 2016. Electrokinetic-enhanced remediation of phenanthrene-contaminated soil combined with *Sphingomonas* sp. GY2B and biosurfactant. Applied Biochemistry and Biotechnology, 178 (7): 1325-1338.

Liu H, Zhang M, Wang X, et al. 2012. Extraction and determination of polybrominated diphenyl ethers in water and urine samples using solidified floating organic drop microextraction along with high performance liquid chromatography. Microchimica Acta, 176: 303-309.

Liu P, Ren D, Du G, et al. 2013. Accumulation of polybrominated diphenyl ethers (PBDEs) in mudsnails (*Cipangopaludina cahayensis*) did not increase with age. Bulletin of Environmental Contamination and Toxicology, 91: 1-5.

Luning P D J, Jahraus W I, Sims J M, et al. 2011. An 1H NMR investigation into the loci of solubilization of 4-nitrotoluene, 2,6-dinitrotoluene, and 2,4,6-trinitrotoluene in nonionic surfactant micelles. Colloids and Surfaces A: Physicochemical and Engineering Aspects, 375: 12-22.

Luo C L, Liu C P, Wang Y, et al. 2011. Heavy metal contamination in soils and vegetables near an e-waste processing site, south China. Journal of Hazardous Materials, 186(1): 481-490.

Luo Y, Luo X J, Lin Z, et al. 2009. Polybrominated diphenyl ethers in road and farmland soils from an e-waste recycling region in southern China: concentrations, source profiles, and potential dispersion and deposition. Science of the Total Environment, 407(3): 1105-1113.

Lyche J L, Rosseland C, Berge G, et al. 2015. Human health risk associated with brominated flame-retardants (BFRs). Environment International, 74: 170-180.

Ma J, Qiu X H, Zhang J L, et al. 2012. State of polybrominated diphenyl ethers in China: an overview. Chemosphere, 88: 769-778.

Ma J Y, Hong X P. 2012. Application of ionic liquids in organic pollutants control. Journal of Environmental Management, 99: 104-109.

Ma L Q, Rao G N. 1997. Effects of phosphate rock on sequential chemical extraction of lead in contaminated soils. Journal of Environmental Quality, 26(3): 788-794.

Maketon W, Zenner C, Ogden K L. 2008. Removal efficiency and binding mechanisms of copper and copper-EDTA complexes using polyethyleneimine. Environmental Science and Technology, 42: 2124-2129.

Mann M J. 1999. Full-scale and pilot-scale soil washing. Journal of Hazardous Materials, 66: 119-136.

Mao X H, Rui J, Wei X, et al. 2015. Use of surfactants for the remediation of contaminated soils: a review. Journal of Hazardous Materials, 285:419-435.

Mao Y E, Sun M, Kengara F O, et al. 2014. Evaluation of soil washing process with carboxymethyl-β-cyclodextrin and carboxymethyl chitosan for recovery of PAHs/heavy metals/fluorine from metallurgic plant site. Journal of Environmental Sciences, 26(8):1661-1672.

Mao Y E, Sun M, Wan J, et al. 2015. Evaluation of enhanced soil washing process with tea saponin in a peanut oil-water solvent system for the extraction of PBDEs/PCBs/PAHs and heavy metals from an electronic waste site followed by vetiver grass phytoremediation. Journal of Chemical Technology and Biotechnology, 90(11):2027-2035.

Mao Y E, Sun M M, Xie S N, et al. 2017. Feasibility of tea saponin-enhanced soil washing in a soybean oil-water solvent aystem to extract PAHs/Cd/Ni efficiently from a coking plant site. Pedosphere, 27(3): 452-464.

Martel R, Gélinas P J. 1996. Surfactant solutions developed for NAPL recovery in contaminated aquifers. Ground Water, 34(1):143-154.

Mason T J. 2007. Sonochemistry and the environment-providing a "green" link between chemistry, physics and engineering. Ultrasonics Sonochemistr, 14(4): 476-483.

Mason T J, Collings A, Sumel A A. 2004. Sonic and ultrasonic removal of chemical contaminants from soil in the laboratory and on a large scale. Ultrasonics Sonochemistry, 11(3-4): 205-210.

Masrat R, Maswal M, Dar A A, 2013. Competitive solubilization of naphthalene and pyrene in various micellar systems. Journal of Hazardous Materials, 244: 662-670.

Mata J, Aswal V, Hassan P, et al. 2006. A phenol-induced structural transition in aqueous cetyltrimethylammonium bromide solution. Journal of Colloid and Interface Science, 299: 910-915.

Matsuoka K, Kuranaga Y, Moroi Y. 2002. Solubilization of cholesterol and polycyclic aromatic compounds into sodium bile salt micelles（Part 2）. Biochimica Et Biophysica Acta, 1580: 200-214.

Maturi K, Reddy K R. 2006. Simultaneous removal of organic compounds and heavy metals from soils by electrokinetic remediation with a modifed cyclodextrin. Chemosphere, 63: 1022-1031.

Maturi K, Reddy K R. 2008a. Cosolvent-enhanced desorption and transport of heavy metals and organic contaminants in soils during electrokinetic remediation. Water Air and Soil Pollution, 189: 199-211.

Maturi K, Reddy K R. 2008b. Extractants for the removal of mixed contaminants from soils. Soil and Sediment Contamination, 17(6): 586-608.

McArdell C S, Stone A T, Tian J. 1998. Reaction of EDTA and related aminocarboxylate chelating agentswith $Co^{III}OOH$ (heterogenite) and $Mn^{III}OOH$ (manganite). Environmental Science and Technology, 32(19):2923-2930.

McCray J E, Brusseau M L. 1998. Cyclodextrin-enhanced *in situ* flushing of multiple-component immiscible organic liquid contamination at the field scale: mass removal effectiveness. Environmental Science and Technology, 32: 1285-1293.

McDonough K M, Fairey J L, Lowry G V. 2008. Adsorption of polychlorinated biphenyls to activated carbon: equilibrium isotherms and a preliminary assessment of the effect of dissolved organic matter and biofilm loadings. Water Research, 42(3): 575-584.

McKinley W S, Pratt R C, Mcphillips L C. 1992. Cleaning up chromium. Civil Engineering, 62(3): 69-71.

McLachlan M S, Sewart A P, Bacon J R, et al. 1996. Persistence of PCDD/Fs in a sludge-amended soil. Environmental Science and Technology, 30: 2567-2571.

Meade T, D'Angelo E M. 2005. [^{14}C] Pentachlorophenol mineralization in the rice rhizosphere with established oxidized and reduced soil layers. Chemosphere, 61(1): 48-55.

Meijer S N, Ockenden W A, Sweetman A, et al. 2003. Global distribution and budget of PCBs and HCB in background surface soils: implications for sources and environmental processes. Environmental Science and Technology, 37(4): 667-672.

Mertens J, Vervaeke P, Schrijver A D, et al. 2004. Metal uptake by young trees from dredged brackish sediment: limitations and possibilities for phytoextraction and phytostabilization. Science of the Total Environment, 326(1-3): 209-215.

Metrangolo P, Resnati G. 2008. Chemistry: halogen versus hydrogen. Science, 321: 918-919.

Millard J W, Alvarez-Nunez F, Yalkowsky S. 2002. Solubilization by cosolvents: establishing useful constants for the log-linear model. International Journal of Pharmaceutics, 245: 153-166.

Morisue T, Moroi Y, Shibata O. 1994. Solubilization of benzene, naphthalene, anthracene, and pyrene in dodecylammonium trifluoroacetate micelles. The Journal of Physical Chemistry, 98: 12995-13000.

Moroi Y. 1980. Distribution of solubilizates among micelles and kinetics of micelle-catalyzed reactions. The Journal of Physical Chemistry, 84: 2186-2190.

Moroi Y, Mitsunobu K, Morisue T, et al. 1995. Solubilization of benzene, naphthalene, anthracene, and pyrene in 1-dodecanesulfonic acid micelle. The Journal of Physical Chemistry, 99: 2372-2376.

Moroi Y, Okabe M. 2000. Micelle formation of sodium ursodeoxycholate and solubilization into the micelle. Colloids and Surfaces A: Physicochemical and Engineering Aspects, 169: 75-84.

Mukhopadhyay M, Varma C S, Bhowmik B. 1990. Photo-induced electron transfer in surfactant solutions containing thionine dye. Colloid and Polymer Science, 268: 447-451.

Mukhopadhyay S, Hashim M A, Sahu, J N, et al. 2013. Comparison of a plant based natural surfactant with SDS for washing of As(V) from Fe rich soil. Journal of Environmental Sciences, 25(11): 2247-2256.

Mulligan C N. 2005. Environmental applications for biosurfactants. Environmental Pollution, 133: 183-198.

Mulligan C N, Yong R N, Gibbs B F, et al. 1999a. Metal removal from contaminated soil and sediments by the biosurfactant surfactin. Environmental Science and Technology, 33: 3812-3820.

Mulligan C N, Yong R N, Gibbs B F. 1999b. Removal of heavy metals from contaminated soil and sediments using the biosurfactant surfactin. Journal of Soil Contamination, 8(2): 231-254.

Mulligan C N, Yong R N, Gibbs B F, et al. 2001. Heavy metal removal from sediments by biosurfactants. Journal of Hazardous Materials, 85: 111-125.

Nagadome S, Okazaki Y, Lee S, et al. 2001. Selective solubilization of sterols by bile salt micelles in water: a thermodynamic study. Langmuir, 17: 4405-4412.

Nirmalakhandan N, Speece R E. 1988. ES&T Critical Review: Sructurt-activity relatinships. Quantitative techniques for predicting the behavior of chemicals in the ecosystem. Environmental Science & Technology, 22(6): 606-615.

Niu J F, Huang L P, Chen J W, et al. 2005. Quantitative structure-property relationships on photolysis of PCDD/Fs adsorbed to spruce (Picea abies (L.) Karst.) needle surfaces under sunlight irradiation. Chemosphere, 58: 917-924.

Ogunseitan O A, Schoenung J M, Saphores J D M, et al. 2009. The electronics revolution: from e-wonderland to e-wasteland. Science, 326(5953): 670-671.

Panda M, Kabirud D. 2013. Solubilization of polycyclic aromatic hydrocarbons by gemini-conventional mixed surfactant systems. Journal of Molecular Liquids, 187: 106-113.

Papassiopi N, Tambouris S, Kontopoulos A. 1999. Removal of heavy metals from calcareous contaminated soil by EDTA leaching. Water Air and Soil Pollution, 109(1-4): 1-15.

Paria S. 2008. Surfactant-enhanced remediation of organic contaminated soil and water. Advances in Colloid and Interface Science, 138: 24-58.

Paria S, Yuet P K. 2006. Solubilization of naphthalene by pure and mixed surfactants. Industrial and Engineering Chemistry Research, 45: 3552-3558.

Partearroyo M A, Alonso A, Goñi F M, et al. 1996. Solubilization of phospholipid bilayers by surfactants belonging to the triton X series: effect of polar group size. Journal of Colloid and Interface Science, 178: 156-159.

Passatore L, Rossetti S, Juwarkar A A, et al. 2014. Phytoremediation and bioremediation of polychlorinated biphenyls (PCBs): state of knowledge and research perspectives. Journal of Hazardous Materials, 278: 189-202.

Patel U, Dharaiya N, Bahadur P. 2016. Preservative solubilization induces microstructural change of Triton X-100 micelles. Journal of Molecular Liquids, 216: 156-163.

Patterson L K, Fendler J H. 1970. Micellar effects on the reactivity of the hydrated electron with benzene. The Journal of Physical Chemistry, 74: 4608-4609.

Pereira J F B, Costa R, Foios N, et al. 2014. Ionic liquid enhanced oil recovery in sand-pack columns. Fuel, 134: 196-200.

Pereiro A B, Deive F J, Rodriguez A. 2012. On the use of ionic liquids to separate aromatic hydrocarbons from a model soil. Separation Science and Technology, 47(2): 377-385.

Pessah I N, Cherednichenko G, Lein P J. 2010. Minding the calcium store: ryanodine receptor activation as a convergent mechanism of PCB toxicity. Pharmacology and Therapeutics, 125 (2): 260-285.

Pestke F M, Bergmann C, Rentrop B, et al. 1997. Mobilization potential of hydrophobic organic compounds (HOCs) in contaminated soils and waste materials. Part 1. Mobilization potential of PCBs, PAHs, and aliphatic hydrocarbons in the presence of solubilizing substances. Acta Hydrochimica Et Hydrobiologica, 25 (5): 242-247.

Pichtel J, Vine B, Kuula-Väisänen P, et al. 2001. Lead extraction from soils as affected by lead chemical and mineral forms. Environmental Engineering Science, 18: 91-98.

Prak D J L, Pritchard P H. 2002. Solubilization of polycyclic aromatic hydrocarbon mixtures in micellar nonionic surfactant solutions. Water Research, 36: 3463-3472.

Puckett J, Byster L, Westervelt S, et al. 2002. Exporting harm: the high-tech trashing of Asia. Prepared by The Basel Action Network (BAN) and Silicon Valley Toxics Coalition (SVTC). http://ban.org/E-waste/technotrashfinalcomp. pdf.

Puzyn T, Rostkowski P, Swieczkowski A, et al. 2006. Prediction of environmental partition coefficients and the Henry's law constants for 135 congeners of chlorodibenzothiophene. Chemosphere, 62: 1817-1828.

Qiao X, Zheng X, Xie Q, et al. 2014. Faster photodegradation rate and higher dioxin yield of triclosan induced by cationic surfactant CTAB. Journal of Hazardous Materials, 275: 210-214.

Qin F, Shan X Q, Wei B. 2004. Effects of low-molecular-weight organic acids and residence time on desorption of Cu, Cd, and Pb from soils. Chemosphere, 57 (4): 253-263.

Qiu S, Tan X, Wu K, et al. 2010. Experimental and theoretical study on molecular structure and FT-IR, Raman, NMR spectra of 4,4'-dibromodiphenyl ether. Spectrochimica Acta Part A: Molecular and Biomolecular Spectroscopy, 76: 429-434.

Rababah A, Matsuzawa S. 2002. Treatment system for solidmatrix contaminated with fluoranthene.I-Modified extraction technique. Chemosphere, 46 (1): 39-47.

Rahman F, Langford K H, Scrimshaw M D, et al. 2001. Polybrominated diphenyl ether (PBDE) flame retardants. Science of the Total Environment, 275: 1-17.

Ramamurthy A S, Vo D, Li X J, et al. 2008. Surfactant-enhanced removal of Cu (II) and Zn (II) from a contaminated sandy soil. Water Air and Soil Pollution, 190 (1-4): 197-207.

Rauret G, López-Sánchez J F, Sahuquillo A, et al. 1999. Improvement of the BCR three step sequential extraction procedure prior to the certification of new sediment and soil reference materials. Journal of Environmental Monitoring Jem, 1 (1):57-61.

Ren N, Que M, Li Y F, et al. 2007. Polychlorinated biphenyls in Chinese surface soils. Environmental Science and Technology, 41 (11): 3871-3876.

Renner R. 2000. Increasing levels of flame retardants found in North American environment. Environmental Science and Technology, 34: 452-453.

Ribeiro M E, de Moura C L, Vieira M G, et al. 2012. Solubilisation capacity of Brij surfactants. International Journal of Pharmaceutics, 436: 631-635.

Riley K E, Murray J S, Politzer P, et al. 2008. Br···O complexes as probes of factors affecting halogen bonding: interactions of bromobenzenes and bromopyrimidines with acetone. Journal of Chemical Theory and Computation, 5: 155-163.

Römkens P, Bouwman L, Japenga J, et al. 2002. Potentials and drawbacks of chelate-enhanced phytoremediation of soils. Environmental Pollution, 116 (1): 109-121.

Rouse J, Morita T, Furukawa K, et al. 2008. Solubilization of mixed polycyclic aromatic hydrocarbon systems using an anionic surfactant. Colloids and Surfaces A: Physicochemical and Engineering Aspects, 325: 180-185.

Roy D, Kommalapati R R, Mandava S S, et al. 1997. Soil washing potential of a natural surfactant. Environmental Science and Technology, 31: 670-675.

Ruelle P, Buchmann M, Nam-Tran H, et al. 1992. Enhancement of the solubilities of polycyclic aromatic hydrocarbons by weak hydrogen bonds with water. Journal of Computer-Aided Molecular Design, 6: 431-448.

Sacan M T, Ozkul M, Erdem S S. 2005. Physicochemical properties of PCDD/Fs and phthalate esters. SAR and QSAR Environmental Research, 16: 443-459.

Sales P S, de Rossi R H, Fernández M A. 2011. Different behaviours in the solubilization of polycyclic aromatic hydrocarbons in water induced by mixed surfactant solutions. Chemosphere, 84: 1700-1707.

Salt D E, Smith R D, Raskin I. 1998. Phytoremediation. Annual Review of Plant Physiology. 49: 643-668.

Saveyn P, Cocquyt E, Zhu W, et al. 2009. Solubilization of flurbiprofen within non-ionic Tween 20 surfactant micelles: a ^{19}F and ^{1}H NMR study. Physical Chemistry Chemical Physics, 11: 5462-5468.

Schnoor J L, Licht L A, Mccutcheon S C, et al. 1995. Phytoremediation of organic and nutrient contaminants. Environmental Science and Technolog, 29(7): 318-323.

Schnürer J, Clarholm M, Rosswall T. 1985. Microbial biomass and activity in an agricultural soil with different organic matter contents. Soil Biology and Biochemistry, 17(5): 611-618.

Sellström U, de Wit C A, Lundgren N, et al. 2005. Effect of sewage-sludge application on concentrations of higher-brominated diphenyl ethers in soils and earthworms. Environmental Science and Technology, 39(23): 9064-9070.

Semer R, Reddy K R. 1996. Evaluation of soil washing process to remove mixed contaminants from a sandy loam. Journal of Hazardous Materials, 45: 45-57.

Shafi M, Bhat P A, Dar A A. 2009. Solubilization capabilities of mixtures of cationic gemini surfactant with conventional cationic, nonionic and anionic surfactants towards polycyclic aromatic hydrocarbons. Journal of Hazardous Materials, 167: 575-581.

Shi Z, Sigman M E, Ghosh M M, et al. 1997. Photolysis of 2-chlorophenol dissolved in surfactant solutions. Environmental Science and Technology, 31(12): 3581-3587.

Shin M, Barrington S F, Marshall W D, et al. 2004. Simultaneous soil Cd and PCB decontamination using a surfactant/ ligand solution. Journal of Environmental Science and Health, Part A Toxic/Hazardous Substances and Environmental Engineering, 39(11-12): 2783-2798.

Sigman M E, Schuler P F, Ghosh M M, et al. 1998. Mechanism of pyrene photochemical oxidation in aqueous and surfactant solutions. Environmental Science and Technology, 32(24): 3980-3985.

Silva A, Delerue-Matos C, Fiuza A. 2005. Use of solvent extraction to remediate soils contaminated with hydrocarbons. Journal of Hazardous Materials, 124(1-3): 224-229.

Sjödin A, Carlsson H, Thuresson K A J, et al. 2001. Flame retardants in indoor air at an electronics recycling plant and at other work environments. Environmental Science and Technology, 35(3): 448-454.

Smail H A, Shareef K M. 2011. Sorption equilibrium and thermodynamics of Triton X-100 removal from aqueous solutions. 2011 International Conference on Biology, Environment and Chemistry, IPCBEE, 24: 329-333.

Smith B C. 2011. Fundamentals of Fourier Transform Infrared Spectroscopy. Boca Raton: CRC Press.

Song Q B, Li J H. 2014. A systematic review of the human body burden of e-waste exposure in Chin. Environment International, 68: 82-93.

Song S S, Zhu L Z, Zhou W J. 2008. Simultaneous removal of phenanthrene and cadmium from contaminated soils by saponin, a plant-derived biosurfactant. Environmental Pollution, 156(3): 1368-1370.

Sowmiya M, Tiwari A K, Saha S K. 2010. Fluorescent probe studies of micropolarity, premicellar and micellar aggregation of non-ionic Brij surfactants. Journal of Colloid and Interface Science, 344: 97-104.

Spark K M, Swift R S. 2002. Effect of soil composition and dissolved organic matter on pesticide sorption. Science of the Total Environment, 298: 147-161.

Steinle P, Stucki G, Bachofen R, et al. 1999. Alkaline soil extraction and subsequent mineralization of 2,6-dichlorophenol in a fixed-bed bioreactor. Bioremediation Journal, 15: 223-232.

Strbak L. 2000. *In Situ* Flushing with Surfactants and Cosolvents. U.S. Environmental Protection Agency, Office of Solid Waste and Emergency Response, Technology Innovation Office, Washington DC.

Strom L, Owen A G, Godbold D L, et al. 2001. Organic acid behaviour in a calcareous soil: sorption reactions and biodegradation rates. Soil Biology and Biochemistry, 33(15):2125-2133.

Sun B, Zhao F J, Lombi E, et al. 2001. Leaching of heavy metals from contaminated soils using EDTA. Environmental Pollution, 113: 111-120.

Sun C, Chang W, Ma W, et al. 2013. Photoreductive debromination of decabromodiphenyl ethers in the presence of carboxylates under visible light irradiation. Environmental Science and Technology, 47: 2370-2377.

Sun Y, Takaoka M, Takeda N, et al. 2006. Kinetics on the decomposition of polychlorinated biphenyls with activated carbon-supported iron. Chemosphere, 65(2): 183-189.

Tampouris S, Papassiopi N, Paspaliaris I. 2001. Removal of contaminant metals from fine grained soils using agglomeration chloride solutions and pile leaching techniques. Journal of Hazardous Materials, 84(2-3): 297-319.

Tandy S, Bossart K, Mueller R, et al. 2004. Extraction of heavy metals from soils using biodegradable chelating agents. Environmental Science and Technology, 38(3): 937-944.

Tanford C. 1980. The Hydrophobic Effect: Formation of Micelles and Biological Membranes. 2nd Ed. London: John Wiley & Sons.

Tang D C, Zhang W, Lo I M. 2007. Copper extraction effectiveness and soil dissolution issues of EDTA-flushing of artificially contaminated soils. Chemosphere, 68(2): 234-243.

Tang X J, Shen C F, Shi D Z, et al. 2010. Heavy metal and persistent organic compound contamination in soil from Wenling: an emerging e-waste recycling city in Taizhou area, China. Journal of Hazardous Materials, 173(1-3): 653-660.

Tessier A, Campbell P G, Bisson M. 1979. Sequential extraction procedure for the speciation of particulate trace metals. Analytical Chemistry, 51(7), 844-851.

Tittlemier S A, Halldorson T, Stern G A, et al. 2002. Vapor pressures, aqueous solubilities, and Henry's law constants of some brominated flame retardants. Environmental Toxicology and Chemistry, 21: 1804-1810.

Tokunaga S, Hakuta T. 2002. Acid washing and stabilization of an artificial arsenic-contaminated soil. Chemosphere, 46: 31-38.

Tonangi S K, Chase G G. 1999. Acetone extraction of 2,4 DNT from contaminated soil. Separation and Purification Technology, 16(1): 1-6.

Tretry J H, Metz S, Trocine R P, et al. 1985. A decline in lead transport by the Mississippi river. Science, 230(4724): 439-441.

Trellu C, Mousset E, Pechaud Y, et al. 2016. Removal of hydrophobic organic pollutants from soil washing/flushing solutions: a critical review. Journal of Hazardous Materials, 306: 149-174.

Tsang D C, Zhang W, Lo I M. 2007. Copper extraction effectiveness and soil dissolution issues of EDTA-flushing of artificially contaminated soils. Chemosphere, 68: 234-243.

Tuin B J W, Tels M. 1990. Removing heavy metals from polluted clay soils by extraction with hydrochloric acid, EDTA or hypochlorite solutions. Environmental Technology, 11: 1039-1052.

US EPA (United States Environmental Protection Agency). 2007. Treatment Technologies for Site Cleanup: annual Status Report, Twelfth Edition (EPA-542-R-07-012). Washington DC: Office of Solid Waste and Emergency Response.

Valsaraj K T, Thibodeaux L J. 1989. Relationships between micelle-water and octanol-water partition constants for hydrophobic organics of environmental interest. Water Research, 23 (2): 183-189.

Valsaraj K, Thibodeaux L. 1989. Relationships between micelle-water and octanol-water partition constants for hydrophobic organics of environmental interest. Water Research, 23, 183-189.

Viisimaa M, Karpenko O, Novikov V, et al. 2013. Influence of biosurfactant on combined chemical-biological treatment of PCB-contaminated soil.Chemical Engineering Journal, 220: 352-359.

Villa R D, Trovó A G, Nogueira R F P. 2010. Soil remediation using a coupled process: soil washing with surfactant followed by photo-Fenton oxidation. Journal of Hazardous Materials, 174: 770-775.

Vu C T, Lin C, Hung W, et al. 2017. Ultrasonic soil washing with fish oil extract to remove polychlorinated dibenzo-p-dioxins (PCDDs), dibenzofurans (PCDFs) from highly contaminated field soils. Water Air and Soil Pollution, 228 (9): 343.

Wan J Z, Yuan S H, Mak K T, et al. 2009. Enhanced washing of HCB contaminated soils by methy-β-cyclodextrin combined with ethanol. Chemosphere, 75: 759-764.

Wan J Z, Meng D, Long T, et al. 2015. Simultaneous removal of lindane, lead and cadmium from soils by rhamnolipids combined with citric acid. Plos One, 10 (6): e0129978.

Wang D, Cai Z, Jiang G, et al. 2005a. Determination of polybrominated diphenyl ethers in soil and sediment from an electronic waste recycling facility. Chemosphere, 60 (22): 810-816.

Wang H M, Yu Y J, Han M, et al. 2009. Estimated PBDE and PBB congeners in soil from an electronics waste disposal site. Bulletin of Environmental Contamination and Toxicology, 83 (6): 789-793.

Wang J X, Liu L L, Wang J F, et al. 2015. Distribution of metals and brominated flame retardants (BFRs) in sediments, soils and plants from an informal e-waste dismantling site, south China. Environmental Science and Pollution Research, 22: 1020-1033.

Wang L G, Zhao Z H, Jiang X, et al. 2005b. Assessment of pesticide residues in two arable soils from the semi-arid and subtropical regions of China. Environmental Monitoring and Assessment, 109 (1-3): 317-328.

Wang Y, Luo C L, Li J, et al. 2011. Characterization of PBDEs in soils and vegetations near an e-waste recycling site in south China. Environmental Pollution, 159: 2443-2448.

Wang Y, Tian Z J, Zhu H L, et al. 2012. Polycyclic aromatic hydrocarbons (PAHs) in soils and vegetation near an e-waste recycling site in south China: concentration, distribution, source, and risk assessment. Science of the Total Environment, 439: 187-193.

Wang Y J, He J X, Wang S R, et al. 2017. Characterisation and risk assessment of polycyclic aromatic hydrocarbons (PAHs) in soils and plants around e-waste dismantling sites in southern China. Environmental Science and Pollution Research, 24 (28): 22173-22182.

Wang Z H, Shi Z. 2007. Kinetic and mechanistic study of photodechlorination of 2,2′,4,4′-tetrachlorobiphenyl in surfactant solutions. Bulletin of Environmental Contamination and Toxicology, 78 (2): 172-175.

Wasay S A, Barrington S F, Tokunaga S. 1998. Remediation of soils polluted by heavy metals using salts of organic acids and chelating agents. Environmental Technology, 19 (4): 369-379.

Wei X, Chen J, Xie Q, et al. 2013. Distinct photolytic mechanisms and products for different dissociation species of ciprofloxacin. Environmental Science and Technology, 47: 4284-4290.

Wen J, Stacey S P, Mclaughlin M J, et al. 2009. Biodegradation of rhamnolipid, EDTA and citric acid in cadmium and zinc contaminated soils. Soil Biology and Biochemistry, 41 (10): 2214-2221.

Wiese S B O, Macleod C L, Lester J N. 1997. A recent history of metal accumulation in the sediments of the Thames Estuary, United Kingdom. Estuaries, 20 (3): 483-493.

Wilkes J S. 2002. A short history of ionic liquids-from molten salts to neoteric solvents. Green Chemistry, 4 (2): 73-80.

Williams E, Kahhat R, Allenby B, et al. 2008. Environmental, social, and economic implications of global reuse and recycling of personal computers. Environmental Science and Technology, 42: 6446-6454.

Wold S, Sjostrom M, Eriksson L. 2001. PLS-regression: a basic tool of chemometrics. Chemometrics and Intelligent Laboratory Systems, 58 (2): 109-130.

Wolszczak M, Miller J. 2002. Characterization of non-ionic surfactant aggregates by fluorometric techniques. Journal of Photochemistry and Photobiology A: Chemistry, 147: 45-54.

Wong C S C, Duzgoren-Aydin N S, Aydin A, et al. 2007a. Evidence of excessive releases of metals from primitive e-waste processing in Guiyu, China. Environmental Pollution, 148 (1): 62-72.

Wong C S C, Wu S C, Duzgoren-Aydin N S, et al. 2007b. Trace metal contamination of sediments in an e-waste processing village in China. Environmental Pollution, 145 (2): 434-442.

Wong M H, Wu S C, Deng W J, et al. 2007c. Export of toxic chemicals-a review of the case of uncontrolled electronic-waste recycling. Environmental Pollution, 149 (2): 131-140.

Wu G, Li X, Coulon F, et al. 2011. Recycling of solvent used in a solvent extraction of petroleum hydrocarbons contaminated soil. Journal of Hazardous Materials, 186 (1): 533-539.

Xiao X, Hu J F, Peng P A, et al. 2016. Characterization of polybrominated dibenzo-p-dioxins and dibenzofurans (PBDDs/Fs) in environmental matrices from an intensive electronic waste recycling site, south China. Environmental Pollution, 212: 464-471.

Xiarchos I, Doulia D. 2006. Effect of nonionic surfactants on the solubilization of alachlor. Journal of Hazardous Materials, 136: 882-888.

Xie Y J, Zhao H M, Wang Z Y, et al. 2007. DFT and position of Cl substitution (PCS) methods studies on n-octanol/water partition coefficients (lgK_{OW}) and aqueous solubility ($-lgS_W$) of all PCDD congeners. Chinese Journal of Structural Chemistry, 26: 1409-1418.

Xie Y Y, Fang Z Q, Cheng W, et al. 2014. Remediation of polybrominated diphenyl ethers in soil using Ni/Fe bimetallic nanoparticles: influencing factors, kinetics and mechanism. Science of the Total Environment, 485: 363-370.

Xu H Y, Zou J W, Yu Q S, et al. 2007a. QSPR/QSAR models for prediction of the physicochemical properties and biological activity of polybrominated diphenyl ethers. Chemosphere, 66: 1998-2010.

Xu Y P, Gan J, Wang Z J, et al. 2007b. Effect of aging on desorption kinetics of sediment-associated pyrethroids. Environmental Toxicology and Chemistry, 27: 1293-1301.

Xue J, Wang W, Wang Q H, et al. 2010. Removal of heavy metals from municipal solid waste incineration (MSWI) fly ash by traditional and microwave acid extraction. Journal of Chemical Technology and Biotechnology, 85 (9): 1268-1277.

Yang C J, Zeng Q R, Wang Y Z, et al. 2010. Simultaneous elution of polycyclic aromatic hydrocarbons and heavy metals from contaminated soil by two amino acids derived from β-cyclodextrins. Journal of Environmental Sciences, 22(12): 1910-1915.

Yang G Y, Yu J, Wang Z Y, et al. 2007. QSPR study on the aqueous solubility ($-\lg S_W$) and n-octanol/water partition coefficients ($\lg K_{OW}$) of polychlorinated dibenzo-p-dioxins (PCDDs). QSAR Combinatorial Science, 26: 352-357.

Yang K, Zhu L Z, Xing B S. 2006. Enhanced soil washing of phenanthrene by mixed solutions of TX100 and SDBS. Environmental Science and Technology, 40: 4274-4280.

Yang X, Lu G, She B, et al. 2015a. Cosolubilization of 4,4'-dibromodiphenyl ether, naphthalene and pyrene mixtures in various surfactant micelles. Chemical Engineering Journal, 260: 74-82.

Yang X, Lu G, Wang R, et al. 2015b. Solubilization of 4,4'-dibromodiphenyl ether under combined TX-100 and cosolvents. Environmental Science and Pollution Research, 22: 3856-3864.

Yang X, Lu G, Wang R, et al. 2015c. Competitive solubilization of 4,4'-dibromodiphenyl ether, naphthalene, and pyrene mixtures in Triton X series surfactant micelles: the effect of hydrophilic chains. Chemical Engineering Journal, 274: 84-93.

Yarwood J, Person W B. 1968. Far-infrared intensity studies of iodine complexes. Journal of the American Chemical Society, 90: 594-600.

Yu H S, Zhu L Z, Zhou W J. 2007. Enhanced desorption and biodegradation of phenanthrene in soil-water systems with the presence of anionic-nonionic mixed surfactants. Journal of Hazardous Materials, 142: 354-361.

Yu L, Izadifard M, Achari G, et al. 2013. Electron transfer sensitized photodechlorination of surfactant solubilized PCB 138. Chemosphere, 90(9): 2347-2351.

Yuan C, Weng C H. 2004. Remediating ethylbenzene-contaminated clayey soil by a surfactant-aided electrokinetic (SAEK) process. Chemosphere, 57(3): 225-232.

Yuan S H, Shu Z, Wan J Z, et al. 2007b. Enhanced desorption of hexachlorobenzene from kaolin by single and mixed surfactants. Journal of Colloid and Interface Science, 314: 167-175.

Yuan S H, Wu X F, Wan J Z, et al. 2010. Enhanced washing of HCB and Zn from sediments by mixed solutions of surfactants and complexant. Geoderma, 156: 119-125.

Yuan S H, Xi Z M, Jiang Y, et al. 2007a. Desorption of copper and cadmium from kaolin enhanced by organic acids. Chemosphere, 68: 1289-1297.

Zhang H, Dang Z, Yi X Y, et al. 2009. Evaluation of dissipation mechanisms for pyrene by maize (*Zea mays* L.) in cadmium co-contaminated soil. Global Nest Journal, 11(4): 487-496.

Zhang J H, Min H. 2009. Eco-toxicity and metal contamination of paddy soil in an e-wastes recycling area. Journal of Hazardous Materials, 165(1-3): 744-750.

Zhang L, Li J, Zhao Y, et al. 2013. Polybrominated diphenyl ethers (PBDEs) and indicator polychlorinated biphenyls (PCBs) in foods from China: levels, dietary intake, and risk assessment. Journal of Agricultural and Food Chemistry, 61: 6544-6551.

Zhang M, Zhu L Z. 2010. Effect of SDBS-Tween 80 mixed surfactants on the distribution of polycyclic aromatic hydrocarbons in soil-water system. Journal of Soils and Sediments, 10: 1123-1130.

Zhang W H, Wu Y X, Simonnot M O. 2012. Soil contamination due to e-waste disposal and recycling activities: a review with special focus on China. Pedosphere, 22: 434-455.

Zhao B, Che H, Wang H, et al. 2016. Column flushing of phenanthrene and copper(II) co-contaminants from sandy soil using tween 80 and citric acid. Journal of Soil Contamination, 25(1): 50-63.

Zhao B, Liu T, Ran J. 2013. Washing of phenanthrene, pyrene, Cd(II) and Pb(II) co-contaminated loess soil using Tween 80 and EDTA solutions. International Journal of Applied Environmental Sciences, 8(11): 1351-1360.

Zhao B, Wang H. 2017. Simultaneous removal of phenanthrene and Ni(II) co-contaminants from sandy soil column by Triton X-100 and citric acid flushing. Nature Environment and Pollution Technology, 16(2): 607-613.

Zheng Z H, Yuan S H, Liu Y, et al. 2009. Reductive dechlorination of hexachlorobenzene by Cu/Fe in the presence of Triton X-100. Journal of Hazardous Materials, 170: 895-901.

Zhou W, Zhai Z C, Wang Z Y, et al. 2005. Estimation of n-octanol/water partition coefficients (K_{ow}) of all PCB congeners by density functional theory. Journal of Molecular Structure Theochem, 755(1): 137-145.

Zhou W J, Zhu L Z. 2004. Solubilization of pyrene by anionic-nonionic mixed surfactants. Journal of Hazardous Materials, 109: 213-220.

Zhou W J, Zhu L Z. 2005. Distribution of polycyclic aromatic hydrocarbons in soil–water system containing a nonionic surfactant. Chemosphere, 60: 1237-1245.

Zhou W J, Zhu L Z. 2007. Efficiency of surfactant-enhanced desorption for contaminated soils depending on the component characteristics of soil-surfactant-PAHs system. Environmental Pollution, 147: 66-73.

Zhou W J, Yang J J, Lou L J, et al. 2011. Solubilization properties of polycyclic aromatic hydrocarbons by saponin, a plant-derived biosurfactant. Environmental Pollution, 159: 1198-1204.

Zhou W J, Wang X H, Chen C P, et al. 2013. Enhanced soil washing of phenanthrene by a plant-derived natural biosurfactant, Sapindus saponin. Colloids and Surfaces A: Physicochemical and Engineering Aspects, 425: 122-128.

Zhu L Z, Feng S L. 2003. Synergistic solubilization of polycyclic aromatic hydrocarbons by mixed anionic–nonionic surfactants. Chemosphere, 53: 459-467.

Zhu L Z, Zhou W J. 2008. Partitioning of polycyclic aromatic hydrocarbons to solid-sorbed nonionic surfactants. Environmental Pollution, 152: 130-137.

Zhu L Z, Chen B L, Tao S, et al. 2003a. Interactions of organic contaminants with mineral-adsorbed surfactants. Environmental Science and Technology, 37: 4001-4006.

Zhu L Z, Yang K, Lou B F, et al. 2003b. A multicomponent statistic analysis for the influence of sediment /soil composition on the sorption of a nonionic surfactant (Triton X-100) onto natural sediments/soils. Water Research, 37: 4792-4800.

Zhu X D, Wang Y J, Liu C, et al. 2014. Kinetics, intermediates and acute toxicity of arsanilic acid photolysis. Chemosphere, 107: 274-281.

Zou M Y, Ran Y, Gong J, et al. 2007. Polybrominated diphenyl ethers in watershed soils of the Pearl River Delta, China: occurrence, inventory, and fate. Environmental Science and Technology, 41(24): 8262-8267.

附录：本书相关论文及专利成果

一、期刊论文

1. Wang R, Tang T, Xie J B, Tao X Q, Huang K B, Zou M Y, Yin H, Dang Z, Lu G. Debromination of polybrominated diphenyl ethers（PBDEs）and their conversion to polybrominated dibenzofurans（PBDFs）by UV light: mechanisms and pathways. Journal of Hazardous Materials, 2018, 354: 1-7.

2. Wang R, Tang T, Lu G N, Huang K B, Chen M H, Tao X Q, Yin H, Dang Z. Formation and degradation of polybrominated dibenzofurans（PBDFs）in the UV photolysis of polybrominated diphenyl ethers（PBDEs）in various solutions. Chemical Engineering Journal, 2018, 337: 333-341.

3. Tang T, Zheng Z Q, Wang R, Huang K B, Li H F, Tao X Q, Dang Z, Yin H, Lu G N. Photodegradation behaviors of polychlorinated biphenyls in methanol by UV-irradiation: solvent adducts and sigmatropic arrangement. Chemosphere, 2018, 193: 861-868.

4. Huang K B, Lu G N, Zheng Z Q, Wang R, Tang T, Tao X Q, Cai R B, Dang Z, Wu P X, Yin H. Photodegradation of 2,4,4'-tribrominated diphenyl ether in various surfactant solutions: kinetics, mechanisms and intermediates. Environmental Science: Processes and Impacts, 2018, 20（5）: 806-812.

5. Huang K B, Lu G N, Lian W J, Xu Y F, Wang R, Tang T, Tao X Q, Yi X Y, Dang Z, Yin H. Photodegradation of 4,4'-dibrominated diphenyl ether in Triton X-100 micellar solution. Chemosphere, 2017, 180: 423-429.

6. Liang X J, Guo C L, Liao C J, Liu S S, Wick L Y, Peng D, Yi X Y, Lu G N, Yin H, Lin Z, Dang Z. Drivers and applications of integrated clean-up technologies for surfactant-enhanced remediation of environments contaminated with polycyclic aromatic hydrocarbons（PAHs）. Environmental Pollution, 2017, 225: 129-140.

7. Deng B L, Zhou X Q, Yang X J, Dang Z, Lu G N. Removal of polychlorinated biphenyls and recycling of tween-80 in soil washing eluents. Desalination and Water Treatment, 2017, 64: 109-117.

8. Yuan W, Lu G N, Xie Y Y, Huang K B, Wang R, Yin H, Dang Z. Effect of anthraquinone-2,6-disulfonate on the photolysis of 2,4,4'-tribromophenylphenyl ether. Photochemical and Photobiological Sciences, 2017, 16（6）: 908-915.

9. Liang X J, Guo C L, Wei Y F, Lin W J, Yi X Y, Lu C N, Dang Z. Cosolubilization synergism occurrence in codesorption of PAH mixtures during surfactant-enhanced remediation of contaminated soil. Chemosphere, 2016, 144: 583-590.

10. Yang X J, Lu G N, Huang K B, Wang R, Duan X C, Yang C, Yin H, Dang Z. Synergistic solubilization of low-brominated diphenyl ether mixtures in nonionic surfactant micelles. Journal of Molecular Liquids, 2016, 223: 252-260.

11. Yang X Y, Lu G N, She B J, Liang X J, Yin R R, Guo C L, Yi X Y, Dang Z. Cosolubilization of 4,4'-dibromodiphenyl ether, naphthalene and pyrene mixtures in various surfactant micelles. Chemical Engineering Journal, 2015, 260: 74-82.

12. Yang X J, Lu G N, Wang R, Xie Y Y, Guo C L, Yi X Y, Dang Z. Competitive solubilization of 4,4'-dibromodiphenyl ether, naphthalene, and pyrene mixtures in Triton X series surfactant micelles: the effect of hydrophilic chains. Chemical Engineering Journal, 2015, 274: 84-93.

13. Yang X J, Lu G N, Wang R, Guo C L, Zhang H L, Dang Z. Solubilization of 4,4'-dibromodiphenyl ether under combined TX-100 and cosolvents. Environmental Science and Pollution Research, 2015, 22(5): 3856-3864.

14. Liang X J, Zhang M L, Guo C L, Abel S, Yi X Y, Lu G N, Yang C, Dang Z. Competitive solubilization of low-molecular-weight polycyclic aromatic hydrocarbons mixtures in single and binary surfactant micelles. Chemical Engineering Journal, 2014, 244: 522-530.

15. Zhang F L, Yang X J, Xue X L, Tao X Q, Lu G N, Dang Z. Estimation of n-octanol/water partition coefficients ($logK_{OW}$) of polychlorinated biphenyls by using quantum chemical descriptors and partial least squares. Journal of Chemistry, 2013, Article ID: 740548.

16. Lu G N, Tao X Q, Dang Z, Huang W L, Li Z. Quantitative structure-property relationships on dissolvability of PCDD/Fs using quantum chemical descriptors and partial least squares. Journal of Theoretical and Computational Chemistry, 2010, 9(S1): 9-22.

17. 张金莲, 丁疆峰, 林浩忠, 党志, 易筱筠, 卢桂宁. 电子垃圾拆解区农田土壤微生物群落结构研究. 环境科学与技术, 2018, 41(4): 96-102.

18. 林浩忠, 王锐, 谢莹莹, 黄开波, 张金莲, 卢桂宁. 华南典型电子垃圾拆解区土壤中十溴联苯醚的分布特征及迁移特性. 科学技术与工程, 2018, 18(19): 341-346.

19. 袁薇, 党志, 黄开波, 王锐, 谢莹莹, 彭彦彬, 卢桂宁. 非离子表面活性剂溶液中 2,4,4′-三溴联苯醚的光降解特性及机理. 环境化学, 2017, 36(9): 1906-1913.

20. 张金莲, 丁疆峰, 林浩忠, 党志, 易筱筠, 卢桂宁. 电子垃圾不当处置的重金属和多氯联苯污染及其生态毒理效应. 农业环境科学学报, 2017, 36(5): 891-899.

21. 廖侃, 党志, 屈璐, 郭楚玲, 卢桂宁. 混合洗脱剂对土壤中重金属和多氯联苯的同步高效洗脱. 环境工程学报, 2016, 10(8): 4539-4546.

22. 丁疆峰, 张金莲, 党志, 卢桂宁, 易筱筠. 多氯联苯在电子垃圾拆解地周边农田土壤中的分布及其对土壤微生物数量的影响. 科学技术与工程, 2015, 15(19): 48-53.

23. 张金莲, 丁疆峰, 卢桂宁, 党志, 易筱筠. 广东清远电子垃圾拆解区农田土壤重金属污染评价. 环境科学, 2015, 36(7): 2633-2640.

24. 孙贝丽, 党志, 郭楚玲, 易筱筠, 杨琛, 卢桂宁. 重金属-多氯联苯复合污染土壤同步洗脱. 环境工程学报, 2015, 9(3): 1463-1470.

25. 邢宇, 党志, 孙贝丽, 卢桂宁, 郭楚玲. 柠檬酸淋洗去除电子垃圾污染土壤中的重金属. 化工环保, 2014, 34(2): 110-113.

26. 张方立, 党志, 孙贝丽, 杨行健, 卢桂宁, 郭楚玲. 不同淋洗剂对土壤中多氯联苯的洗脱. 环境科学研究, 2014, 27(3): 287-294.

二、学位论文

1. 卢桂宁. 多环芳烃和氯代芳香有机污染物环境活性的构效关系研究. 广州: 华南理工大学博士学位论文, 2008.

2. 杨行健. 多溴联苯醚和共存物在表面活性胶束中的竞争增溶机制研究. 广州: 华南理工大学博士学位论文, 2016.

3. 林浩忠. 十溴联苯醚在土壤中的迁移分布及在土壤悬液中的光降解研究. 广州: 华南理工大学硕士学位论文, 2018.

4. 袁薇. 溶解性有机质对2,4,4′-三溴联苯醚光解的影响研究. 广州: 华南理工大学硕士学位论文, 2017.

5. 廖侃. 土壤中重金属和多氯联苯的同步高效洗脱. 广州: 华南理工大学硕士学位论文, 2016.

6. 丁疆峰. 电子垃圾拆解区土壤重金属和多氯联苯污染研究. 南宁: 广西大学硕士学位论文, 2015.

7. 孙贝丽. 电子垃圾拆解场地土壤中重金属-多氯联苯的同步洗脱研究. 广州: 华南理工大学硕士学位论文, 2015.

8. 邢宇. 电子垃圾污染场地土壤中重金属的淋洗去除研究. 广州: 华南理工大学硕士学位论文, 2014.

9. 张方立. 多氯联苯重度污染土壤的淋洗修复技术研究. 广州: 华南理工大学硕士学位论文, 2014.

三、发明专利

1. 卢桂宁, 廖侃, 孙国胜, 党志, 郭楚玲, 易筱筠, 王霁欣, 林青, 陈晨咏. 一种同步去除土壤中多氯联苯和重金属的混合洗脱剂及其制备与应用. 中国: CN 201510430867.5, 公开日: 2015-11-04.

2. 卢桂宁, 邓冰露, 周兴求, 党志, 郭楚玲, 杨琛. 一种土壤洗脱废液中多氯联苯去除和吐温-80 回收的方法及应用. 中国: CN 201510136840.5, 公开日: 2015-07-22.

3. 卢桂宁, 孙贝丽, 党志, 郭楚玲, 杨琛, 易筱筠. 同步去除土壤中多氯联苯和重金属的淋洗剂及其制法与应用. 中国: CN 201410415337.9, 公开日: 2015-01-21.

4. 卢桂宁, 杨行健, 党志, 郭楚玲, 易筱筠, 杨琛. 一种去除土壤中多溴联苯醚的淋洗剂及制备方法和应用. 中国: CN 201410566929.0, 公开日: 2015-03-11.